国家级实验教学示范中心联席会
计算机学科组规划教材

教育部高等学校计算机类专业教学指导委员会
—— 推荐教材 ——

综合布线技术与实验教程 第3版·微课视频版

马丽梅 覃琼花 于富强 主编

U0252923

清华大学出版社

北京

内 容 简 介

本书是一本综合布线专业图书,内容详尽,图文并茂。在第 2 版的基础上,按照新的国家标准 GB 50311—2016《综合布线系统工程设计规范》和 GB/T 50312—2016《综合布线系统工程验收规范》进行了修订和补充,更加全面和系统地介绍了综合布线的理论知识和实际操作。全书分为 12 章,前 10 章详细介绍了综合布线的概念、国内外的标准、常用的传输介质、连接硬件及工具,7 个子系统及各个子系统的设计和施工,并通过实例系统地讲解了综合布线的设计规划、具体施工和测试与验收。第 11 章为 16 个实验,介绍了屏蔽和非屏蔽跳线的制作,信息模块的制作和安装,配线架的打线,链路的测试,水平子系统的布线,壁挂式机柜的安装,垂直子系统的布线,设备间机柜的安装,光缆的铺设和光纤的熔接、冷接等。为了方便学生学习,本书还配备了教学和实验视频。第 12 章介绍 Visio 2013 软件,方便大家学习工程画图。本版按照综合布线新标准 GB 50311—2016 修改了附录 A,附录 B 是网络综合布线技术竞赛试题,希望能为指导老师和参加比赛的学生提供帮助。

本书注重基本原理的清晰及适用性,同时强调应用与实践的结合,实际操作性较强。

本书可作为高等院校计算机类专业学生学习综合布线工程课程的教材,也可作为综合布线工程应用及认证培训的参考书。

图书在版编目(CIP)数据

综合布线技术与实验教程:微课视频版/马丽梅,覃琼花,于富强主编. —3 版. —北京:清华大学出版社,2023.6(2024.2重印)

国家级实验教学示范中心联席会计算机学科组规划教材

ISBN 978-7-302-63629-8

Ⅰ. ①综… Ⅱ. ①马… ②覃… ③于… Ⅲ. ①计算机网络-布线-高等学校-教材 Ⅳ. ①TP393.03

中国国家版本馆 CIP 数据核字(2023)第 093567 号

责任编辑:黄　芝　张爱华
封面设计:刘　键
责任校对:焦丽丽
责任印制:曹婉颖

出版发行:清华大学出版社
　　　　网　　　址:https://www.tup.com.cn,https://www.wqxuetang.com
　　　　地　　　址:北京清华大学学研大厦 A 座　　　　邮　　编:100084
　　　　社 总 机:010-83470000　　　　　　　　　　　　邮　　购:010-62786544
　　　　投稿与读者服务:010-62776969,c-service@tup.tsinghua.edu.cn
　　　　质量反馈:010-62772015,zhiliang@tup.tsinghua.edu.cn
　　　　课件下载:https://www.tup.com.cn,010-83470236
印 装 者:三河市天利华印刷装订有限公司
经　　　销:全国新华书店
开　　　本:185mm×260mm　　　印　　张:18　　　　　字　　数:438 千字
版　　　次:2013 年 1 月第 1 版　　2023 年 7 月第 3 版　　印　　次:2024 年 2 月第 2 次印刷
印　　　数:1501～3000
定　　　价:59.80 元

产品编号:094683-01

前　言

　　综合布线的发展与建筑物自动化系统密切相关。传统布线如电话、计算机局域网都是各自独立的,各系统分别由不同的厂商设计和安装,采用不同的线缆和不同的终端插座,相互无法兼容。当办公布局及环境发生改变需要更换设备时,就必须更换布线,管理、维修和升级都很不方便。随着全球社会信息化与经济国际化的深入发展,人们对信息共享的需求日趋迫切,传统的布线系统无法满足需要。在 20 世纪 80 年代发展起来的综合布线技术将智能建筑的信息系统融合在一起,采用结构化、模块化的设计思想,统一安装,统一管理,具有兼容、开放、灵活、可靠、先进和经济的特点,而且在设计、施工和维护方面也给人们带来了很多方便。

　　"综合布线"课程在 20 世纪 90 年代逐渐进入高校,涉及智能建筑和计算机网络技术等领域。随着综合布线系统在我国楼宇建筑和网络工程中的迅猛发展,企业急需大批综合布线规划设计、安装施工、测试验收和维护管理的专业人员,"综合布线"技术受到了广泛的重视,"综合布线"课程逐渐成为计算机类专业的必修课或重要的选修课。本书可作为高等学校计算机网络、通信工程和楼宇建筑等专业的综合布线教材,也可以作为学习综合布线技术的培训教材。

　　本书在第 2 版的基础上,按照新的国家标准 GB 50311—2016《综合布线系统工程设计规范》和 GB/T 50312—2016《综合布线系统工程验收规范》,对部分章节进行了重新编写,按照综合布线新标准 GB 50311—2016 修改了附录 A,附录 B 是网络综合布线技术竞赛试题,每年都有网络综合布线技术竞赛,但都没有实例参照练习,因此,我们把网络综合布线技术竞赛试题归纳、总结,为指导老师和参加比赛的学生提供帮助。

　　本书系统地介绍了综合布线系统的概念、结构、设计、施工、测试与验收等内容。全书具体内容如下：第 1 章介绍了综合布线的概念和国内外标准、常用的传输介质、连接硬件及工具；第 2～7 章介绍了工作区、水平、管理、垂直、设备间、建筑群和进线间共 7 个子系统,详细讲解了各个子系统的设计和施工；第 8 章介绍了综合布线系统的屏蔽保护、接地保护、电气保护和防火保护；第 9 章介绍了综合布线系统的测试和验收；第 10 章为某大学综合布线案例,通过实例系统地讲解了综合布线系统的设计规划、具体施工和测试验收；第 11 章介绍了 16 个实验；第 12 章介绍 Visio 2013 软件的使用,在综合布线时要用 Visio 软件绘制布线的系统图、施工图和房间图等。附录 A 介绍了我国关于综合布线的最新标准 GB 50311—2016《综合布线系统工程设计规范》,附录 B 为网络综合布线技术竞赛试题。

　　本书的内容繁简适中、重点突出、层次结构合理,重点强调了理论与工程设计的结合、实训与考核的结合。本书在讲解布线系统相关理论的同时,附有大量的实物图例、操作图例以及施工技巧和经验,并给出了行业典型应用案例,尤其是 16 个实验,囊括了综合布线系统的

7 个子系统,做到了理论知识与实际操作的紧密结合。为了方便学生实验,本书还配备了实验视频。可先用手机微信扫一扫封底防盗码刮刮卡内的二维码,获得权限,再扫描书中实验章节的二维码,观看视频。附录内容可帮助学生更好地理解综合布线。

本书由马丽梅、覃琼花、于富强主编。全书编写分工如下:第 1～4 章、第 8 章、第 11 章由河北师范大学马丽梅编写,第 5～7 章、第 9 章由百色职业学院覃琼花编写,第 10 章、第 12 章由于富强编写,附录 A 和附录 B 由西安西元电子科技有限公司提供。全书由马丽梅统稿。课程教学视频由马丽梅录制,实验视频由西安西元电子科技有限公司录制。

本书的编写得到了清华大学出版社黄芝主任的大力支持,西安开元电子实业有限公司王公儒教授、蔡永亮经理在技术上给予了大力指导,在此表示衷心的感谢。

本书在编写过程中吸取了许多综合布线专著、论文的思想,得到了许多老师的帮助,在此一并感谢。

由于编者水平有限,加上综合布线技术发展迅速,书中不足之处在所难免,敬请广大读者和专家批评指正。

编　者

2023 年 4 月

目　录

IV

第1章 综合布线系统概述

本章要点:

- 掌握综合布线系统的概念和组成;
- 了解国际和国内关于综合布线系统的标准;
- 熟悉综合布线系统常用的传输介质光纤与双绞线;
- 熟悉综合布线系统常用工具和设备。

1.1 综合布线系统基础

现代科技的进步使计算机及网络通信技术飞速发展,提供越来越强大的计算机处理能力和网络通信能力。计算机及网络通信技术的应用大大提高了现代企业的生产管理效率,降低了运作成本,并使得现代企业能更快速有效地获取市场信息,及时决策反应,提供更快捷、更满意的客户服务,在竞争中保持领先。计算机及网络通信技术的应用已经成为企业成功的一个关键因素。

计算机及通信网络均依赖布线系统作为网络连接的物理基础和信息传输的通道。传统的基于特定的单一应用的专用布线技术因缺乏灵活性和发展性,已不能适应现代企业网络应用飞速发展的需要。而新一代的结构化布线系统能同时提供用户所需的数据、话音、传真、视像等各种信息服务的线路连接,使话音和数据通信设备、交换机设备、信息管理系统及设备控制系统、安全系统彼此相连,也使这些设备与外部通信网络相连接,包括建筑物到外部网络或电话局线路上的连线、与工作区的话音或数据终端之间的所有电缆及相关联的布线部件。

1.1.1 综合布线系统的定义

综合布线系统(Generic Cabling System,GCS)又称结构化布线系统(Structured Cabling System,SCS),或称建筑物布线系统(Premises Distribution System,PDS)、开放式布线系统(Open Cabling System,OCS)。

综合布线系统是一种模块化的、灵活性极高的建筑物内或建筑群之间的信息传输通道,能使建筑物或建筑群内部的语音、数据通信设备,信息交换设备,建筑自动化管理设备及物业管理等系统之间彼此相连,也能使建筑物内的信息通信设备与外部的信息通信网络相连接,以达到共享信息资源及更高的需求,因此综合布线系统是建筑物智能化必备的基础设施。

综合布线系统可满足各种不同的计算机系统和通信系统的要求,包括:

（1）模拟与数字的语音系统；

（2）高速与低速的数据系统(1～1000MHz)；

（3）传真机、图形终端、绘图仪等需要传输的图像资料；

（4）电视会议与安全监视系统的视频信号；

（5）建筑物的安全报警和空调系统的传感器信号。

综合布线系统是一种开放式星形拓扑结构的预布线，能适应较长时间的需求，布线系统的使用寿命一般要求在 10 年以上。

1.1.2 综合布线系统的产生

传统的布线(如电话线缆、有线电视线缆和计算机网络线缆等)都是由不同单位各自设计和安装完成的，采用不同的线缆及终端插座，各个系统相互独立。由于各个系统的终端插座、终端插头和配线架等设备都无法兼容，因此当设备需要移动或更换时，就必须重新布线。这样既增加了资金的投入，也使得建筑物内线缆杂乱无章，增加了管理和维护的难度。

早在 20 世纪 50 年代初期，一些发达国家就在高层建筑中采用电子器件组成控制系统，各种仪表、信号灯以及操作按键通过各种线路接至分散在现场各处的机电设备上，用来集中监控设备的运行情况，并对各种机电系统实现手动或自动控制。由于电子器件较多，线路又多又长，因此控制点数目受到很大的限制。20 世纪 60 年代，开始出现数字式自动化系统。20 世纪 70 年代，建筑物自动化系统采用专用计算机系统进行管理、控制和显示。从 20 世纪 80 年代中期开始，随着超大规模集成电路技术和信息技术的发展，出现了智能化建筑物。

20 世纪 80 年代末期，美国朗讯科技(原 AT&T)公司贝尔实验室的科学家们经过多年的研究，在该公司的办公楼和工厂试验成功的基础上，在美国率先推出了结构化布线系统，其代表产品是 SYSTIMAX PDS(建筑与建筑群综合布线系统)。经 GB 50311—2007 命名为综合布线系统。

我国在 20 世纪 80 年代末期开始引入综合布线系统，20 世纪 90 年代中后期综合布线系统得到了迅速发展。目前，现代化建筑中广泛采用综合布线系统，"综合布线"已成为我国现代化建筑工程中的热门课题，也是建筑工程、通信工程设计及安装施工相互结合的一项十分重要的内容。

1.1.3 综合布线系统的发展及趋势

第一阶段：启蒙引进阶段，大致为 1993—1995 年。国际著名通信公司(AT&T、Nortel)、计算机网络公司(IBM)推出了结构化综合布线系统，并将结构化综合布线系统的理念、技术、产品带入中国。国内推出了 CECS 72—1995《建筑与建筑群综合布线系统设计规范》(中国工程建设标准化协会通信工程委员会)，使用的是 3 类布线。网络技术以星形 10Mb/s 以太网、环形 16Mb/s 令牌环网和 10Base-2 总线粗缆以太网。

第二阶段：推广应用阶段，大致为 1995—1997 年。国外标准不断推陈出新。国内推出了 CECS 72—1997《建筑与建筑群综合布线系统工程设计规范(修订版)》和 CECS 89—1997《建筑与建筑群综合布线系统工程施工验收规范》(中国工程建设标准化协会通信工程委员会)。网络技术采用 100Mb/s 以太网和 100Mb/s 的 FDDI 光纤网，使用的是 5 类布线。

第三阶段：迅猛发展阶段，大致为 1997—2000 年。在中国的国外厂家已达 20 多家。

产生了国家标准 GB/T 50311—2000《建筑与建筑群综合布线系统工程设计规范》、GB/T 50312—2000《建筑与建筑群综合布线系统工程施工验收规范》和通信行业标准 YD/T 926《大楼通信综合布线系统》。网络技术从 10Mb/s、100Mb/s 以太网向 1000Mb/s 以太网发展，使用的是超 5 类布线。

第四阶段：稳定成熟阶段，大致为 2000 年至今。一些国际著名的建筑电气公司携其高端布线系统正式亮相中国，使国内的布线和网络通信市场重新细分和定位。使用的是超 5 类、6 类和光纤布线。中国国家质量技术监督局与建设部联合发布的国家标准有 GB 50311—2007《综合布线系统工程设计规范》、GB 50312—2007《综合布线系统工程验收规范》、GB 50311—2016《综合布线系统工程设计规范》、GB/T 50312—2016《综合布线系统工程验收规范》。

综合布线的发展趋势如下。

1．6 类布线系统代替超 5 类布线系统

6 类布线系统将彻底代替超 5 类布线系统，从而在布线市场中居于绝对的主导地位。6 类布线与超 5 类布线相比所带来的好处是显而易见的。随着新的以太网传输标准 1000Base-T 的推出，应用到桌面的高速网络需求日益增长，6 类布线的市场占有率将达到 80% 以上。

2．光纤布线逐渐被广泛应用

网络行业的摩尔定律显示，平均每 5 年时间，网络的带宽速度会变为原来的 10 倍，从 10Mb/s、100Mb/s 到现在的 10Gb/s，布线系统必然会随之发展，否则将无法支持更高速网络的运行。千兆以太网标准的颁布，实际上真正推动了超 5 类和 6 类铜缆的发展。在未来 10Gb/s 甚至更高速的网络传输中，光纤系统将是主要的传输模式。

整个综合布线系统的未来走向一定是从铜缆向光纤转化。随着光纤收发系统价格的下降，光纤的优势将非常明显，尤其在中高端用户中，光纤加 6 类系统成为布线发展的趋势。

3．屏蔽布线系统将大量应用

对于公安、银行等保密性强的单位可建设屏蔽的局域网，因为有以下因素的影响。

1）干扰

电缆和设备通常会干扰其他的部件，或者被其他干扰源所影响，从而破坏数据的传输。严重时，干扰甚至会导致整个系统完全瘫痪。

线缆绞合只能保护电缆不被磁场干扰，但不能使其不被电场干扰。然而，许多干扰源发射的是电场或电磁场（辐射场），因此，只有屏蔽才能使网络免受所有干扰源影响。对于高于 10Mb/s 和 10MHz 的高速率、高频率应用，数据传输越灵敏，屏蔽性就变得越重要。机械地限制绞合长度会使绞合的效果减弱，绞合仅能有效地适应 30～40MHz 的数据传输。

由于安装过程中对电缆的拉力和其他类似弯曲半径等因素的影响，会使非屏蔽线缆的均衡绞度遭到破坏。然而，屏蔽可以补偿这种影响，并被看作是一种电磁和机械保护。

2）窃听

窃听者可以拦截非屏蔽线缆上传输的信息，从而引起严重的破坏和损失。使用了屏蔽线缆及元件的屏蔽网络则可以明显地降低周围环境中的电磁能发射水平。

与非屏蔽电缆相比，屏蔽电缆由于其较低的辐射而保护网络免受窃听。从发射保密性的角度来说，屏蔽电缆应是首要选择。

3) 屏蔽系统的实施

根据国际标准 ISO 11801,屏蔽必须是从传送器到接收器的全程屏蔽。安装电缆、信息插座和连接插头都必须屏蔽,包括工作区和设备电缆(连接电缆)等在内的所有元件都应仔细挑选、正确安装和连接;并且要保证整个屏蔽系统在电气性能上的整体连接,具有良好、可靠的接地;不能有任何断裂处,否则断裂部分会造成天线效应,不但不能屏蔽,反而效果更坏。

4) 屏蔽原理

单独的绞合线对或 4 对线组可以有一个金属屏蔽层。不同的绞合线对或 4 对线组可以在金属屏蔽后置于一起。屏蔽旨在增加与电磁化外界的间距。就屏蔽本身而言,它可将绞合线对或 4 对线组自身之间的串扰减少到最低程度。

1.1.4 传统布线的缺点

传统的综合布线是总线拓扑结构,而综合布线是星形拓扑结构,在房间的各个位置有充足的端口可供选择,而且每个房间都有预留线缆,扩展空间大,集中控制并统一管理。

传统布线的不足主要表现在:不同应用系统(电话、计算机系统、局域网、楼宇自控系统等)的布线各自独立,不同的设备采用不同的传输线缆构成各自的网络,同时,连接线缆的插座、模块及配线架的结构和生产标准不同,相互之间达不到共用的目的,加上施工时期不同,致使形成的布线系统存在极大差异,难以互换通用。

这种传统布线方式由于没有统一的设计,施工、使用和管理都不方便;当工作场所需要重新规划,设备需要更换、移动或增加时,只能重新敷设线缆,安装插头、插座,并需中断办公,显然布线工作非常费时、耗资、效率很低。因此,传统的布线不利于布线系统的综合利用和管理,限制了应用系统的变化以及网络规模的扩充和升级。

1.1.5 综合布线系统的特点

1. 兼容性

综合布线的首要特点是它的兼容性。所谓兼容性是指其自身是完全独立的而与应用系统相对无关,可以用于多种系统中。由于它是一套综合式的全开放式系统,因此它可以使用相同的电缆与配线端子排,以及相同的插头与模块化插孔及适配器,可以将不同厂商设备的不同传输介质全部转换为相同的屏蔽或非屏蔽双绞线。

综合布线将语音、数据与监控设备的信号线经过统一的规划和设计,采用相同的传输媒体、信息插座、连接设备、适配器等,把这些不同信号综合到一套标准的布线中。由此可见,这种布线比传统布线大为简化,可节约大量的物资、时间和空间。

在使用时,用户可不用定义某个工作区的信息插座的具体应用,只把某种终端设备(如个人计算机、电话、视频设备等)插入这个信息插座,然后在管理间和设备间的连接设备上做相应的接线操作,这个终端设备就被接入各自的系统中。

2. 开放性

对于传统的布线方式,只要用户选定了某种设备,也就选定了与之相适应的布线方式和传输媒体。如果更换另一种设备,那么原来的布线就要全部更换。对于已经完工的建筑物,这种变化是十分困难的,要增加很多投资。而综合布线由于采用开放式体系结构,符合多种国际上现行的标准,因此它是开放的,如计算机设备、交换机设备等。

3. 灵活性

传统布线系统的体系结构是固定的,不考虑设备的搬迁或增加,因此设备搬迁或增加后就必须重新布线,耗时费力。综合布线采用标准的传输线缆、相关连接硬件及模块化设计,所有的通道都是通用性的,所有设备的开通及变动均不需要重新布线,只需增减相应的设备并在配线架上进行必要的跳线管理即可实现。综合布线系统的组网也灵活多样,同一房间内可以安装多台不同的用户终端,如计算机、电话和电视等。

4. 可靠性

传统的布线方式由于各个应用系统互不兼容,因而在一个建筑物中往往要有多种布线方案,因此系统的可靠性要由所选用的布线可靠性来保证,当各应用系统布线不当时,还会造成交叉干扰。综合布线采用高品质的材料和组合压接的方式构成一套高标准的信息传输通道。每条通道都采用专用仪器校核线路衰减、串音、信噪比,以保证其电气性能。系统布线全部采用星形拓扑结构,应用系统布线全部采用点到点端接,该结构特点使得任何一条线路故障均不影响其他线路的运行,同时为线路的运行维护及故障检修提供了极大的方便,所有线槽和相关连接件均通过 ISO 认证,从而保障了系统的可靠运行。各应用系统往往采用相同的传输媒体,因而可互为备用,提高了备用冗余。

5. 先进性

综合布线系统是应用极富弹性的布线概念,采用光纤与 5 类双绞线混合布线方式。所有布线均采用世界上最新通信标准,所有信息通道均按 ISDN 标准,按 8 芯双绞线配置。通过 5 类双绞线,数据最大传输速率可达到 100MHz,6 类双绞线带宽可达 250MHz,对于特殊用户需求可把光纤铺到桌面。干线光缆可设计为 500MHz 带宽,为将来的发展提供了足够的余量。通过主干通道可同时多路传输多媒体信息,同时物理上星形的布线方式为将来发展交换式网络奠定了坚实的基础,为同时传输多路实时多媒体信息提供足够的带宽容量。

6. 经济性

综合布线比传统布线具有经济性优点,主要综合布线可适应相当长时间需求,传统布线改造很费时间,影响日常工作。综合布线系统与传统布线方式相比,综合布线是一种既具有良好的初期投资特性,又具有极高的性能价格比的高科技产品,布线产品均符合国际标准 ISO/IEC 1181 和美国标准 TIA/EIA 568 及中国标准 GB 50311—2016、GB/T 50312—2016,为用户提供安全可靠的优质服务。

1.1.6 综合布线系统的组成

综合布线系统采用模块化结构,在 GB/T 50311—2000 中划分为 6 个子系统,它们分别是工作区子系统、配线子系统、干线子系统、设备间子系统、建筑群子系统和管理子系统。

国家标准 GB 50311—2007《综合布线系统工程设计规范》对上述 6 个子系统进行了重新划分,定义了工作区子系统、配线子系统、干线子系统、建筑群子系统、设备间子系统、进线间子系统和管理子系统 7 个子系统,新标准的配线子系统与旧标准的水平子系统对应,新增加了进线间子系统,并对管理子系统做了重新定义。旧标准对进线部分没有明确定义,随着智能大厦的大规模发展,建筑群之间的进线设施越来越多,各种进线的管理变得越来越重要,独立设置进线间就体现了这一要求。

6

1. 工作区子系统

一个独立的需要设置终端设备(TE)的区域划分为一个工作区。工作区由配线子系统的信息插座模块(TO)延伸到终端设备处的连接缆线及适配器(adapter)组成,包括跳线、连接器或适配器等,实现用户终端与网络的有效连接。工作区子系统如图 1-1 所示。

图 1-1　工作区子系统

适配器可以是一个独立的硬件接口转接设备,也可以是信息接口。综合布线系统工作区信息插座是标准的 RJ-45 接口模块。如果终端设备不是 RJ-45 接口时,则需要另配一个接口转接设备(适配器)才能实现通信。

工作区子系统常见的终端设备有计算机、电话机、传真机和电视机等。因此工作区对应的信息插座模块包括计算机网络插座、电话语音插座,并配置相应的连接线缆,如 RJ-45—RJ-45 连接线缆、RJ-11—RJ-11 电话线缆。

需要注意的是,信息插座模块尽管安装在工作区,但它属于配线子系统的组成部分。

工作区是包括办公室、写字间、作业间、机房等需要电话、计算机或其他终端设备(如网络打印机、网络摄像头等)设施的区域或相应设备的统称。工作区子系统处于用户终端(如电话、计算机、打印机)和配线子系统的信息插座(TO)之间,起着桥梁的作用。

工作区子系统的布线一般是非永久的,用户根据工作需要可以随时移动、增加或减少布线,既便于连接,也易于管理。

根据标准的综合布线设计,每个信息插座旁边要求有一个单相电源插座,以备计算机或其他有源设备使用,且信息插座与电源插座的间距不得小于 20cm。

2. 配线子系统(水平子系统)

配线子系统应由工作区的信息插座模块、信息插座模块至管理间配线设备(Floor Distributor,FD)的配线电缆和光缆、管理间的配线设备及设备缆线和跳线等组成,如图 1-2 所示。

配线子系统不局限于同一楼层的布线系统,是指由楼层配线架至工作区信息插座之间的线缆、信息插座、转接点及配套设施组成的系统。配线子系统水平线缆的一端与管理子系统(每个管理间的配线设备)相连,另一端与工作区子系统的信息插座相连,以便用户通过跳线连接各种终端设备,从而实现与网络的连接。

图 1-2　配线子系统

配线设备是电缆或光缆进行端接和连接的装置。在配线设备上可进行互连或交连操作。交连采用接插软线或跳线连接配线设备和信息通信设备(数据交换机、语音交换机等),互连是不用接插软线或跳线,而使用连接器件把两个配线设备连接在一起。通常的配线设备就是配线架。管理间、建筑物设备间和建筑群设备的配线设备分别简称为 FD、BD 和 CD。

在综合布线系统中,配线子系统要根据建筑物的结构合理选择布线路由,还要根据所连接不同种类的终端设备选择相应的线缆。配线子系统通常由超 5 类或 6 类 4 对非屏蔽双绞线组成,连接至本层管理间的配线柜内。当然,根据传输速率或传输距离的需要,也可以采用多模光纤。配线子系统应当按楼层各工作区的要求设置信息插座的数量和位置,设计并布放相应数量的水平线路。为了简化施工程序,配线子系统的管路或槽道的设计与施工最好与建筑物同步进行。

3. 干线子系统(垂直子系统)

干线子系统是综合布线系统的数据流主干,所有楼层的信息流通过配线子系统汇集到干线子系统。干线子系统由设备间至管理间的干线电缆和光缆、安装在设备间的建筑物配线设备 BD 及设备缆线和跳线组成,如图 1-3 所示。

图 1-3　干线子系统

干线子系统一般采用大对数双绞线电缆或光缆,两端分别端接在设备间和楼层管理间的配线架上。干线电缆和光缆的规格和数量由每个楼层所连接的终端设备类型及数量决定。干线子系统一般采用垂直路由、干线线缆沿着垂直竖井布放。

4. 建筑群子系统

建筑群子系统由连接多个建筑物之间的主干电缆和光缆、建筑群配线设备 CD 及设备缆线和跳线组成,如图 1-4 所示。

大中型网络中都拥有多幢建筑物,建筑群子系统用于实现建筑物之间的各种通信。建筑群子系统是指建筑物之间使用传输介质(电缆或光缆)和各种支持设备(如配线架、交换机)连接在一起,构成一个完整的系统,从而实现彼此语音、数据、图像或监控等信号的传输。

图 1-4　建筑群子系统

建筑群子系统包括建筑物之间的主干布线及建筑物中的引入口设备,由楼群配线架及其他建筑物的楼宇配线架之间的缆线及配套设施组成。

建筑群子系统的主干缆线采用多模或单模光缆,或者大对数双绞线,既可采用地下管道敷设方式,也可采用悬挂方式。线缆的两端分别是两幢建筑的设备间子系统的接续设备。在建筑群环境中,除了需在某个建筑物内建立一个主设备间外,还应在其他建筑物内都配一个中间设备室。

5. 设备间子系统

设备间是在每幢建筑物的适当地点进行网络管理和信息交换的场地。对于综合布线系统工程设计,设备间主要用于安装建筑物配线设备。电话交换机、计算机网络设备(如网络交换机、路由器)及入口设施也可与配线设备安装在一起。

　　设备间子系统由设备间内安装的电缆和光缆、连接器和有关的支撑硬件组成,如图 1-5 所示。它的作用是把公共系统设备的各种不同设备互连起来,如将电信部门的中继线和公共系统设备互连起来。为便于设备搬运、节省投资,设备间的位置最好选定在建筑物的第一层。

图 1-5　设备间子系统

　　设备间子系统是建筑物中电信设备、计算机网络设备及建筑物配线设备安装的地点,同时也是网络管理的场所,由设备间电缆、连接器和相关支承硬件组成,将各种公用系统连接在一起。

6. 进线间子系统

　　进线间是建筑物外部通信和信息管线的入口部位,并可作为入口设施和建筑群配线设备的安装场地。进线间子系统如图 1-6 所示。

　　进线间一般提供给多家电信业务经营者使用,通常设于地下一层。进线间主要作为室外电缆和光缆引入楼内的成端与分支及光缆的盘长空间位置(熔接)。随着光纤到大楼(FTTB)、光纤到用户(FTTH)、光纤到桌面(FTTO)的应用及容量日益增多,进线间显得尤为重要。

图 1-6　进线间子系统

7. 管理子系统

　　管理子系统主要对工作区、管理间、设备间、进线间的配线设备、线缆和信息插座模块等设施按一定的模式进行标识和记录。

　　管理子系统设置在各楼层的管理间内,由配线架、接插软线、理线器和机柜等装置组成,其主要功能是实现配线管理及功能转换,以及连接配线子系统和干线子系统。管理是针对设备间和工作区的配线设备和缆线按一定的规模进行标识和记录的规定,其内容包括管理方式、标识、色标、交叉连接等。管理子系统交连或互连等管理垂直电缆和各楼层配线子系统的电缆，为连接其他子系统提供连接手段，如图1-7所示。

图1-7　管理子系统

从功能及结构来看，综合布线的7个子系统密不可分，组成了一个完整的系统。如果将综合布线系统比喻为一棵树，则工作区子系统是树的叶子，配线子系统是树枝，干线子系统是树干，进线间、设备间子系统是树根，管理子系统是树枝与树干、树干与树根的连接处。工作区内的终端设备通过配线子系统、干线子系统构成的链路通道，最终连接到设备间内的应用管理设备。

综合布线系统的基本组成结构如图1-8所示。

图1-8　综合布线系统的基本组成结构

1.2　综合布线系统标准

综合布线系统自问世以来已经历了30多年的历史，随着信息技术的发展，布线技术不断推陈出新，与之相适应，布线系统相关标准也得到了不断的发展与完善。国际标准化委员会ISO/IEC、欧洲标准化委员会CENELEC和美国国家标准局ANSI都在努力制定更新的标准以满足技术和市场的需求。我国于2000年制定了相应的综合布线的设计和验收标准，促进和规范了我国综合布线技术的发展。

综合布线系统概述

1.2.1 国外标准

国际上流行的综合布线标准有美国的 TIA/EIA 568、国际标准化组织的 ISO/IEC 11801、欧洲的 EN 50173。

1. 美国标准

综合布线标准最早起源于美国,美国电子工业协会(Electronic Industries Association, EIA)负责制定有关界面电气特性的标准,美国通信工业协会(Telecommunications Industries Association,TIA)负责制定通信配线及架构的标准。设立标准的目的:建立一种支持多供应商环境的通用电信布线系统;可以进行商业大楼结构化布线系统的设计和安装;建立综合布线系统配置的性能和技术标准。

1991 年美国国家标准局(American National Standards Institute,ANSI)发布了 TIA/EIA 568 商业建筑线缆标准,经改进后于 1995 年 10 月正式将 TIA/EIA 568 修订为 TIA/EIA 568A 标准。该标准规定了 100Ω 非屏蔽双绞线(UTP)、150Ω 屏蔽双绞线(STP)、50Ω 同轴线缆和 62.5/125μm 光纤的参数指标,并公布了相关的技术公告文本(Technical System Bulletin,TSB),如 TSB 67、TSB 72、TSB 75、TSB 95 等,同时还附加了 UTP 信道在较差情况下布线系统的电气性能参数,在这个标准后,还有 5 个增编,分别为 A1~A5。

ANSI 于 2002 年发布了 TIA/EIA 568B,以此取代了 TIA/EIA 568A。该标准由 B1、B2、B3 三个部分组成。第一部分 B1 是一般要求,着重于水平和主干布线拓扑、距离、介质选择、工作区连接、开放办公布线、电信与设备间、安装方法以及现场测试等内容,它集合了 TIA/EIA TSB 67、TIA/EIA TSB 72、TIA/EIA TSB 75、TIA/EIA TSB 95、TIA/EIA 568 A2、TIA/EIA 568 A3、TIA/EIA 568 A5,TIA/EIA/IS 729 等标准中的内容。第二部分 B2 是平衡双绞线布线系统,着重于平衡双绞线电缆、跳线、连接硬件的电气和机械性能规范,以及部件可靠性测试规范、现场测试仪性能规范、实验室与现场测试仪比对方法等内容,它集合了 TIA/EIA 568 A1 和 TIA/EIA 568 A2、TIA/EIA 568 A3、TIA/EIA 568 A4、TIA/EIA 568 A5、TIA/EIA/IS 729、TIA/EIA TSB 95 中的部分内容,它有一个增编 B2.1,是目前第一个关于 6 类布线系统的标准。第三部分 B3 是光纤布线部件标准,用于定义光纤布线系统的部件和传输性能指标,包括光缆、光跳线和连接硬件的电气与机械性能要求、器件可靠性测试规范、现场测试性能规范等。

2008 年 8 月,新的 TIA/EIA 568C 版本系列标准正式发布。TIA/EIA 568C 分为 C.0、C.1、C.2 和 C.3 共 4 个部分,C.0 为用户建筑物通用布线标准,C.1 为商业楼宇电信布线标准,C.2 为平衡双绞线电信布线和连接硬件标准,C.3 为光纤布线和连接硬件标准。

2. 国际标准

国际标准化组织/国际电工技术委员会(ISO/IEC)于 1988 年开始,在美国国家标准协会制定的有关综合布线标准的基础上做了修改,并于 1995 年 7 月正式公布 ISO/IEC 11801—1995(E)《信息技术——用户建筑物综合布线》,作为国际标准供各个国家使用。目前该标准有 3 个版本,分别为 ISO/IEC 11801—1995,ISO/IEC 11801—2000 及 ISO/IEC 11801—2002。

ISO/IEC 11801—1995 是第一版。ISO/IEC 11801—2000 是修订版,对第一版中"链路"的定义进行了修正。ISO/IEC 11801—2002 是第二版,新定义了 6 类和 7 类线缆标准,同时将多模光纤重新分为 OM1、OM2 和 OM3 三类,其中 OM1 指目前传统 $62.5\mu m$ 多模光纤,OM2 指目前传统 $50\mu m$ 多模光纤,OM3 是新增的万兆光纤,能在 300m 距离内支持 10Gb/s 数据传输。

3. 欧洲标准

英国、法国、德国等国家于 1995 年 7 月联合制定了欧洲标准(EN 50173),供欧洲一些国家使用,该标准在 2002 年做了进一步的修订。

目前,国际上常用的综合布线标准如表 1-1 所示。

表 1-1　国际上常用的综合布线标准

制定方	标准名称	标准内容	公布时间
美国	TIA/EIA 568A	商业建筑物电信布线标准	1995 年
	TIA/EIA 568 A1	传输延迟和延迟差的规定	
	TIA/EIA 568 A2	共模式端接测试连接硬件附加规定	
	TIA/EIA 568 A3	混合线绑扎电缆	
	TIA/EIA 568 A4	安装 5 类线规范	
	TIA/EIA 568 A5	5e 类新的附加规定	
	TIA/EIA TSB 67	非屏蔽 5 类双绞线的认证标准	
	TIA/EIA TSB 72	集中式光纤布线标准	
	TIA/EIA TSB 75	开放型办公室水平布线附加标准	
	TIA/EIA 568B	商业建筑通信布线系统标准(B1～B3)	2002 年
	TIA/EIA 568 B1	综合布线系统总体要求	
	TIA/EIA 568 B2	平衡双绞线布线组件	
	TIA/EIA 568 B3	光纤布线组件	
	TIA/EIA 569	商业建筑通信通道和空间标准	1990 年
	TIA/EIA 606	商业建筑物电信基础结构管理标准	1993 年
	TIA/EIA 607	商业建筑物电信布线接地和保护连接要求	1994 年
	TIA/EIA 570A	住宅及小型商业区综合布线标准	1998 年
欧洲	EN 50173	信息系统通用布线标准	1995 年
	EN 50174	信息系统布线安装标准	
	EN 50289	通信电缆试验方法规范	2004 年
ISO	ISO/IEC 11801—1995	信息技术——用户建筑群通用布线国际标准第一版	1995 年
	ISO/IEC 11801—2000	信息技术——用户建筑群通用布线国际标准修订版	2000 年
	ISO/IEC 11801—2002	信息技术——用户建筑群通用布线国际标准第二版	2002 年

各国制定的标准都有所侧重,美洲一些国家制定的标准没有提及电磁干扰方面的内容,国际布线标准提及了一部分但不全面,欧洲一些国家制定的标准则很注重解决电磁干扰的问题。因此美洲一些国家制定的标准要求使用非屏蔽双绞线及相关连接器件,而欧洲一些国家制定的标准则要求使用屏蔽双绞线及相关连接器件。

1.2.2　国内标准

我国国内标准有中国工程建设标准化协会颁布的 CECS 72—1997《建筑与建筑群综合布线系统工程设计规范》、CECS 89—1997《建筑与建筑群综合布线系统工程验收规范》、国家质量技术监督局与建设部联合发布的国家标准 GB/T 50311—2000《建筑与建筑群综合

12

布线系统工程设计规范》、GB/T 50312—2000《建筑与建筑群综合布线系统工程验收规范》等。我国国家及行业综合布线标准的制定,使我国综合布线走上标准化轨道,促进了综合布线在我国的应用和发展。

2007年4月,我国建设部颁布了新标准 GB 50311—2007《综合布线系统工程设计规范》和 GB 50312—2007《综合布线系统工程验收规范》,并于2007年10月执行。该标准参考了国际上综合布线标准的最新成果,对综合布线系统的组成、综合布线子系统的组成、系统的分级等进行了严格的规范,新增了5e类、6类和7类铜缆相关标准内容。

2016年8月,中华人民共和国住房和城乡建设部颁布了新国家标准 GB 50311—2016《综合布线系统工程设计规范》和 GB/T 50312—2016《综合布线系统工程验收规范》,自2017年4月1日起实施。增加了光纤到用户单元通信设施工程设计要求,并新增有关光纤到用户单元通信设施工程建设的强制性条文。

在进行综合布线设计时,具体标准的选用应根据用户投资金额、用户的安全性需求等多方面来决定,按相应的标准或规范来设计综合布线系统可以减少建设和维护费用。我国主要的综合布线标准如表1-2所示。

表 1-2　我国主要的综合布线标准

制 定 部 门	标 准 名 称	标 准 内 容	公布时间
中国工程建设标准化协会	CECS 72—1997	建筑与建筑群综合布线系统工程设计规范	1997
	CECS 89—1997	建筑与建筑群综合布线系统工程验收规范	
	CECS 119—2000	城市住宅建筑综合布线系统工程设计规范	2000
信息产业部	YD/T 9261.3—1997	大楼通信综合布线系统	1997
	YD 5082—1999	建筑与建筑群综合布线系统工程设计施工图集	1999
	YD/T 1013—1999	综合布线系统电气特性通用测试方法	1999
	YD/T 1460.3—2006	通信用气吹微型光缆及光纤单元	2006
国家住房和城乡建设部	GB/T 50311—2000	建筑与建筑群综合布线系统工程设计规范	2000
	GB/T 50312—2000	建筑与建筑群综合布线系统工程验收规范	
	GB 50311—2007	综合布线系统工程设计规范	2007
	GB 50312—2007	综合布线系统工程验收规范	
	GB 50311—2016	综合布线系统工程设计规范	2016
	GB/T 50312—2016	综合布线系统工程验收规范	

1.3　综合布线系统常用介质

网络传输介质是指在网络中传输信息的载体,常用的传输介质分为有线传输介质和无线传输介质两大类。不同的传输介质,其特性也各不相同,它们不同的特性对网络中数据通信质量和通信速度有较大影响。

有线传输介质是指在两个通信设备之间实现的物理连接部分,它能将信号从一方传送到另一方。有线传输介质主要有双绞线、同轴电缆和光纤。双绞线和同轴电缆传输电信号,光纤传输光信号。

无线传输介质指我们周围的自由空间。利用无线电波在自由空间的传播可以实现多种无线通信。无线传输的介质有无线电波、红外线、微波、卫星和激光。在局域网中,通常只使用无线电波和红外线作为传输介质;在广域网中,微波、卫星无线传输介质通常用于广域互联网的广域链路的连接。

1.3.1 同轴电缆

同轴电缆是局域网中最常见的传输介质之一,其频率特性比双绞线好,能进行较宽频带的信息传输。由于它的屏蔽性能好、抗干扰能力强,通常用于基带传输。目前它更多地使用于有线电视或视频等网络应用中,在计算机网络中运用较少。

同轴电缆由一根空心的外圆柱导体及其所包围的单根内导线组成,由里往外依次是导体、塑胶绝缘层、金属网状屏蔽层和外套皮,如图 1-9 所示,由于导体与网状屏蔽层同轴,故名为同轴电缆。这种结构的金属屏蔽层可防止中心导体向外辐射电磁场,也可用来防止外界电磁场干扰中心导体的信号。

同轴电缆以硬铜线为芯,外包一层绝缘材料。这层绝缘材料用密织的网状导体环绕,网外又覆盖一层保护性材料。有两种广泛使用的同轴电缆:一种是 50Ω 电缆,用于数字传输,由于多用于基带传输,也叫基带同轴电缆;另一种是 75Ω 电缆,用于模拟传输,即宽带同轴电缆。

图 1-9　同轴电缆的结构

同轴电缆从用途上分可分为基带同轴电缆和宽带同轴电缆(即网络同轴电缆和视频同轴电缆)。基带同轴电缆又分细同轴电缆和粗同轴电缆。基带同轴电缆仅仅用于数字传输。

同轴电缆主要有以下几种类型。

(1) 75Ω 的视频同轴电缆,其主要型号为 RG-59,常用于 CATV 网,故称为 CATV 电缆,传输带宽可达 1GHz,目前常用 CATV 电缆的传输带宽为 750MHz。

(2) 75Ω 的粗同轴电缆,其主要型号为 RG-11,直径为 1.27cm,最大传输距离达到 500m。由于直径相当粗,因此它的弹性较差,不适合在室内狭窄的环境内架设,而且 RG-11 连接头的制作方式也相对要复杂许多,并不能直接与计算机连接,它需要通过一个转接器转成 AUI 接头,然后再接到计算机上。由于粗同轴电缆的强度较强,最大传输距离也比细同轴电缆长,因此粗同轴电缆的主要用途是扮演网络主干的角色,用来连接数个由细同轴电缆所结成的网络。其特征如下:

- 最大干线段长度:500m。
- 最大网络干线电缆长度:2500m。
- 每条干线段支持的最大结点数:100。
- 收发器之间的最小距离:2.5m。
- 收发器电缆的最大长度:50m。

(3) 50Ω 的基带同轴电缆,其主要型号为 RG-58,细同轴电缆的直径为 0.26cm,最大传输距离为 185m,使用时与 50Ω 终端电阻、T 型连接器、BNC 接头和网卡相连,线材价格和连接头成本都比较便宜,而且不需要购置集线器等设备,十分适合架设终端设备较为集中的小型以太网络。安装方法:将细同轴电缆切断,两头装上 BNC 接头,然后接在 T 型连接器两

端,在细同轴电缆的首尾接上终端电阻器,如图1-10所示。其特征如下:

- 最大干线段长度:185m。
- 最大网络干线电缆长度:925m。
- 每条干线段支持的最大结点数:30。
- BNC接头与T型连接器之间的最小距离:0.5m。
- 中继器:对于使用细同轴电缆的以太网,每条干线段的长度不能超过185m,可以用中继器连接两条干线段,以扩充主干电缆的长度。每个以太网中最多可以使用4个中继器连接5条干线段电缆,最大网络干线电缆长度为925m。

图1-10 细同轴电缆的连接

无论是粗同轴电缆还是细同轴电缆均为总线拓扑结构,即一根缆上接多部机器,这种拓扑结构适用于机器密集的环境。但是当某一触点发生故障时,故障会串联影响到整根缆上的所有机器,故障的诊断和修复都很麻烦,将逐步被双绞线或光缆取代。

1.3.2 双绞线电缆

在数据中心市场调查的用户中有26.5%的用户使用超5类双绞线电缆,70.2%的用户使用6类双绞线电缆,还有3.3%的用户使用7类双绞线电缆。

双绞线是综合布线工程中最常用的一种传输介质,大多数数据和语音网络都使用双绞线布线。双绞线一般是由两根遵循AWG(American Wire Gauge,美国线规)标准的绝缘铜导线相互缠绕而成。把两根绝缘的铜导线按一定密度互相绞在一起,可降低信号干扰的程度,每一根导线在传输中辐射的电波会被另一根导线上发出的电波抵消,"双绞线"的名字也是由此而来。

1. 双绞线的种类与规格型号

双绞线是由两根22~26号具有绝缘保护层的铜导线相互缠绕而成,把一对或多对双绞线放在一个绝缘套管中便构成了双绞线电缆。

双绞线可以按照以下方式进行分类。

按结构分为屏蔽双绞线(Shielded Twisted Pair,STP)和非屏蔽双绞线电缆(Unshielded Twisted Pair,UTP)。

按性能分为1类、2类、3类、4类、5类、5e类、6类、6e类、7类双绞线电缆。

按特性阻抗可分为100Ω、120Ω及150Ω等几种,常用的是100Ω的双绞线电缆。

按对数分为1对、2对、4对双绞线电缆,25对、50对、100对的大对数双绞线电缆。

2. 非屏蔽双绞线

非屏蔽双绞线(Unshielded Twisted Pair,UTP):无金属屏蔽材料,只有一层绝缘胶皮包裹。它在绝缘套管中封装了一对或一对以上的双绞线,每对双绞线按一定密度互相绞合在一起,这样可以提高系统本身抗电子噪声和电磁干扰的能力,但不能防止周围的电子干扰。其特点是直径小,节省所占用的空间,重量轻,易弯曲,有阻燃性。它适用于结构化综合布线,通常在综合布线系统中采用非屏蔽双绞线。

对于一根双绞线,在外观上需要注意的是每隔两英尺有一段文字,以某公司的线缆为例,该段文字为:

××××　SYSTEMS　CABLE　E138034　0100

24　AWG　(UL)　CMR/MPR　OR　C(UL)　PCC

FT4　VERIFIED　ETL　CAT5e　044766　FT　1807

具体说明如下。

- ××××表示公司名称。
- 0100 表示特性阻抗为 100Ω。
- 24 表示线芯是 24 号的(线芯有 22、24 或 26 号)。
- AWG 表示美国线缆规格标准。
- UL 表示通过 UL 认证。
- FT4 表示有 4 对线。
- CAT5e 表示超 5 类双绞线。
- 044766 表示线缆当前处在的英尺数。
- 1807 表示生产年月。

TIA/EIA 为 UTP 双绞线电缆定义了不同的型号,以下几种是现阶段常用的 UTP 型号。

(1) 5 类(CAT5):该类电缆的传输频率为 100MHz,用于 CDDI(基于双绞线的 FDDI 网络)和快速以太网,传输速率达 100Mb/s,但在同时使用多对线对以分摊数据流的情况下,也可用于 1000Base-T 网络。目前 5 类双绞线电缆已广泛应用于电话、安保、自动控制等网络中,为保证传输质量,5 类线的传输距离一般在 100m 以内,逐渐被超 5 类双绞线取代。

(2) 超 5 类(CAT5e):超 5 类电缆的传输频率为 100MHz,传输速率可达到 100Mb/s。与 5 类双绞线电缆相比,具有更多的扭绞数目,可以更好地抵抗来自外部和电缆内部其他导线的干扰,从而提升了性能,在近端串扰、综合近端串扰、衰减和衰减串扰比 4 个主要指标上都有了较大的改进。因此超 5 类双绞线电缆具有更好的传输性能,更适合支持 1000Base-T 网络,是目前综合布线系统的主流产品,如图 1-11 所示。

注意:CAT5 表示 5 类双绞线,CAT5e 表示超 5 类双绞线。

(3) 6 类(CAT6):其性能超过 CAT5e,电缆频率带宽为 250MHz 以上,主要应用于 100Base-T 快速以太网和 1000Base-T 以太网中。6 类电缆的绞距比超 5 类电缆更密,线对间的相互影响更小,从而提高了串扰的性能,更适合用于全双工的高速千兆网络,是目前综合布线系统中常用的传输介质,如图 1-12 所示。

图 1-11　非屏蔽超 5 类双绞线电缆

图 1-12　6 类双绞线

　　(4) 超 6 类(CAT6a)：该类电缆主要应用于 1000Base-T 以太网中,其传输带宽为 500MHz,最大传输速率是 1000Mb/s。与 6 类电缆相比,在串扰、衰减等方面有较大改善。

　　(5) 7 类(CAT7)：该类电缆是线对屏蔽的 S/FTP 电缆,它有效地抵御了线对之间的串扰,从而在同一根电缆上可实现多个应用。其最高频率带宽是 600MHz,传输速率可达 10Gb/s,主要用于万兆以太网综合布线。

　　在选取对绞线电缆时,除考虑其种类和规格外,还应注意下列事项：

　　(1) 对绞电缆的外护套上应当印有清晰的字迹,用于说明电缆的规格、遵循的标准等。

　　(2) 切开对绞电缆的外护套,应当看出其中每个线对的缠绕密度是不同的。

　　(3) 通常规格较高的对绞电缆的缠绕密度较高。

　　(4) 注意对绞电缆线芯的硬度,观看其外表是否具有一定的自然弯曲,通常这种弯曲是更易于现场布线施工的。

　　(5) 注意对绞电缆的粗细是否与外套上所列印的 AWG 值相同,以及线芯的直径是否均匀且符合标准。

　　(6) 对绞电缆的阻燃特性是否与电缆外护套上打印的规格一致。

　　(7) 向生产厂商索取电缆的有关参数,并与标准进行对比,了解布线产品的生产标准,以确保其性能。

　　GB 50311—2016《综合布线系统工程设计规范》中明确规定,综合布线铜缆系统的分级与类别划分应当符合表 1-3 中的要求,网络应用标准与网络传输介质对应如表 1-4 所示。

表 1-3　铜缆布线系统的分级与类别

系统分级	支持带宽/Hz	支持应用器件	
		电　缆	连接硬件
A	100k	—	—
B	1M	—	—
C	16M	3 类	3 类
D	100M	5/5e 类	5/5e 类
E	250M	6 类	6 类
F	600M	7 类	7 类

注：3 类、5/5e 类(超 5 类)、6 类、7 类布线系统应能支持向下兼容的应用。

表 1-4　网络应用标准与网络传输介质的对应

传输速率	网络标准	物理接口标准	传输介质	传输距离/m	备　注
10Mb/s	IEEE 802.3	10Base-2	细同轴电缆	185	已退出市场
		10Base-5	粗同轴电缆	500	已退出市场
	IEEE 802.3i	10Base-T	3 类双绞线	100	
	IEEE 802.3j	10Base-F	光纤	2000	
100Mb/s	IEEE 802.3u	100Base-T4	3 类双绞线	100	使用 4 个线对
		100Base-TX	5 类双绞线	100	用 12、36 线对
		100Base-FX	光纤	2000	
1GMb/s	IEEE 802.3ab	1000Base-T	5 类以上双绞线	100	每对线缆既接收又发送
	TIA/EIA 854	1000Base-TX	6 类以上双绞线	100	2 对发送,2 对接收
	IEEE 802.3z	1000Base-SX	62.5μm 多模光纤/短波 850nm/带宽 160MHz	220	
		1000Base-SX	62.5μm 多模光纤/短波 850nm/带宽 200MHz	275	
		1000Base-SX	50μm 多模光纤/短波 850nm/带宽 400MHz	500	
		1000Base-SX	50μm 多模光纤/短波 850nm/带宽 500MHz	550	
		1000Base-LX	多模光纤/长波 1300nm	550	
		1000Base-LX	单模光纤	5000	
		1000Base-CX	150Ω 平衡屏蔽双绞线(STP)	25	适用于机房中短距离连接
10GMb/s	IEEE 802.3ae	10GBase-SR	62.5μm 多模光纤/850nm	26	
		10GBase-SR	50μm 多模光纤/850nm	65	
		10GBase-LR	9μm 单模光纤/1310nm	10000	
		10GBase-ER	9μm 单模光纤/1550nm	40000	
		10GBase-LX4	9μm 单模光纤/1310nm	10000	WDM(波分复用)
		10GBase-SW	62.5μm 多模光纤/850nm	26	物理层为 WAN
		10GBase-SW	50μm 多模光纤/850nm	65	物理层为 WAN
		10GBase-LW	9μm 单模光纤/1310nm	10000	物理层为 WAN
	IEEE 802.3ak	10GBase-EW	9μm 单模光纤/1550nm	40000	物理层为 WAN
	IEEE 802.3an	10GBase-CX4	同轴铜缆	15	
		10GBase-T	6 类双绞线	55	使用 4 个线对
			6a 类以上双绞线	100	使用 4 个线对

　　为了便于管理,UTP 的每对双绞线均用颜色标识。4 对 UTP 电缆分别使用橙色、绿色、蓝色和棕色线对表示。每对双绞线中,有一根为线对纯颜色,另一根为白底色加上线对纯颜色的条纹或斑点,具体的颜色编码如表 1-5 所示。

表 1-5　4 对 UTP 电缆的颜色编码表

线　对	色　标	英文缩写	线　对	色　标	英文缩写
线对—1	白—橙 橙	W—O O	线对—3	白—蓝 蓝	W—BL BL
线对—2	白—绿 绿	W—G G	线对—4	白—棕 棕	W—BR BR

安装人员可以通过颜色编码来区分每根导线,TIA/EIA 标准描述了两种端接 4 对双绞线电缆时每种颜色的导线排列关系,分别为 TIA/EIA 568A(T568-A)标准和 TIA/EIA 568B(T568-B)标准,如表 1-6 所示。

表 1-6　T568-A 和 T568-B 标准规定的双绞线的排列

线序	1	2	3	4	5	6	7	8
T568-A	白绿	绿	白橙	蓝	白蓝	橙	白棕	棕
T568-B	白橙	橙	白绿	蓝	白蓝	绿	白棕	棕

在网络连接中常常采用直通网线和交叉网线两种网线,它们均是根据 T568-A 和 T568-B 标准进行制作的。

直通网线:网线两端均按同一标准(或为 T568-A,或为 T568-B)制作,用于交换机、集线器与计算机之间的连接。

交叉网线:网线一端按 T568-A 标准制作,另一端按 T568-B 标准制作,用于交换机与交换机、集线器与集线器、计算机与计算机之间的连接。

在同一个工程项目中,必须确保所有的端接采用相同的接线模式,即要么是 T568-A,要么是 T568-B,不可混用。

3. 屏蔽双绞线

屏蔽双绞线是在双绞线电缆中增加了金属屏蔽层,目的是提高电缆的物理性能和电气性能,减少电缆信号传输中的电磁干扰。电缆屏蔽层采用金属箔、金属网或金属丝等材料,它能将噪声转变成直流电,屏蔽层上的噪声电流与双绞线上的噪声电流相反,因而两者可相互抵消。

新版国标引用了 ISO 11801—2002 中对屏蔽结构的定义,使用"/"作为 4 对芯线总体屏蔽与每对芯线单独屏蔽的分隔符,使用 U、S、F 三个字母分别对应非屏蔽、丝网屏蔽和铝箔屏蔽,通过分隔符与字母的组合,形成了对屏蔽结构的真实描写。当前最常见的 5 种屏蔽结构分别为:

图 1-13　F/UTP

(1) F/UTP 表示为总屏蔽层为铝箔屏蔽/没有线对屏蔽层的屏蔽双绞线,如图 1-13 所示。

(2) U/FTP 表示为没有总屏蔽层/线对屏蔽为铝箔屏蔽的屏蔽双绞线,如图 1-14 所示。

(3) SF/UTP 表示为总屏蔽层为丝网+铝箔的双重屏蔽/线对没有屏蔽的双重屏蔽双绞线,如图 1-15 所示。

(4) S/FTP 表示为总屏蔽层为丝网/线对屏蔽为铝箔屏蔽的双层屏蔽双绞线,如图 1-16 所示。

（5）F/FTP 表示为总屏蔽层为铝箔屏蔽/线对屏蔽为铝箔屏蔽的屏蔽双绞线,如图 1-17 所示。

图 1-14　U/FTP　　　　　　　　　图 1-15　SF/UTP

图 1-16　S/FTP　　　　　　　　　图 1-17　F/FTP

4. 大对数双绞电缆

大对数双绞电缆,即大对数干线电缆。大对数电缆一般为 25 线对(或更多)成束的电缆结构。从外观上看,它是直径更大的单根电缆。它也同样采用颜色编码进行管理,每个线对束都有不同的颜色编码,同一束内的每个线对又有不同的颜色编码,如图 1-18 所示。

图 1-18　大对数双绞电缆

大对数双绞电缆始终共有 10 种颜色组成,有 5 种主色和 5 种次色;5 种主色和 5 种次色又组成 25 种色谱,常用的大对数据通信电缆的对数有 50 对、100 对、200 对等,都是以 25 对为基础组成相应对数的电缆。

5 种主色:白色、红色、黑色、黄色、紫色。

5 种次色:蓝色、橙色、绿色、棕色、灰色。

综合布线系统概述

10 对通信电缆色谱线序表:

1 对—白蓝	2 对—白橙	3 对—白绿	4 对—白棕	5 对—白灰
6 对—红蓝	7 对—红橙	8 对—红绿	9 对—红棕	10 对—红灰

20 对通信电缆色谱线序表:

1 对—白蓝	2 对—白橙	3 对—白绿	4 对—白棕	5 对—白灰
6 对—红蓝	7 对—红橙	8 对—红绿	9 对—红棕	10 对—红灰
11 对—黑蓝	12 对—黑橙	13 对—黑绿	14 对—黑棕	15 对—黑灰
16 对—黄蓝	17 对—黄橙	18 对—黄绿	19 对—黄棕	20 对—黄灰

50 对通信电缆色谱线序表:

说明:50 对的通信电缆要注意,50 对通信电缆里有 2 种标识线,前 25 对是用"白蓝"标识线缠着的,后 25 对是用"白橙"标识线缠着的。

(注意:这 25 对用"白蓝"标识线缠着)

1 对—白蓝	2 对—白橙	3 对—白绿	4 对—白棕	5 对—白灰
6 对—红蓝	7 对—红橙	8 对—红绿	9 对—红棕	10 对—红灰
11 对—黑蓝	12 对—黑橙	13 对—黑绿	14 对—黑棕	15 对—黑灰
16 对—黄蓝	17 对—黄橙	18 对—黄绿	19 对—黄棕	20 对—黄灰
21 对—紫蓝	22 对—紫橙	23 对—紫绿	24 对—紫棕	25 对—紫灰

(用"白橙"标识线缠着)

26 对—白蓝	27 对—白橙	28 对—白绿	29 对—白棕	30 对—白灰
31 对—红蓝	32 对—红橙	33 对—红绿	34 对—红棕	35 对—红灰
36 对—黑蓝	37 对—黑橙	38 对—黑绿	39 对—黑棕	40 对—黑灰
41 对—黄蓝	42 对—黄橙	43 对—黄绿	44 对—黄棕	45 对—黄灰
46 对—紫蓝	47 对—紫橙	48 对—紫绿	49 对—紫棕	50 对—紫灰

5. 双绞线的性能指标

1) 衰减

衰减(attenuation)是沿链路的信号损失度量。衰减与线缆的长度有关系,随着长度的增加,信号衰减也随之增加。衰减的单位是分贝,用 dB 来表示,表示源传送端信号到接收端信号强度的比率。由于衰减随频率而变化,因此,应测量在应用范围内的全部频率上的衰减。频率越高,衰减得越厉害。

2) 近端串扰(衰减)

串扰是指线缆传输数据时线对间信号的相互泄露。它类似于噪声,串扰分近端串扰(NEXT)和远端串扰(FEXT),测试仪主要是测量 NEXT,由于存在线路损耗,因此 FEXT 的量值的影响较小。对于 UTP 链路,NEXT 是一个关键的性能指标,也是最难精确测量的一个指标。随着信号频率的增加,其测量难度将加大。

近端串扰可以理解为线缆系统内部产生的噪声,严重影响信号的正确传输。

串扰可以通过电缆的绞结被最大限度地减少,这样信号耦合是"互相抑制"的。当安装链路出现错误时,可能会破坏这种"互相抑制"而产生过大的串扰。

串扰就是一种典型的情况。串扰是用两个不同的线对重新组成新的发送或接收线对而破坏了绞结所具有的、消除串扰的作用。对于带宽 10MHz 的网络传输来说,如果距离不很长,串扰的影响并不明显,有时甚至觉得网络运行完全正常,但对于带宽 100MHz 的网络传输,串扰的存在是致命的。

NEXT 并不表示在近端点所产生的串扰值,它只是表示在近端点所测量到的串扰值。这个量值会随电缆长度不同而变,电缆越长,其值变得越小。同时发送端的信号也会衰减,对其他线对的串扰也相对变小,在 40m 内测得的 NEXT 较为真实。

通信信号分为有用信号和有害信号,对于有用信号,衰减得越少越好,例如测试中常见的衰减参数,数值越小越好。

但是对于有害信号,例如回波、串扰,就需要衰减得越多越好。

对于 NEXT,有人说是近端串扰,口头说说可以,但是容易造成误解,因为串扰当然是越小越好,怎么要求测量数值越大越好呢?其实后面少了两个字:衰减。

3)直流环路电阻

任何导线都存在电阻,直流环路电阻是指一对双绞线电阻之和。当信号在双绞线中传输时,在导体中会消耗一部分能量且转变为热量,100Ω 屏蔽双绞电缆直流环路电阻不大于 19.2Ω/100m,150Ω 屏蔽双绞电缆直流环路电阻不大于 12Ω/100m。常温环境下的最大值不超过 30Ω。直流环路电阻的测量应在每对双绞线远端短路,每对线之间的差异不能超过 5%,否则就是接触不良,必须检查连接点。

4)特性阻抗

假设一根均匀电缆无限延伸,在发射端的某一频率下的阻抗称为"特性阻抗"。

测量特性阻抗时,可在电缆的另一端用特性阻抗的等值电阻终接,其测量结果会与输入信号的频率有关。

特性阻抗的测量单位为欧姆(Ω)。在高频段频率不断提高时,特性阻抗会渐近于固定值。

例如同轴电缆的特性阻抗将会是 50Ω 或 75Ω;而双绞线(用于电话及网络通信)的特性阻抗将会是 100Ω(在高于 1MHz 时)、150Ω、120Ω,其数值与线缆的电气性能有关。

5)衰减串扰比

在某些频率范围,串扰与衰减量的比例关系是反映电缆性能的另一个重要参数。例如有一位讲师在教室的前面讲课。讲师的目标是要学员能够听清楚他的发言。讲师的音量是一个重要的因素,但是更重要的是讲师的音量和背景噪声间的差别。如果讲师是在安静的图书馆中发言,即使是低声细语也能听到。想象一下,如果同一个讲师以同样的音量在热闹的足球场内发言会是怎样的情况。讲师将不得不提高他的音量,这样他的声音(所需信号)与人群的欢呼声(背景噪声)的差别才能大到被听见,这就是衰减串扰比(ACR)。ACR 值较大,表示对抗干扰的能力更强。一般系统要求至少大于 10dB。

ACR 的公式如下:

$$ACR = NEXT - a$$

其中,NEXT 代表近端串扰,a 代表衰减。

在 ISO 及 IEEE 标准里都规定了 ACR 指标,但 TIA/EIA 568A 中则没有提到它。

由于每对线对的 NEXT 值都不尽相同,因此每对线对的 ACR 值也是不同的。测量时以最差的 ACR 值为该电缆的 ACR 值。如果是与 PSNEXT(综合近端串扰)相比,则以 PSACR 值来表示。

计算 PSNEXT 的方法就是计算某线缆中一个线对(被干扰对)受到其他所有线对(干扰对)信号传输的影响的总和。例如,一根 4 对线缆,有 3 对线干扰第 4 对线,所有这 3 对线对第 4 对线的影响均计算在内。

6) 电缆特性

通信信道的品质是由它的电缆特性(SNR)描述的。SNR 是在考虑干扰信号的情况下,对数据信号强度的一个度量。如果 SNR 过低,将导致数据信号在被接收时,接收器不能分辨数据信号和噪音信号,最终引起数据错误。因此,为了将数据错误限制在一定范围内,必须定义一个最小的可接收的 SNR。

6. 超 5 类布线系统

超 5 类布线系统是目前综合布线工程中使用得最多的布线系统,广泛用于办公楼、校园网、园区网、各种智能建筑和智能小区,甚至在自动化生产系统和工业以太网中也被大量采用。超 5 类布线系统是一个非屏蔽双绞线布线系统,通过对它的"链接"和"信道"性能的测试表明,它超过 TIA/EIA 568 标准的 5 类线要求。与 5 类线缆相比,超 5 类布线系统在 100MHz 的频率下运行时,可以提供 8dB 近端串扰的余量,用户的设备受到的干扰只有普通 5 类线系统的 1/4,使得系统具有更强的独立性和可靠性。

超 5 类 4 对 24AWG 非屏蔽双绞线线缆的主要性能指标如表 1-7 所示。

表 1-7　ANSI TIA/EIA 568A 定义的超 5 类 UTP 线缆的部分性能指标

频率/MHz	衰减/dB		近端串扰/dB		综合近端串扰/dB		等效远端串扰/dB		综合等效远端串扰/dB		回波损耗/dB	
	信道链路	基本链路	信道链路	基本链路	信道链路	基本链路	信道链路	基本链路	信道链路	基本链路	信道链路	基本链路
1.0	2.4	2.1	63.3	>60	57.0	57.0	57.4	60.0	54.4	57.0	17.0	17.0
4.0	4.4	4.0	53.6	54.8	50.6	51.8	45.3	48.0	42.4	45.0	17.0	17.0
8.0	6.8	5.7	48.6	50.0	45.6	47.0	39.3	41.9	36.3	38.9	17.0	17.0
10.0	7.0	6.3	47.0	48.5	44.0	45.5	37.4	40.0	34.4	37.0	17.0	17.0
16.0	8.9	8.2	43.6	45.2	40.6	42.2	33.3	35.9	30.3	32.9	17.0	17.0
20.0	10.0	8.6	42.0	43.7	39.0	40.7	31.4	34.0	28.4	31.0	17.0	17.0
25.0		10.3	40.4	42.1	37.4	39.1	29.4	32.0	26.4	29.0	16.0	16.3
31.25	12.6	11.5	38.7	40.6	35.7	37.6	27.5	30.1	25.4	27.1	15.1	15.6
62.5		16.7	33.6	35.7	30.6	32.7	21.5	24.1	18.5	21.1	12.1	13.5
100	24.0	21.6	30.1	32.3	27.1	29.3	17.4	20.0	14.4	17.0	10.0	12.1

超 5 类的应用定位于充分保证 5 类传输千兆以太网。超 5 类布线系统是因为所有传输性能参数达到了 1000Base-T 的要求而被 IEEE 认可的千兆布线系统。在 1000Base-T 处于最差连接的情形下,超 5 类也能提供足够的性能要求。

7. 6 类布线系统

6 类布线系统提供比超 5 类布线系统高一倍的传输带宽,对于普通的千兆网络设备而言,6 类布线提供了更大的性能容量,使得在较恶劣的环境下依然可以保证网络传输的误码率指标,保持网络传输性能不变。

6 类布线系统标准是 UTP 布线的一个标准,6 类布线系统国际标准在 2002 年已经正式颁布,为用户选择更高性能的产品提供了依据,满足了网络应用的标准组织的要求。6 类布线系统标准的规定涉及介质、布线距离、接口类型、拓扑结构、安装技术、信道性能及线缆和连接硬件性能等方面的要求。

6 类布线系统标准规定了布线系统应当提供的最高性能。整个系统包括应用和接口类型都要求具有向下兼容性,即在新的 6 类布线系统上可以运行以前在 3 类或 5 类系统上运行的应用,用户接口采用 8 路连接器。6 类布线系统同 5 类布线标准一样,新的 6 类布线系统标准也采用星形拓扑结构,要求的布线距离为:永久链路的长度不能超过 90m,信道长度不能超过 100m。

6 类布线系统产品及系统频率范围应当为 1～250MHz,对系统中的线缆、连接硬件、基本链路及信道在所有频点都需要测试衰减、回波损耗、延迟/失真、近端串扰、综合近端串扰、等效远端串扰、综合等效远端串扰等几种参数,有关 6 类布线的性能指标如表 1-8 所示。

表 1-8　ANSI TIA/EIA 568A 定义的 6 类 UTP 线缆的部分性能指标

频率 /MHz	衰减/dB		近端串扰/dB		综合近端串扰/dB		等效远端串扰/dB		综合等效远端串扰/dB		回波损耗/dB	
	信道链路	永久链路	信道链路	永久链路	信道链路	永久链路	信道链路	永久链路	信道链路	永久链路	信道链路	永久链路
1.0	2.1	1.9	65.0	65.0	62.0	62.0	63.3	64.2	60.3	61.2	19.0	19.1
4.0	4.0	3.5	63.0	64.1	60.5	61.5	51.2	52.1	48.2	49.1	19.0	21.0
8.0	5.7	5.0	58.2	59.4	55.6	57.0	45.2	46.1	42.2	43.1	19.0	21.0
10.0	6.3	5.6	56.6	57.8	54.0	55.5	43.3	44.2	40.3	41.2	19.0	21.0
16.0	8.0	7.1	53.2	54.6	50.6	52.2	39.2	40.1	36.2	37.1	18.0	20.0
20.0	9.0	7.9	51.6	53.1	49.0	50.7	37.2	38.2	34.2	35.2	17.5	19.5
25.0	10.1	8.9	50.0	51.5	47.3	49.1	35.3	36.2	32.3	33.2	17.0	19.0
31.25	11.4	10.0	48.4	50.0	45.7	47.5	33.4	34.3	30.4	31.3	16.5	18.5
62.5	16.5	14.4	43.4	45.1	40.6	42.7	27.3	28.3	24.3	25.3	14.0	16.0
100.0	21.3	18.5	39.9	41.8	37.1	39.3	23.3	24.2	20.3	21.2	12.0	14.0
200.0	31.5	27.1	34.8	36.9	31.9	34.3	17.2	18.2	14.2	15.2	9.0	11.0
250.0	36.0	30.7	33.1	35.3	30.2	32.7	15.3	16.2	12.3	13.2	8.0	10.0

比较超 5 类和 6 类布线,6 类线缆的性能在各项电气性能指标上均优于超 5 类双绞线。

1.3.3　光缆

1. 光缆的历史

1976 年,美国贝尔实验室在亚特兰大建成第一条光纤通信实验系统,采用了西方电气公司制造的含有 144 根光纤的光缆。

1980 年,由多模光纤制成的商用光缆开始在市内局间中继线和少数长途线路上采用。

1983 年,单模光纤制成的商用光缆开始在长途线路上采用。

1988 年,连接美国与英法之间的第一条横跨大西洋海底光缆敷设成功,不久又建成了第一条横跨太平洋的海底光缆。

1978 年,中国自行研制出通信光缆,采用的是多模光纤,缆心结构为层绞式。曾先后在上海、北京、武汉等地开展现场试验,后不久便在市内电话网内作为局间中继线试用。

1984 年以后,逐渐用于长途线路,并开始采用单模光纤。通信光缆比铜线电缆具有更大的传输容量,中继段距离长,体积小,重量轻,无电磁干扰,自 1976 年以后已发展成长途干线、市内中继、近海及跨洋海底通信以及局域网、专用网等的有线传输线路骨干,并开始向市内用户环路配线网的领域发展,为光纤到户、宽代综合业务数字网提供传输线路。

2. 光缆的定义

光纤是一种传输光束的细而柔韧的媒质,又称光导纤维。光缆由一捆光纤组成。与铜缆相比,光缆本身不需要电,虽然在建设初期所需的连接器、工具和人工成本很高,但其不受电磁干扰的影响,具有更高的数据传输速率和更远的传输距离,这使得光缆在某些应用中更具吸引力,成为目前综合布线系统中常用的传输介质之一。

典型的光缆结构如图 1-19 所示,自内向外为光纤芯、包层及涂覆层。光纤芯的折射率较高,包层的折射率较低,光以不同的角度送入光纤芯,在包层和光纤芯的界面发生反射,进行远距离的传输。包层的外面涂覆了一层很薄的涂覆层,涂覆材料为硅酮树脂或聚氨基甲酸乙酯,涂覆层的外面套塑(或称二次涂覆),套塑的材料大多采用尼龙、聚乙烯或聚丙烯等塑料,可防止周围环境对光纤的伤害,如水、火、电击等。

图 1-19   光缆结构

3. 光缆的特点

光纤即为光导纤维的简称。光纤通信是以光波为载频,以光导纤维为传输媒介的一种通信方式。光纤通信之所以能得以迅猛的发展,是由于它具有以下的突出优点而决定:

(1)传输频带宽、通信容量大:光纤的带宽为几千兆赫兹甚至更高。

(2)信号损耗低:目前的实用光纤均采用纯净度很高的石英(SiO_2)材料,在光波长为 1550nm 附近,衰减可降至 0.2dB/km,已接近理论极限。因此,它的中继距离可以很远。

(3)不受电磁波干扰:因为光纤为非金属的介质材料,因此它不受电磁波的干扰。

(4)线径细、重量轻:由于光纤的直径很小,只有 0.1mm 左右,因此制成光缆后,直径要比电缆细,而且重量也轻。因此,便于制造多芯光缆。

(5)资源丰富。

光纤通信除了上述优点之外,还有抗化学腐蚀等特点。当然光纤本身也有缺点,如光纤质地脆、机械强度低;要求比较好的切断、连接技术;分路、耦合比较麻烦等。

4. 光缆的主要用料

光缆的主要用料有纤芯、光纤油膏、护套材料、PBT(聚对苯二甲酸丁二醇酯),它们均有不同的质量要求。

（1）纤芯要求有较大的扩充能力。较高的信噪比、较低的比特误码率、较长的放大器间距、较高的信息运载能力，要求 1310nm 平均损耗＜0.34dB/km，1550nm 平均损耗＜0.2dB/km，所以应选优质纤芯。

（2）光纤油膏是指在光纤束管中填充的油膏，其作用一是防止空气中的潮气侵蚀光纤，二是对光纤起衬垫作用，缓冲光纤受振动或冲击影响。

（3）护套材料对光缆的长期可靠性具有相当重要的作用，是决定光缆拉伸、压扁、弯曲特性、温度特性、耐自然老化（温度、照射、化学腐蚀）特性，以及光缆的疲劳特性的关键。所以应选用高密度的聚乙烯材料，它具有硬度大、抗拉抗压性能好、外皮不易损坏的特点。

（4）PBT 是制作光缆二次套塑（束管）的热塑性工程塑料，必须具有耐化学腐蚀好、加工特性好、磨擦系数小等优点。用 PBT 材料做光纤套管，使光纤束管单元具有良好的耐压和温度特性。

5. 光缆的结构

光缆是由光纤、高分子材料、金属-塑料复合管及金属加强件等共同构成的传输介质。除了光纤外，构成光缆的材料可以分为三大类。

高分子材料：主要包括松套管材料、聚乙烯护套材料、无卤阻燃护套材料、聚乙烯绝缘材料、阻水油膏、阻水带、聚酯带等。

金属-塑料复合管：主要有钢塑复合管和铝塑复合带。

金属加强件：主要包括磷化钢丝、不锈钢钢丝、玻璃钢圆棒等。

光缆的结构可以分为中心管式、层绞式和骨架式三种。

1）中心管式光缆

中心管式光缆是由一根二次光纤松套管或螺旋形光纤松套管（无绞合直接放在光缆的中心位置）、纵包阻水带和双面涂塑钢（铝）带、两根平行加强圆磷化碳钢丝或玻璃钢圆棒组成。中心管式光缆结构如图 1-20 所示。

图 1-20　中心管式光缆结构

2）层绞式光缆

层绞式光缆是由多根二次被覆光纤松套管（或部分填充绳）绕中心金属加强件绞合成圆的缆芯。层绞式光缆结构如图 1-21 所示。

3）骨架式光缆

骨架式光缆是将光纤带以矩阵形式置于 U 形螺旋骨架槽或 SZ 螺旋骨架槽中，阻水带以绕包方式缠绕在骨架上，使骨架与阻水带形成一个封闭的腔体。骨架式光缆结构如图 1-22 所示。

综合布线系统概述

图 1-21　层绞式光缆结构

图 1-22　骨架式光缆结构

6. 光纤的连接方式

光纤的连接方式有三种,即熔接、机械接合、模块式连接。

(1) 熔接:相对而言,熔接是成功率和连接质量较高的方式,但是同时也应该注意的是,熔接后的接头是比较容易受损或发生故障的主要因素之一。由于在使用和维护过程中,对设备的维护操作是必需的,因此它的安全性是必须考虑的问题。

在通常的情况下,熔接可以得到较小的连接损耗,一般在 0.2dB 以下,同时在光纤熔接过程中,影响熔接质量的外界因素很多,如环境条件(包括温度、风力、灰尘等)、操作的熟练程度(包括光纤端面的制备、电极棒的老化程度)、光纤的匹配性(包括光纤、尾纤类型匹配、光纤厂商匹配)等。

熔接的真实损耗值必须通过测试才能得出,在光纤芯数较多的情况下,很容易损伤已经完成的,在测试阶段,如果测试结果不理想或不达标,要重新将其挑选出再进行返工;在网络已经使用后,如果发生网络机柜或终端需要移动位置时,必须中断光纤链路,在新的位置上重新熔接等;所有以上种种可能的出现,都需要在熔接时付出很多的劳动,应加倍小心光纤的安全。

(2) 机械接合:切好的光纤放在一个套管中,然后钳起来或粘接在一起,连接快,需要由专业人员完成。

(3) 模块式连接:用连接器连接。

7. 光缆的分类

常见光缆的分类方法如表 1-9 所示。

表 1-9　常见光缆的分类方法

分类方法	光缆种类
按光缆结构分	束管式光缆、层绞式光缆、紧抱式光缆、带式光缆、非金属光缆和可分支光缆等
按敷设方式分	架空光缆、管道光缆、铠装地埋光缆、水底光缆和海底光缆等

分类方法	光缆种类
按用途分	长途通信用光缆、短途室外光缆、室内光缆和混合光缆等
按传输模式分	单模光缆、多模光缆
按维护方式分	充油光缆、充气光缆

1）按照传输模式来划分：单模光纤和多模光纤

光在传播过程中，反映在光纤横截面上产生各种形状的光场，即各种光斑。若是一个光斑，称这种光纤为单模光纤，外面加上不同的保护材料构成不同结构的单模光缆；若为两个及以上光斑，称之为多模光纤，外面加上不同的保护材料构成不同结构的多模光缆。

（1）单模光缆。

构成单模光缆的主要材料是单模光纤，单模光纤只传输主模，也就是说光线只沿光纤的内芯进行传输。由于完全避免了模式色散，使得单模光纤的传输频带很宽，因而适用于大容量、长距离的光纤通信。单模光纤使用的光波长为 1310nm 或 1550nm，表示为 $9\mu m/125\mu m$ 或 $8.3\mu m/125\mu m$，$8.3\mu m$ 指光纤的纤芯的直径，$125\mu m$ 指光纤的包层外径。$9\mu m$ 光纤使用波长为 1310nm 的激光。

（2）多模光缆。

构成多模光缆的主要材料是多模光纤，在一定的工作波长下（850nm/1300nm），表示为 $62.5\mu m/125\mu m$ 或 $50\mu m/125\mu m$，$62.5\mu m$ 光纤使用波长为 850nm 的激光。多模光纤有多个模式在光纤中传输。由于色散或像差，因此，这种光纤的传输性能较差，频带较窄，传输容量也比较小，传输距离比较短。

室内的单模光缆的外套颜色一般为黄色。多模光纤的外套颜色一般为红色。

单模光缆必须使用单模光缆转换器，多模光缆必须使用多模光缆转换器。

2）按照光缆的使用环境和敷设方式进行分类

（1）室内光缆。

室内光缆的抗拉强度较小，保护层较差，但也更轻便、更经济。室内光缆主要适用于综合布线系统中的水平干线子系统和垂直干线子系统。室内光缆可以分为以下几种类型。

① 多用途室内光缆，如图 1-23 所示。多用途室内光缆的结构设计是按照各种室内所用场所的需要而定的。

② 分支光缆，如图 1-24 所示。多用于布线终接和维护。分支光缆便于各光纤的独立布线或分支布线。

③ 互连光缆，如图 1-25 所示。它是为布线系统进行语音、数据、视频图像传输设备互连所设计的光缆，使用的是单纤和双纤结构。互连光缆连接容易，在楼内布线中可用作跳线。

图 1-23　多用途室内光缆

图 1-24　分支光缆

图 1-25　互连光缆

（2）室外光缆。

室外光缆的抗拉强度比较大，保护层厚重，在综合布线系统中主要用于建筑群子系统。根据敷设方式的不同，室外光缆可分为架空式光缆、管道式光缆、直埋式光缆、隧道光缆和水底光缆等。

架空式光缆如图1-26所示。当地面不适宜开挖或无法开挖（如需要跨越河道敷设）时，可以考虑采用架空的方式敷设光缆。普通光缆虽然也可以架空敷设，但是往往需要预先敷设承重钢缆。而自承式架空光缆把两者合二为一，给施工带来简单和方便。

图1-26　架空式光缆

管道式光缆如图1-27所示。在新建成的建筑物中都预留了专用的布线管道，因为在布线中多使用管道式光缆。管道式光缆的强度并不大，但是拥有较好的防水性能，除了用于管道布线外，还可以通过预先敷设的承重钢缆来用于架空铺设。

图1-27　管道式光缆

直埋式光缆如图1-28所示。直埋式光缆在布线时需要在地下开挖一定深度的地沟（大约1m），用于埋设光缆。直埋式光缆布线简单易行，施工费用较低。在一般光缆敷设时使用，直埋式光缆通常拥有两层金属保护层，并且具有很好的防水性能。

隧道光缆是指经过公路、铁路等交通隧道的光缆。

水底光缆是指穿越江河、湖泊、海峡水底的光缆。

室外需要选用优质光纤，以确保光缆具有优良的传输性能。在使用时要精确控制光纤余长，保证光缆具有优良的机械特性和温度特性。光缆要有严格的工艺、原

图1-28　直埋式光缆

材料控制,保证光缆稳定工作 30 年以上。在松套管内填充特种油膏,对光纤进行关键的保护。采用全截面阻水结构,确保光缆良好的阻水、防潮性能。中心加强构件采用增强玻璃纤维塑料(FRP)制成。双面覆膜复合铝带纵包,与 PE 护套紧密粘结,既确保了光缆的径向防潮,又增强了光缆耐侧压能力。如果在光缆中选用非金属加强构件,可以适用于多雷地区。

（3）室内/室外通用光缆。

由于敷设方式的不同,室外光缆必须具有与室内光缆不同的结构特点。室外光缆要承受水蒸气扩散和潮气的侵入,必须具有足够的机械强度及抗啮咬等保护措施。室外光缆由于有 PE 护套及易燃填充物,不适合室内敷设,因此人们在建筑物的光缆入口处为室内光缆设置了一个移入点,这样室内光缆才能可靠地在建筑物内进行敷设。室内/室外通用光缆如图 1-29 所示。它既可在室内使用也可在室外使用,不需要在室外向室内的过渡点进行熔接。

图 1-29　室内/室外通用光缆

8. 海底光缆

海底光缆现在是分区维护的,出于安全目的,海底光缆平时也需要维护。如果有人把海底光缆捞出来,加进光纤,就可以偷走信息。如果发生战争,也可能会破坏光缆。目前海底光缆是通信的最好解决办法,别的方法如卫星、微波仍无法取代海底光缆,因为它们的信道有限。

海底光缆系统的远程供电十分重要,海底电缆沿线的中继器,要靠远程供电工作。海底光缆用的数字中继器功能多,比海底电缆的模拟中继器的用电量要大好几倍,供电要求有很高的可靠性,不能中断。因此在有鲨鱼出没的地区,在海底光缆的外面还要加上钢带绕包两层并再加一层聚乙烯外护套。即使是如此严密的防护,在 20 世纪 80 年代末还是发现过深海光缆的聚乙烯绝缘体被鲨鱼咬坏造成供电故障的实例。

根据不同的海洋环境和水深,可分为深海光缆和浅海光缆,相应地在光缆结构上表现为单层铠装层和双层铠装层。在产品型号表示方法上用 DK 表示单层铠装,用 SK 表示双层铠装。

1）中国海底光缆的数量

中国的海底光缆连接点只有三个,因此非常容易对出入境的信息进行控制。

第一个是青岛（2 条光缆）。

第二个是上海（6 条光缆）。

综合布线系统概述

第三个是汕头(3条光缆)。

由于光缆之间存在重合,因此实际上,中国与Internet的所有通道就是3个入口6条光缆。

(1) APCN2(亚太二号)海底光缆。

带宽:2.56Tb/s。

长度:19 000km。

经过地区:中国大陆、中国台湾地区及香港特别行政区,日本,韩国,马来西亚,菲律宾。

入境地点:汕头,上海。

(2) CUCN(中美)海底光缆。

带宽:2.2Tb/s。

长度:30 000km。

经过地区:中国大陆及中国台湾地区,日本,韩国,美国。

入境地点:汕头,上海。

(3) SEA-ME-WE 3(亚欧)海底光缆。

带宽:960Gb/s。

长度:39 000km。

经过地区:东亚,东南亚,中东,西欧。

入境地点:汕头,上海。

(4) EAC-C2C海底光缆。

带宽:10.24Tb/s。

长度:36 800km。

经过地区:亚太地区。

入境地点:上海,青岛。

(5) FLAG海底光缆。

带宽:10Gb/s。

长度:27 000km。

经过地区:西欧,中东,南亚,东亚。

入境地点:上海。

(6) Trans-Pacific Express(TPE,泛太平洋)海底光缆。

带宽:5.12Tb/s。

长度:17 700km。

经过地区:中国大陆及中国台湾地区,韩国,美国。

入境地点:上海,青岛。

2) 海底光缆的熔接

海底光缆通常埋在海床下1~2m深的地方,由于海床不是很规则,光缆有时候免不了会露出来。渔船下锚和使用拖网捕鱼时都可能将光缆毁坏,因此,在海底有光缆通过的地方都划作禁止抛锚区,不许船只停靠。这个原理和陆地上的光缆一样,我们经常在路上看到这样的标志"地下有光缆,禁止施工"。海底光缆需要加强技术保护,提高海底光缆自身的抗拉性。

修复工作的第一步是找到断点。海缆工程师可以通过电话和互联网中断情况找到断点的大概位置。岸上终点站可以发射光脉冲,正常的光纤可以一直在海中传输这些脉冲,但是如果光纤在哪里断了,脉冲就会从那一点弹回,这样岸上终点站就可以找到断点。之后就需要船只运来新的光缆进行修补,但第一步是要把断的光纤捞上来。

如果光缆在水下不足 2000m 的深处,可以使用机器人打捞光缆,一般位于水深约 3000~4000m 海域,只能使用一种抓钩,抓钩收放一次就需要 12 小时以上。将断掉的光缆捞到船上,用备用的海底光缆熔接后,经反复测试,通信正常后,抛入海水。这时,水下机器人又对修复的海底光缆进行"冲埋",即用高压水枪将海底的淤泥冲出一条沟,将修复的海底光缆"安放"进去。

3)海底光缆铺设

先由规划设计院根据海洋局提供的洋流、海底地形等资料,选择相对平缓的路由,提出设计方案,报相关省海洋局(厅)批复,如果跨省则要国家海洋局批复,施工由登陆站开始,用拖轮龙门吊逐段铺放专门的海底光缆,在船上熔接后,再用专用海底水泥铸件放到海底。

图 1-30 光缆的形式代码

9. 光缆的规格型号

光缆的规格型号表示为形式代码和规格代码。

1)形式代码

光缆的形式代码如图 1-30 所示。

其中,分类代号如表 1-10 所示。

表 1-10 分类代号的表示

代　号	含　义	代　号	含　义
GY	通信用室外光缆	GS	通信用设备内光缆
GM	通信用移动式光缆	GH	通信用海底光缆
GJ	通信用室内光缆	GT	通信用特种光缆

加强构件代号如表 1-11 所示。

表 1-11 加强构件代号的表示

代　号	含　义
(无符号)	金属加强构件
F	非金属加强构件

缆芯和光缆派生结构特征的代号如表 1-12 所示。

表 1-12 缆芯和光缆派生结构特征代号的表示

代　号	含　义	代　号	含　义
D	光纤带结构	T	填充式结构
S	光纤松套被覆结构	R	充气式结构

续表

代　号	含　义	代　号	含　义
J	光纤紧套被覆结构	C	自承式结构
（无符号）	层纹结构	B	扁平形状
G	骨架槽结构	E	椭圆形状
X	缆中心带（被覆）结构	Z	阻燃结构

护套代号如表 1-13 所示。

表 1-13　护套代号的表示

代　号	含　义	代　号	含　义
Y	聚乙烯护套	W	夹带钢丝的钢（简称 W 护套）
V	聚氯乙烯护套	L	铝护套
U	聚氨酯护套	G	钢护套
A	铝（简称 A 护套）	Q	铅护套
S	钢（简称 S 护套）		

外护层代号如表 1-14 所示。

表 1-14　外护层代号的表示

铠　装　层		外被层或外套	
代　号	含　义	代　号	含　义
0	无铠装层	1	纤维外被
2	绕包双钢带	2	聚氯乙烯套
3	单细圆钢丝	3	聚乙烯套
33	双细圆钢丝	4	聚乙烯套加覆尼龙套
4	单粗圆钢丝	5	聚乙烯保护管
44	双粗圆钢丝		
5	皱纹钢带		

2）规格代码

光缆的规格由光纤的数目和光纤的类别组成。如果同一根光缆中含有两种或两种以上规格（光纤数和类别）的光纤时，中间应用"＋"号连接，如图 1-31 所示。

图 1-31　光缆的规格代码

其中，光缆中光纤的数目表示光缆中光纤的根数。

光缆中光纤分为单模光纤（如表 1-15 所示）和多模光纤（如表 1-16 所示）。

表 1-15　单模光纤的类别表示

代　号	名　称	材　料
B1.1（或 B1）	非色散位移型	二氧化硅
B1.2	截止波长位移型	二氧化硅
B2	色散位移型	二氧化硅
B4	非零色散位移型	二氧化硅

表 1-16　多模光纤的类别表示

代　号	特　性	纤芯直径/mm	包层直径/mm	材　料
A1a	渐变折射率	50	125	二氧化硅
A1b	渐变折射率	62.5	125	二氧化硅
A1c	渐变折射率	85	125	二氧化硅
A1d	渐变折射率	100	140	二氧化硅
A2a	渐变折射率	100	140	二氧化硅

1.3.4　无线传输介质

在计算机网络中,无线传输可以突破有线网的限制,利用空间电磁波实现站点之间的通信,可以为广大用户提供移动通信。最常用的无线传输介质有无线电波、微波和红外线。可以在自由空间利用电磁波发送和接收信号进行通信就是无线传输。地球上的大气层为大部分无线传输提供了物理通道,就是常说的无线传输介质。

1. 微波

微波是指频率为 300MHz～300GHz 的电磁波,是无线电波中一个有限频带的简称,即波长在 1m(不含 1m)到 1mm 之间的电磁波,是分米波、厘米波、毫米波的统称。微波频率比一般的无线电波频率高,通常也称为"超高频电磁波",当两点间直线距离内无障碍时就可以使用微波传送。微波通信由于其频带宽、容量大,可以用于各种电信业务的传输,如电话、电报、数据、传真以及彩色电视等均可通过微波电路传输。微波通信具有可用频带宽、通信容量大、传输损伤小、抗干扰能力强等特点,质量好并可传至很远的距离,可用于点对点、一点对多点或广播等通信方式,因此是国家通信网的一种重要通信手段,也普遍适用于各种专用通信网。

由于地球表面是球面的,因而微波在地球表面直线传播距离有限,一般在 50km 左右,要实现远距离传播,则必须在两个通信终端间建立若干中继站。中继站在收到前一站信号后经放大再发送到下一站,如此接续下去。微波数据通信系统主要分为地面系统与卫星系统两种。

1) 地面微波

一般采用定向抛物面天线,这要求发送与接收方之间的通路没有大障碍或视线能及。地面微波信号一般在低 GHz 频率范围。由于微波连接不需要什么电缆,所以它比起基于电缆方式的连接,较适合跨越荒凉或难以通过的地段。一般经常用于连接两个分开的建筑物或在建筑群中构成一个完整网络。

2) 卫星微波

利用地面上的定向抛物天线,将视线指向地球同步卫星。收发双方都必须安装卫星接收及发射设备,且收发双方的天线都必须对准卫星,否则不能接收信息。卫星微波传输跨越陆地或海洋,所需要的时间与费用与只传输几公里没有什么差别。由于信号传输的距离相当远,因此会有一段传输延迟。

2. 激光

激光束可以用于在空中传输数据,和微波通信相似,至少要有两个激光站,每个站点都拥有发送信息和接收信息的能力。激光设备通常安装在固定位置上,如安装在高山上的铁

综合布线系统概述

塔上,并且天线相互对应,由于激光束能在很长的距离上得以聚集,因此激光的传输距离很远,能传输几十公里。激光需要无障碍的直线传播,任何阻挡激光束的人或物都会阻碍正常的传输。激光束不能穿过建筑物和山脉,但可以穿透云层。

3. 红外线

目前广泛使用的家电遥控器几乎都是采用红外线传输技术。红外线局域网采用小于 $1\mu m$ 波长的红外线作为传输媒体,有较强的方向性,但受太阳光的干扰大,对非透明物体的透过性极差,这导致传输距离受限。

红外线通信有两个最突出的优点。

(1) 不易被人发现和截获,保密性强;

(2) 几乎不会受到电气、天电、人为干扰,抗干扰性强。

此外,红外线通信机体积小,重量轻,结构简单,价格低廉。但是它必须在直视距离内通信,且传播受天气的影响。在不能架设有线线路,而使用无线电又怕暴露自己的情况下,使用红外线通信是比较好的。

红外线通信的缺点是传输距离有限,受太阳光的干扰大,一般只限于室内通信,而且不能穿透坚实的物体(如墙砖等)。

1.4 综合布线系统常用连接硬件

连接器是用来将有线传输介质与网络通信设备或其他传输介质连接的布线部件,根据综合布线系统中使用的线缆可以分为两种类型。

1.4.1 电缆连接硬件

1. 双绞线连接器

在双绞线布线系统中,通常使用 RJ-45 连接器(通称为 RJ-45 水晶头)。它是一种透明的塑料接头插件,其外形与电话线的插头类似,只是电话线用的是 RJ-11 插头,是 2 针的,而 RJ-45 连接器是 8 针的。RJ-45 连接器头部有 8 片平行的带 V 字形刀口的铜片并排放置,V 字头的两尖锐处是较为锋利的刀口。制作双绞线插头时,将双绞线中的 8 根导线按一定的顺序插入 RJ-45 连接器的插头中,导线位于 V 字形刀口的上部,用压线钳将 RJ-45 插头压紧,这时 RJ-45 连接器中的 8 片 V 字形刀口将分别刺破每根双绞线绝缘外皮,使得 RJ-45 连接器与双绞线中的各导线紧密连接。RJ-45 连接器与其连接图如图 1-32 和图 1-33 所示。

图 1-32 RJ-45 连接器

图 1-33 RJ-45 连接线缆

2. 同轴电缆连接器

同轴电缆用同轴电缆连接器端接,同轴电缆连接器有许多
不同的类型,常用的有 BNC 型、F 型和 N 型。

BNC 型同轴电缆连接器(见图 1-34)是和 RG-58 细缆一起
使用的,单个 BNC 型同轴电缆连接器接在 RG-58 同轴电缆的末
端,是 Male 式连接器。Female 式 BNC 型同轴电缆连接器安装
在通信网卡上。BNC 型同轴电缆连接器是一个卡口式连接器,
连接器设计成滑动插入 Female 式的连接器中,然后通过旋转固
定。旋转一半就可以把连接器锁住,往相反方向旋转就可以解
除锁定。

图 1-34　BNC 型同轴电缆
连接器

RG-58 同轴电缆用 Male 式 BNC 型同轴电缆连接器端接。
BNC 型连接器用来把两条 RG-58 电缆连接在一起。细缆以太网网卡的后面装有 Female 式
的 BNC 型同轴电缆连接器,这样就可以和 BNC 型同轴电缆连接器相接。

1.4.2　光缆连接硬件

1. 光纤连接器的概念

光纤连接器由两个光纤接头和一个耦合器组成。尾纤接入光纤接头,耦合器对准光纤
接头套管,完成连接。

光纤耦合器的作用是将两个光纤接头对准并固定,以实现两个光纤接头端面的连接。
光纤耦合器的规格与所连接的光纤接头有关,如图 1-35 所示。

图 1-35　光纤耦合器

光纤连接器是用来对光缆进行端接的。但是光纤
连接器与铜缆连接器不同,它是把两根光纤的芯子对
齐,提供低损耗的连接。连接器的对准功能使得光线
可以从一条光纤进入另一条光纤或者通信设备。实际
上,光纤连接器的对准功能必须非常精确。

2. 光纤连接器的分类

按照不同的分类方法,光纤连接器可以分为不同
的类型。按传输媒介的不同可分为单模光纤连接器和
多模光纤连接器;按结构的不同可分为 FC、SC、ST、
D4、DIN、Biconic、MU、LC、MT 等各种形式;按连接器
的插针端面不同可分为 FC、PC(UPC)和 APC;按光纤
芯数还有单芯、多芯之分;按端面接触方式可分为 PC、UPC 和 APC 型。在实际应用中,一
般按照光纤连接器结构的不同来加以区分。多模光纤连接器接头类型有 FC、SC、ST、
FDDI、SMA、MT-RJ、LC、MU 及 VF45 等,单模光纤连接器接头类型有 FC、SC、ST、FDDI、
SMA、MT-RJ、LC 等。

1) FC 型光纤连接器

FC 型光纤连接器的外部加强方式采用金属套,紧固方式为螺丝扣。此类连接器结构
简单,操作方便,制作容易,但光纤端面对微尘较为敏感,如图 1-36 所示。

2）SC 型光纤连接器

SC 型光纤连接器外壳呈矩形,所采用的插针和耦合套筒的结构尺寸与 FC 型光纤连接器完全相同。其中插针的端面多采用 PC 或 APC 型研磨方式,紧固方式是采用插拔闪锁,不需要旋转。此类 FC 型光纤连接器价格低廉,插拔方便,介入损耗波动小,抗压强度较高,安装密度高,如图 1-37 所示。

3）ST 型光纤连接器

ST 型光纤连接器外壳呈圆形,所采用的插针和耦合套筒的结构尺寸与 FC 型光纤连接器完全相同。其中,插针的端面多采用 PC 或 APC 型研磨方式,紧固方式是采用螺丝扣。此类型光纤连接器适用于各种光纤网络,操作简便,且具有良好的互换性,如图 1-38 所示。

4）MT-RJ 型光纤连接器

MT-RJ 型光纤连接器带有与 RJ-45 型 LAN 连接器相同的闪锁机构,通过安装于小型套管两侧的导向锁对准光纤。为便于与光收发信号相连,该连接器端面光纤为双芯排列设计,是主要用于数据传输的高密度光纤连接器,如图 1-39 所示。

图 1-36　FC 型光纤连接器　　　　　　　图 1-37　SC 型光纤连接器

图 1-38　ST 型光纤连接器　　　　　　　图 1-39　MT-RJ 型光纤连接器

5）LC 型光纤连接器

LC 型光纤连接器如图 1-40 所示,采用操作方便的模块化插孔(RJ)闪锁机构制成,该光纤连接器所采用的插针和套筒的结构尺寸是普通 SC 型、FC 型等光纤连接器所用尺寸的一半,提高了光配线架中光纤连接器的密度。

6）MU 型光纤连接器

MU 型光纤连接器如图 1-41 所示,是以 SC 型光纤连接器为基础研发的世界上最小的单芯光纤连接器,其优势在于能实现高密度安装。随着光纤网络向更大带宽、更大容量方向的迅速发展和 DWDM 技术的广泛应用,对 MU 型光纤连接器的需求也迅速增长。

图 1-40　LC 型光纤连接器

图 1-41　MU 型光纤连接器

1.5　配　线　架

配线架是管理子系统中最重要的组件,是实现垂直干线和水平布线两个子系统交叉连接的枢纽,一般同理线架一同使用。配线架通常安装在机柜或墙上。通过安装附件,配线架可以全线满足 UTP、STP、同轴电缆、光纤、音/视频的需要。在网络工程中常用的配线架有双绞线配线架和光纤配线架。双绞线配线架的作用是在管理子系统中将双绞线进行交叉连接,用在设备间和管理间。双绞线配线架的型号很多,每个厂商都有自己的产品系列,并且对应超 5 类、6 类和 7 类线缆分别有不同的规格和型号。光纤配线架的作用是在管理子系统中将光缆进行连接,通常用在设备间和管理间。

1.5.1　双绞线配线架

双绞线配线架又叫模块式配线架,或称为 RJ-45 配线架。图 1-42 所示为 48 口非屏蔽配线架和屏蔽配线架,是一种 19 英寸的模块式嵌座配线架,内部有电路板。配线架实现了模块化管理,主要应用在数据方面。

配线架主要是用以在局端对前端信息点进行管理的模块化的设备。前端的信息点线缆（超 5 类或者 6 类线）进入设备间后首先进入配线架,将线打在配线架的模块上,然后用跳线（RJ-45 水晶头）连接配线架与交换机。总体来说,配线架是用来管理的设备。如果没有配线架,前端的信息点直接接入交换机上,那么线缆一旦出现问题,就面临要重新布线。此外,管理上也比较混乱,多次插拔可能引起交换机端口的损坏。配线架的存在就解决了这个问题,可以通过更换跳线来实现较好的管理。

1.5.2　110 配线架

110 配线架又叫通信跳线架,由 AT&T 公司于 1988 年首先推出。110 配线架有 25 对、50 对、100 对和 300 对多种规格,它的套件还包括 4 对连接块或 5 对连接块、空白标签、标签夹和基座。110 型配线系统使用的插拔快接可以简单地进行回路的重新排列,这样就为非

综合布线系统概述

38

图 1-42　48 口非屏蔽模块式配线架和屏蔽配线架

专业技术人员管理交叉连接系统提供了方便。100 对 110 配线架如图 1-43 所示。

通信跳线架主要用于语音配线系统,是上级程控交换机过来的接线与到桌面终端的语音信息点连接线之间的连线和跳线部分,以便于管理、维护和测试。

5 对连接块:由于大对数电缆都是 5 的倍数,如 25 对电缆,如果仅仅使用 4 对连接块,用 6 个就会缺少一对线,用 5 个则多出 5 对线。而 5 对连接块的出现很好地解决了这一问题(4 对连接块×5+5 对连接块×1=25 对)。因此,对于大对数电缆来说,使用 5 对连接块可方便凑数。

图 1-43　100 对 110 配线架

1.5.3　光纤配线架

光纤配线架适用于光缆与光通信设备的配线连接,通过配线箱内的适配器,用光跳线引出光信号,实现光配线功能。同时,光纤配线架也适用于光缆和配线尾纤的保护性连接。光纤管理器件根据光缆布线场合要求分为两类,即光纤配线架和光纤接线箱。光纤配线架适合于规模较小的光纤互连场合,如图 1-44 所示。

打开光纤配线架可以看到一排插孔,用于安装光纤耦合器。光纤配线架的主要参数是可安装光纤耦合器的数量以及高度,例如 IBDN 的 12 口/1U 机架式光纤配线架可以安装12 个光纤耦合器。

光纤耦合器的作用是将两个光纤接头对准并固定,以实现两个光纤接头端面的连接。光纤耦合器的规格与所连接的光纤接头有关。常见的光纤接头有两类:ST 型和 SC 型。光纤耦合器也分为 ST 型和 SC 型。

光纤接线箱适合于光纤互连较密集的场合,如图 1-45 所示。

图 1-44　光纤配线架

图 1-45　光纤接线箱

1.6　常 用 工 具

1.6.1　RJ-45 压线钳

　　制作 RJ-45 水晶头的工具一般选用 RJ-45 多用压线钳,这类压线钳集剥线、剪线、压线等功能于一身,使用起来非常方便,如图 1-46 所示。选购 RJ-45 多用压线钳时应该注意以下几点。

　　(1) 用于剥线的金属刀片一定要锋利耐用,用它切出的端口应该是平整的,刀口的距离要适中,否则影响剥线。

　　(2) 压制 RJ-45 插头的插槽应该标准,如果压不到底会影响网络传输的速度和质量。

　　(3) 压线钳的簧丝弹性要好,压下后应该能够迅速弹起。

剥线　剪线

图 1-46　RJ-45 压线钳

1.6.2　打线工具

　　打线工具有单对打线工具和 5 对打线工具,如图 1-47 和图 1-48 所示,其中单对打线工具用于将双绞线接到信息模块和数据配线架上,具有压线和截线功能,能截断多余的线头,5对打线工具专用于 110 连接块和 110 配线架的连接。

综合布线系统概述

图 1-47　单对打线工具

图 1-48　5 对打线工具

1.6.3　剥线器

剥线器也称剥线刀,如图 1-49 和图 1-50 所示,它的主要功能是剥掉双绞线外部的绝缘层。图 1-50 的电缆剥线器使用了高度可调的刀片,操作者可以自行调整切入的深度。使用剥线器进行剥皮不仅比使用压线钳快,而且还比较安全,一般不会损坏到包裹芯线的绝缘层。

图 1-49　剥线器

图 1-50　可调节刀片的剥线器

1.6.4　光纤熔接机

光纤熔接机如图 1-51 所示,主要应用于各大运营商、工程公司、企事业单位的光缆线路工程施工、线路维护、应急抢修、光纤器件的生产测试以及科研院所的研究教学中。

一般光纤熔接机由熔接部分和显示部分组成。熔接部分为执行机构,主要有光纤调芯平台、放电电极、计数器、张力试验装置以及监控系统的传感器(TV 摄像头)和光学系统等。张力试验装置和光纤夹具装在一起,用来试验熔接后接头的强度。由于光纤径向折射率各点分布不同,光线通过时透过率不同,经反射进

图 1-51　光纤熔接机

入摄像管的光也不相同,这样即可分辨出待接光纤且在监视器荧光屏上成像,从而监测和显示光纤耦合和熔接情况,并将信息反馈给中央处理机,后者再回控微调架进行调接,直至耦合最佳。

现有熔接机国外品牌有日新、古河、藤仓、住友光纤熔接机。国内品牌有电子 41 所、南京吉隆和迪威普。现在的熔接机操作方便,可以自动检测光纤端面,自动选择最佳熔接程序、熔接类型,自动推算接续损耗,简单直观的操作界面,一目了然的菜单设计,深凹式防风盖,在 15m/s 的强风下能进行接续工作。

1.6.5 光纤剥线钳

光纤剥线钳是一种特殊成型精确刀具,剥线时保证不伤及光纤,特殊三孔分段式剥线设计,剥线最为迅速。光纤剥线钳孔径可调范围为 2.2～8.2mm,如图 1-52 所示。

1.6.6 光纤切割刀

光纤切割刀如图 1-53 所示,是由特殊材料制成的光纤切割专用工具,刀口锐利耐磨损,能够保证光纤切割面的平整性,能最大可能地减少光纤连接时的衰耗。

图 1-52　光纤剥线钳

图 1-53　光纤切割刀

1.6.7 其他常用的工具

其他常用工具如图 1-54 所示。

RJ-45口压线钳

单口打线钳

2m钢卷尺

150mm活扳手

150mm十字螺丝刀

锯弓和锯弓条

美工刀

线管剪

200mm老虎钳

150mm尖嘴钳

镊子

300mm不锈钢角尺

图 1-54　其他常用工具

综合布线系统概述

图 1-54 （续）

习 题 1

一、选择题

1. 综合布线系统的拓扑结构一般为＿＿＿＿＿＿＿。
  A. 总线拓扑   B. 星形拓扑
  C. 树形拓扑   D. 环形拓扑

2. 垂直干线子系统的设计范围包括 ＿＿＿＿＿＿＿。
  A. 管理间与设备间之间的电缆
  B. 信息插座与管理间配线架之间的连接电缆
  C. 设备间与网络引入口之间的连接电缆
  D. 管理间与进线间之间的电缆

3. 在综合布线系统的布线方案中,水平子系统主要以＿＿＿＿＿＿＿作为传输介质。
  A. 同轴电缆   B. 双绞线
  C. 大对数电缆   D. 光缆

4. 在综合布线系统的布线方案中,主干子系统主要以＿＿＿＿＿＿＿作为传输介质。
  A. 同轴电缆   B. 双绞线
  C. 大对数电缆   D. 光缆

5. 综合布线系统中直接与用户终端设备相连的子系统是＿＿＿＿＿＿＿。
  A. 工作区子系统   B. 水平子系统   C. 干线子系统   D. 管理子系统

6. 综合布线系统中安装有线路管理器件及各种公共设备,以实现对整个系统的集中管理的区域属于＿＿＿＿＿＿＿。
  A. 管理子系统   B. 干线子系统   C. 设备间子系统   D. 建筑群子系统

7. 综合布线系统中用于连接两幢建筑物的子系统是＿＿＿＿＿＿＿。
  A. 管理子系统   B. 干线子系统   C. 设备间子系统   D. 建筑群子系统

8. 综合布线系统中用于连接楼层管理间和设备间的子系统是_____。

    A. 工作区子系统   B. 水平子系统   C. 干线子系统   D. 管理子系统

9. 综合布线系统中用于连接信息插座与楼层管理间的子系统是_____。

    A. 工作区子系统   B. 水平子系统   C. 干线子系统   D. 管理子系统

10. 在 GB 50311—2016 标准中,综合布线系统一般分为_____个子系统。

    A. 4   B. 7   C. 5   D. 6

11. 工作区子系统所指的范围是_____。

    A. 信息插座到楼层配线架   B. 信息插座到主配线架

    C. 信息插座到用户终端   D. 信息插座到管理间

12. 配线子系统也称作水平子系统,其设计范围是指_____。

    A. 信息插座到楼层配线架   B. 信息插座到主配线架

    C. 信息插座到用户终端   D. 信息插座到服务器

13. 管理子系统由_____组成。

    A. 配线架和标识系统   B. 跳线和标识系统

    C. 信息插座和标识系统   D. 配线架和信息插座

14. _____是安放通信设备的场所,也是线路管理维护的集中点。

    A. 交接间   B. 设备间   C. 配线间   D. 工作区

15. 最大传输距离为 185m,使用时与 50Ω 终端电阻相连,同轴电缆的型号是_____。

    A. RG-58   B. RG-59   C. RG-75   D. RG-93

16. 中国与 Internet 连接的所有通道,海底光缆的接入点数量是_____。

    A. 2   B. 3   C. 4   D. 5

17. 目前,中华人民共和国颁布的《建筑与建筑群综合布线系统工程设计规范》是_____。

    A. GB 50311—2016   B. GB/T 50312—2016

    C. CECS 89—1997   D. YD/T 926.1～3—1997

18. 目前,中华人民共和国颁布的《建筑与建筑群综合布线系统工程验收规范》是_____。

    A. GB 50311—2016   B. GB/T 50312—2016

    C. CECS 89—1997   D. YD/T 926.1～3—1997

19. 目前,最新的综合布线国际标准是_____。

    A. ANSI/TIA/EIA 568B

    B. ISO/IEC 11801—2002

    C. T568B

    D. ANSI TIA/EIA 568B 和 ISO/IEC 11801—2002

20. 综合布线的使用寿命一般要求至少为_____。

    A. 10 年   B. 5 年

    C. 8 年   D. 15 年

二、问答题

1. 什么叫综合布线系统?

2. 与传统的布线技术相比,综合布线系统具有哪些特点?

3. 综合布线系统的国际与国内标准主要有哪些?

4. F/UTP、U/FTP、SF/UTP、S/FTP、F/FTP 这几种屏蔽双绞线的区别是什么?

5. 光缆的主要用料有哪些?

6. 光缆的结构分为哪几种?

7. 按照使用环境和敷设方式,光缆分为哪几类?

第2章　工作区子系统的设计与安装

本章要点：

• 掌握工作区的基本概念；

• 熟悉工作区的设计步骤，掌握信息插座的施工技巧。

2.1　基　本　概　念

GB 50311—2016 中，规定"一个独立的需要设置终端设备(TE)的区域宜划分为一个工作区。工作区应由配线子系统的信息插座模块(TO)延伸到终端设备处的连接缆线及适配器组成"。

上面所说的终端设备可以是电话机、计算机、网络打印机和数字摄像机等，也可以是控制仪表、测量传感器、电视机及监控主机等设备终端。工作区就是安装这些终端设备的一个独立区域，在实际工程中一个网络插口即为一个独立的工作区，如安装在建筑物墙面或者地面的各种信息插座，有单口插座，也有双口插座，如图 2-1 所示。

墙面暗装底盒

墙面明装底盒

方形地弹插座

圆形地弹插座

图 2-1　常用插座类型

而在终端设备与信息插座连接时，需要特定的设备，为的是把连接设备的传输特点与非屏蔽双绞线布线系统的传输特点匹配，如模拟监控系统通常需要适配器型设备。工作区的连接电缆是非永久性的，随终端设备的移动而移动。图 2-2 为工作区子系统示意图。

图 2-2　工作区子系统示意图

2.2 设 计 步 骤

一般工程的项目设计按照用户设计委托书的需求来进行,在设计前需要了解建筑物的用途、数据量的大小、人员数量等,也要熟悉强电、水暖的路由和位置。在认真阅读建筑物设计图纸的基础上,配置和计算工作区信息插座的数量,进行规划、设计和预算,完成设计任务。工作区子系统设计流程如图 2-3 所示。

```
确定设计等级  →  工作区估算  →  确定信息插座数量
```

图 2-3 工作区子系统设计流程

1. 确定设计等级

为了满足现有的和未来的语音、数据和视频的需求,使布线系统的应用更具体化,可将其定义为 3 种不同的设计等级,即基本型、增强型和综合型布线系统。这些布线系统应能随需求的变化而转向更高功能的布线系统。随着光纤系统的广泛应用,基本型和增强型的设计等级已经很少使用了,现在大部分的设计都使用的是综合型布线系统。

综合型布线系统是将双绞线和光缆纳入建筑物布线的系统,它的基本配置为:

(1) 在建筑群、建筑物的干线配置多模或单模的光缆;

(2) 在每个工作区配线子系统使用多模、单模的光缆、超 5 类或 6 类的双绞线。

它的特点为:

(1) 每个工作区有两个以上的信息插座,不仅灵活方便而且功能齐全;

(2) 任何一个信息插座都可供语音和高速数据传输;

(3) 有一个很好的环境,为客户提供服务。

工作区信息插座的数量主要涉及综合布线系统的设计等级,如果按基本型设计等级配置,那么每个工作区只有一个信息插座,即单点结构。如果按增强型或综合型设计等级配置,那么每个工作区就有两个或两个以上的信息插座。

为了确定设计等级,要掌握用户的当前用途和未来扩展需要,把设计对象分为写字楼、宾馆、综合办公室、生产车间、会议室、商场等类型,为后续设计确定方向和重点。表 2-1 列出了常见工作区类型的信息插座配置。

表 2-1 常见工作区类型的信息插座配置

工作区类型及功能	安装位置	信息插座数量	
		数据	语音
网管中心、呼叫中心、信息中心等终端设备较为密集的场地	工作台附近的墙面、集中布置的隔断或地面	1 个/工位	1 个/工位
集中办公区域的写字楼、开放式工作区等人员密集场所	工作台附近的墙面、集中布置的隔断或地面	1 个/工位	1 个/工位
研发室、实验室等科研场所	工作台或实验台处墙面或者地面	1 个/台	1 个/台
董事长、经理、主管等独立办公室	工作台处墙面或者地面	2 个/间	2 个/间

工作区类型及功能	安装位置	信息插座数量	
		数据	语音
餐厅、商场等服务业	收银区和管理区	1个/50m²	1个/50m²
宾馆标准间	床头、写字台或浴室	1个/间,写字台	1~3个/间
学生公寓(4人间)	写字台处墙面	4个/间	4个/间
公寓管理室、门卫室	写字台处墙面	1个/间	1个/间
教学楼教室	讲台附近	2个/间	0
住宅楼	书房	1个/套	2~3个/套
小型会议室/商务洽谈室	主席台处地面或者台面,会议桌地面或者台面	2~4个/间	2个/间
大型会议室,多功能厅	主席台处地面或者台面,会议桌地面或者台面	5~10个/间	2个/间
>5000m²的大型超市或者卖场	收银区和管理区	1个/100m²	1个/100m²
2000~3000m²的中小型卖场	收银区和管理区	1个/30~50m²	1个/30~50m²

在设计过程中首先确定整栋建筑物的功能,随后要逐层确定各个工作区的信息插座配置,因为现在的建筑物往往具有多种用途,例如一栋7层的建筑物可能会有以下用途:地下2层为空调机组等设备安装层,地下负一层为停车场,1~6层为商场,7层为餐厅。

2. 工作区估算

索取和认真阅读建筑物设计图纸是不能省略的程序。根据建筑物的平面施工图,综合布线设计工程师就可以估算出每个楼层的实际工作区域(不包括建筑物内的走廊、公共卫生间、楼梯、管道井和电梯厅等公用区域)的面积,然后再把所有楼层的工作区域的面积相加,就可计算出整栋建筑的工作区域的总面积。用下面的公式可以估算工作区的总数量:

$$Z = S/P \tag{2.1}$$

其中,Z 为工作区的总数量,S 为整栋建筑物实际工作区的总面积,P 为单个工作区的面积,一般为 10m^2。

工作区面积的详细确定则取决于应用场合的具体分析,建筑物可大体分为商业、文化、媒体、体育、医院、学校、交通、住宅、通用工业等类型,其工作区的面积设定可参考表2-2。

表2-2　工作区的面积设定

建筑物类型及功能	工作区面积/m²
网管中心、呼叫中心、信息中心等终端设备较为密集的场地	3~5
办公区	5~10
会议、会展	10~60
商场、生产机房、娱乐场所	20~60
体育场馆、候机室、公共设施区	20~100
工业生产区	60~200

3. 确定信息插座数量

在确定了设计等级和工作区的数量后,可以利用式(2.2)计算信息插座的数量:

$$M = Z \times N \times (1+R) \tag{2.2}$$

47

第2章

工作区子系统的设计与安装

其中，M 为建筑物总信息点数，Z 为工作区的总数量，N 为单个工作区配置的信息插座个数，R 一般取 $2\%\sim3\%$。

工作区信息插座的命名和编号也很重要，命名首先必须准确表达信息点的位置或者用途，要与工作区的名称相对应，这个名称从项目设计开始到竣工验收及后续维护最好一致。如果出现项目投入使用后用户改变了工作区名称或者编号，必须及时制作名称变更对应表，作为竣工资料保存。最后制作成工作区信息插座数目统计表，TO 表示网络点位，TP 表示语音点位，如表 2-3 所示。

表 2-3　工作区信息插座数目统计表

房间号 楼层号		x01	x02	x03	x04	x05	x06	x07	x08	x09	x10	x11	x12	x13	x14	x15	合计 TO	合计 TP	Σ
四层	TO	2	8	2	0	10	15	10	4	10		10					71		
	TP	2	8	2		10	15	10		10		10						67	
三层	TO	2	10	1	10			15	4	10	10	4	10		10		90		
	TP	2	10	1	2			15	4	10	10	2	10		10			88	
二层	TO	4	2	1	2	1		2		2	0	4	16	4	22	12	76		
	TP		2		2	1	2	2	2	2	0	4	16	4	2	12		54	
一层	TO	2	34	14	0	24	0	17	0	1	116	16		14		2	240		
	TP		2	34	2	0	24	0	3	0	1	10	16		2	2		96	
合计	TO																477		
	TP																	305	
	Σ																		782

最后要与用户进行技术交流，这是非常必要的。不仅要与技术负责人交流，也要与项目或者行政负责人进行交流，进一步充分和广泛地了解用户的需求，特别是未来的发展需求。在交流中重点了解每个房间或者工作区的用途、工作区域、工作台位置、工作台尺寸、设备安装位置等详细信息。在交流过程中必须进行详细的书面记录，每次交流结束后要及时整理书面记录，这些书面记录是初步设计的依据。

2.3　工作区连接件

1. 连接设备

目前，综合布线用的适配器种类很多，各供应商的产品可以相互兼容，应根据应用系统的终端设备，选择适当的连接设备。

图 2-4　Y型适配器

（1）当在单一信息插座上连接两个终端设备时，可应用 Y 型适配器，如图 2-4 所示。

（2）在选用电缆类别（介质）不同时，例如，在水平布线子系统中采用光缆作为传输通道，可选用光电转换适配器，如图 2-5 所示；或带光口的交换机，如图 2-6 所示。

（3）在连接不同种类的信号设备，进行双绞线和同轴电缆转换时，可采用接口适配器，如图 2-7 所示。

图 2-5　光电转换适配器　　　　图 2-6　带光口的交换机　　　　图 2-7　接口适配器

2. 跳线

从信息插座到计算机等终端设备之间的跳线一般使用软跳线,软跳线的线芯应为多股铜线,不宜使用线芯直径 0.5mm 以上的单芯跳线,长度一般小于 5m。跳线必须与布线系统的等级和类型相配套。超 5 类电缆综合布线系统必须使用超 5 类跳线,6 类电缆综合布线系统必须使用 6 类跳线,在屏蔽布线系统中禁止使用非屏蔽跳线。超 5 类跳线如图 2-8 所示,6 类跳线如图 2-9 所示。

光缆布线系统必须使用对应的光缆跳线,光缆跳线使用室内光纤,没有铠装层和钢丝,比较柔软。国际电信联盟标准对光缆跳线的规定是黄色为单模跳线,如图 2-10 所示;橙色为多模跳线,如图 2-11 所示。

图 2-8　超 5 类跳线　　　　　　　　　图 2-9　6 类跳线

图 2-10　单模跳线　　　　　　　　　图 2-11　多模跳线

工作区子系统的跳线宜使用工厂专业化生产的跳线,不允许现场制作跳线,这是因为现场制作跳线时,往往会使用工程剩余的短线,而这些短线已经在施工过程中承受了较大拉力和多次拐弯,缆线结构已经发生了很大的改变。另外,实际工程经验表明,在信道测试中影

工作区子系统的设计与安装

响最大的就是跳线,在6类、7类布线系统中尤为明显,信道测试不合格的主要原因往往是两端的跳线造成的。

习　题　2

一、填空题

1. GB 50311—2016规定,信息插座与计算机终端设备的距离保持在_____范围内。

2. 若计算机为6类网卡时,则信息插座必须安装_____模块,跳线也要选择_____跳线。

3. 光缆布线系统必须使用配套的光缆跳线,国际电信联盟标准规定橙红色为_____,黄色为_____。

4. 我们现在大部分的设计等级是_____。

5. 在工作区信息插座统计表中,TO表示_____、TP表示_____。

6. 在某一信息插座上连接两个终端设备时,可以用_____适配器。

7. 按照综合型的布线设计,每个工作区有_____个信息插座。

二、问答题

1. 工作区子系统的设计步骤?

2. 我们可以自己做跳线吗? 为什么?

第3章 水平子系统的设计与安装

本章要点：

- 掌握水平子系统的基本概念；
- 熟悉水平子系统的设计原则和设计步骤；
- 熟悉水平子系统缆线的选择，掌握缆线长度的计算方法；
- 熟悉水平子系统的各种布线方式，掌握管槽、缆线的敷设技巧。

3.1 基 本 概 念

水平子系统是由连接各办公区的信息插座及各楼层配线架之间的线缆构成的，在GB 50311—2016 中也被称为配线子系统。水平子系统一般在同一个楼层上，是从工作区的信息插座开始到管理间子系统的配线架，由用户信息插座、水平电缆和配线设备等组成，如图 3-1 所示。

图 3-1　水平子系统示意图

水平子系统的设计涉及水平布线子系统的传输介质及组件的集成。水平布线子系统的传输介质包括铜缆和光缆，组件包括 8 针脚模块插座以及光纤插座，它们被用来连接工作区的铜缆和光缆。

3.2　设　计　原　则

在水平子系统的设计中,一般遵循下列原则。

1. 性价比最高原则

这是因为水平子系统范围广、布线长、材料用量大,对工程总造价和质量有比较大的影响。

2. 预埋管原则

认真分析布线路由和距离,确定缆线的走向和位置。新建建筑物优先考虑在建筑物梁和立柱中预埋穿线管,旧楼改造或者装修时考虑在墙面刻槽埋管或者墙面明装线槽。因为在新建建筑物中预埋线管的成本比明装布管、槽的成本低,工期短,外观美观。

3. 水平缆线最短原则

为了保证水平缆线最短原则,一般把楼层管理间设置在信息点居中的房间,保证水平缆线最短。对于楼道长度超过100m的楼层,或者信息点比较密集时,可以在同一层设置多个管理间,这样既能节约成本,又能降低施工难度。因为布线距离短时,线管和电缆也短,拐弯减少,布线拉力也小一些。

4. 水平缆线最长原则

按照GB 50311—2016规定,铜缆双绞线电缆的信道长度不超过100m,水平缆线长度一般不超过90m。因此在前期设计时,水平缆线最长不宜超过90m。

5. 避让强电原则

一般尽量避免水平缆线与36V以上强电供电线路平行走线。在工程设计和施工中,一般原则为网络布线避让强电布线。

如果确实需要平行走线时,应保持一定的距离。一般非屏蔽网络双绞线电缆与强电电缆距离大于30cm,屏蔽网络双绞线电缆与强电电缆距离大于7cm。

如果需要近距离平行布线甚至交叉跨越布线时,需要用金属管保护网络布线。

6. 地面无障碍原则

在设计和施工中,必须坚持地面无障碍原则。一般考虑在吊顶上布线、楼板和墙面预埋布线等。对于管理间和设备间等需要大量地面布线的场合,可以增加抗静电地板,在地板下布线。

3.3　设　计　步　骤

水平子系统的设计步骤一般如图3-2所示。

图3-2　水平子系统设计步骤

(1) 需求分析。根据用户对建筑物综合布线系统提出的近期和远期设备需求来分析。

(2) 阅读建筑物图纸。根据建筑物建筑平面图,确定建筑物信息插座的数量类型及安装位置。

(3) 规划和设计。确定每个布线区的布线方式及布线路由图。

(4) 材料统计。确定每个布线区的电缆类型及电缆长度,为确认的水平布线子系统订购电缆和其他材料。

3.3.1 需求分析

需求分析对水平子系统的设计尤为重要,因为水平子系统是综合布线工程中最大的一个子系统,使用材料最多,工期最长,投资最大,直接决定每个信息点的稳定性和传输速度,对后续水平子系统的施工是非常重要的,也直接影响网络综合布线工程的质量、工期,甚至影响最终工程造价。

智能建筑往往各个楼层功能不同,甚至同一个楼层不同区域的功能也不同,建筑结构也不同,这就需要针对每个楼层,甚至每个区域布线路由进行分析和设计。例如,地下停车场、商场、餐厅、写字楼、宾馆等楼层信息点的水平子系统有非常大的区别。

由于水平子系统往往覆盖每个楼层的立面和平面,布线路径也经常与照明线路、电器设备线路、电器插座、消防线路、暖气或者空调线路有多次的交叉或者并行,因此不仅要与技术负责人交流,也要与项目或者行政负责人进行交流。在交流中重点了解每个信息点路径上的电路、水路、气路和电器设备的安装位置等详细信息。在交流过程中必须进行详细的书面记录,每次交流结束后要及时整理书面记录。

3.3.2 阅读建筑物图纸

认真阅读建筑物设计图纸是不能省略的程序,通过阅读建筑物图纸掌握建筑物的土建结构、强电路径、弱电路径,特别是主要电器设备和电源插座的安装位置(在第2章中已经讲解了电源插座的规划和设计),重点掌握在综合布线路径上的电器设备、电源插座和暗埋管线等。在阅读图纸时,进行记录或者标记,正确处理水平子系统布线与电路、水路、气路和电器设备的直接交叉或者路径冲突问题。

3.3.3 规划和设计

1. 水平子系统的拓扑结构

建筑综合布线系统从整体布局上来看是分级星形结构,当然水平部分在应用上有所区别。例如,在语音应用中,电缆的连接方式是星形结构,但在计算机网络应用中的拓扑结构并不一定是星形结构,它可以通过在水平配线架上的跳接来实现各种网络结构的应用。因此,水平布线应采用星形拓扑结构,如图3-3所示。从图中可以看出,水平子系统的线缆一端与工作区的信息插座端接,另一端与楼层配线间的配线架连接。

图 3-3　水平子系统拓扑图

2. 水平子系统的布线距离规定

GB 50311—2016 对于水平子系统的线缆长度做了统一规定,如图 3-4 所示。

图 3-4　水平电缆和信道长度

水平子系统的线缆长度应符合以下要求:

(1) 在电缆水平子系统中,信道最大长度不应大于 100m。其中水平电缆长度不大于90m,一端工作区设备连接跳线不大于 5m,另一端设备间(电信间)的跳线不大于 5m。

(2) 信道总长度(包括综合布线系统的水平缆线和建筑物主干缆线及建筑群主干三部分缆线之和)不应大于 2000m。

(3) 建筑物或建筑群配线设备之间(FD 与 BD、FD 与 CD、BD 与 BD、BD 与 CD 之间)组成的信道出现 4 个连接器件时,主干缆线的长度不应小于 15m。

具体要求如表 3-1 所示。

表 3-1　水平子系统各段缆线长度限值

电缆总长度/m	水平布线电缆 H/m	工作区电缆 W/m	电信间跳线和设备电缆 D/m
100	90	5	5
99	85	9	5
98	80	13	5
97	75	17	5
97	70	22	5

3. CP 集合点的设置

对大多数企业来说,模块化的办公室已经越来越流行。模块化办公的基础依赖一种结构化布线安装方法,它既可以满足日后频繁的移动、增加和变更,而又无须重新敷设连至电信间的所有水平线缆。为此,设计者需要在水平线缆通道内提供一个靠近办公区域的集合点或多用户电信插座盒,使将来布线系统的重新配置离工作区更近。

ANSI TIA/EIA 568 B.1 商用建筑物电信布线标准关于集合点(CP)的定义是:连接建筑物通道的水平线缆和连至家具通道的水平线缆之间的对接位置。CP 是水平电缆的转接点,不设跳线,也不接有源设备;同一个水平电缆不允许超过一个 CP 或同时存在转接点(TP);从 CP 引出的水平电缆必须接于工作区的信息插座或多用户信息插座上(北美标准ANSI TIA/EIA 568 中有 TP(Transition Point)和 CP,国际标准 ISO/IEC 11801 中只有TP)。

为了便于变更,集合点应该安装在一个容易被技术人员访问的地方。而集合点经常安装在一个带锁的箱体内,如西蒙的 CPEV,此配线箱可以被固定在靠近工作区的柱子或墙壁上。配线箱内的对接一般通过将来自管理间的线缆端接在 S110(增强 5 类)或 S210(6 类)连接架上来完成。在集合点和工作区插座之间使用双绞线,线缆的集合点端一般使用 S110 或 S210 现场制作插头接到配线架上,而工作区端则直接卡接到插座背面。

CP 的设置需要注意以下几点。

(1) 如果在水平布线系统施工中,需要增加 CP 集合点时,同一个水平电缆上只允许一个 CP 集合点,而且 CP 集合点与 FD 配线架之间水平线缆的长度应大于 15m。CP 配线设备容量宜以满足 12 个工作区信息插座需求设置。

(2) CP 集合点的端接模块或者配线设备应安装在墙体或柱子等建筑物固定的位置,不允许随意放置在线槽或者线管内,更不允许暴露在外边。

(3) CP 集合点只允许在实际布线施工中应用,规范了缆线端接做法,适合解决布线施工中个别线缆穿线困难时中间接续,实际施工中尽量避免出现 CP 集合点。在前期项目设计中不允许出现 CP 集合点。

4. 布线方式

水平子系统缆线的路径在新建筑物设计时易采取暗埋管线,这种设计简单明了,安装、维护都比较方便,工程造价也低。具体见 3.4.1 节相关内容。

旧建筑(如住宅楼、老式办公室、厂房)进行改造或者需要增加网络布线系统时,一般采取明装布线方式。一般将机柜安装在每个单元的中间楼层,然后沿墙面安装 PVC 线槽到每户门上方墙面固定插座。

已经入住的住宅楼需要增加信息插座时,一般设计在楼道,位于入户门上方。这是因为每个住户家里的布局和装饰结构不同,进入室内施工不方便。

3.3.4 材料统计

1. 线缆用量的估算

(1) 确定信息插座的数量。根据建筑物的平面图,计算出每层楼的工作区数量,以及整个建筑物的工作区总数量,并充分考虑用户对综合布线系统信息量的需求后,决定该建筑物所采用的设计等级,估算出整个建筑物信息点的总数。

(2) 确定水平子系统的布线路由。根据建筑物的用途、建筑物平面设计图、楼层配线间的位置及楼层配线间所服务的区域、转接点的位置、水平子系统的布线方式以及信息插座的安装位置,设计水平子系统布线路由图。

(3) 确定水平子系统线缆类型。综合布线设计的原则是向用户提供支持语音、数据传输、视频图像应用的传输通道。按照水平子系统对线缆及长度的要求,在水平区段,即楼层配线间到工作区的信息插座之间,应优先选择 4 对双绞线电缆,因为水平电缆不易更换,所以在选择水平电缆时应按照用户的长远需求配置较高类型的双绞线电缆。

(4) 水平电缆用量的估算。

目前,国际与国内生产的双绞线长度不等,一般从 90m 到 5km。另外,双绞线电缆可以箱为单位订购,并有两种装箱形式:卷盘形式和卷筒形式。水平子系统的双绞线电缆一般以箱订购,而每箱的电缆长度为 305m(1000ft),如有特殊需求时,可按需要的长度订购。

布线前要估算一下线缆的用量,可采用式(3.1)进行计算。

水平子系统的设计与安装

$$C = [0.55(L + S) + 6] \tag{3.1}$$

其中,L 为配线架连接最远信息点(IO)的距离;S 为配线架连接最近信息点的距离;6 为余量,可根据需要调整(缆线布放时应该考虑两端的预留,方便理线和端接。在管理间电缆预留长度一般为 $3\sim6\mathrm{m}$,工作区为 $0.3\sim0.6\mathrm{m}$;光缆在设备端预留长度一般为 $5\sim10\mathrm{m}$。有特殊要求的应按设计要求预留长度)。

式(3.1)只算出平均线缆的长度 C,然后用 305 除以 C,得到一箱线缆可以布几个点(余数只舍不入),再用楼层总点数除以这个值,得到此楼层所需的线缆箱数即可(因为材料表中的线缆单位是箱而不是米)。

水平子系统电缆的数量按照设计用电缆工作单所需电缆数量订购。

2. 线缆估算举例

已知某学生宿舍楼有 7 层,每层有 12 个房间,要求每个房间安装两个计算机网络接口,以实现 100Mb/s 接入校园网络。为了方便计算机网络管理,每层楼中间的楼梯间设置一个配线间,各房间信息插座连接的水平线缆均连接至楼层管理间内。根据现场测量知道每个楼层最远的信息点到配线间的距离为 70m,每个楼层最近的信息点到配线间的距离为 10m。请确定该幢楼应选用的水平布线线缆的类型并估算出整幢楼所需的水平布线线缆用量。实施布线工程应订购多少箱电缆?

解答:由题目可知每层楼的布线结构相同,因此只须计算出一层楼的水平布线线缆数量即可以计算整栋楼的用线量。

要实现 100Mb/s 的传输率,楼内的布线应采用超 5 类 4 对非屏蔽双绞线。

楼层信息点数 $N = 12 \times 2 = 24$(个)

一个楼层用线量 $C = [0.55(70 + 10) + 6] \times 24 = 1200$(m)

整栋楼的用线量 $S = 7 \times 1200 = 8400$(m)

订购电缆箱数 $M = \mathrm{INT}(8400/305) = 28$(箱)

3.4 施 工 技 术

3.4.1 水平子系统布线方式

水平布线是将线缆从配线间连接到工作区的信息插座上。而对于综合布线系统设计工程师来说,要根据建筑物的结构特点,从布线路由最短、工程造价最低、施工方便及布线规范等诸多方面考虑,才能设计出合理的、实用的布线系统。

在新的建筑物中,所有的管线都是预埋的(包括强电电缆、楼宇控制电缆、消防电缆、安保监控电缆和有线电视电缆等),所以建筑物内的预埋管道就比较多,往往要遇到一些具体问题。在综合布线系统设计时,应考虑并与相应的专业设计人员相配合,选取最佳的水平布线方式。

水平子系统的布线方式一般可分为三种:直接埋管方式;吊顶内线槽和支管方式;适合大开间的地面线槽方式。其他布线方式都是这三种方式的改良型和综合型。

1. 直接埋管方式

直接埋管布线由一系列密封在混凝土中的金属布线管道组成,如图 3-5 所示。这些金属管道从楼层管理间向信息插座的位置辐射。根据通信和电源布线要求、地板厚度和占用的地板空间等条件,直接埋管布线方式可以采用厚壁镀锌管或薄型电线管。

老式建筑物由于布设的线缆较少,因此一般埋设的管道直径较小,最好只布放一条水平电缆。如果要考虑经济性,一条管道也可布放多条水平电缆。现代建筑物增加了计算机网络、有线电视等多种应用系统,需要布设的水平电缆会比较多,因此推荐使用 SC 镀锌钢管和阻燃高强度 PVC 管。考虑方便于以后的线路调整和维护,管道内布设的电缆应占管道截面积的 30%～50%,每根直接埋管在 30m 处加装线缆过渡盒,且不能超过两个 90°弯头。预埋在墙体中间暗管的最大管外径不宜超过 50mm,预埋在楼板中暗埋管的最大管外径不宜超过 25mm,室外管道进入建筑物的最大管外径不宜超过 100mm,如图 3-6 所示。

电缆孔

建筑物间的直埋电缆

图 3-5　水平子系统直接埋管示意图

图 3-6　直接埋管布线施工图

在工程设计和施工中,一般原则为网络布线避让强电布线,尽量避免水平缆线与 36V 以上强电供电线路平行走线。如果确实需要平行走线时,应保持一定的距离,一般非屏蔽网络双绞线电缆与强电电缆距离大于 30cm,屏蔽网络双绞线电缆与强点电缆距离大于 7cm。如果需要近距离平行布线甚至交叉跨越布线时,需要用金属管保护网络布线。

这种布线方式管道数量比较多,钢管的费用相应增加,相对于其他布线方式优势不明显,而局限性较大,在现代建筑中逐步被其他布线方式取代。不过在地下层信息点比较少且没有吊顶的情况下,一般还继续使用直接埋管布线方式。

2. 吊顶内线槽和支管方式

吊顶内线槽和支管方式即先走吊顶内线槽再走支管方式,是指由楼层管理间引出来的线缆先走吊顶内的线槽,到各房间后,经分支线槽从槽梁式电缆管道分叉后将电缆穿过一段支管引向墙壁,沿墙而下到房内信息插座的布线方式,如图 3-7 和图 3-8 所示。

这种布线方式中,线槽通常安装在吊顶内或悬挂在天花板上,用横梁式线槽将线缆引向所要布线的区域,通常用在大型建筑物或布线系统比较复杂而需要额外支撑物的场合。在设计和安装线槽时,应尽量将线槽安放在走廊的吊顶内,并且布放到各房间的支管应适当集中布放至检修孔附近,以便于以后的维护。这样安装线槽可以减少布线工时,还利于保护已敷设的线缆,不影响房内装修。

图 3-7　水平子系统吊顶方式示意图

图 3-8　吊顶布线施工图

先走吊顶内线槽再走支管的布线方式可以降低布线工程的造价,而且吊顶可以与别的通道管线一起施工,减少了工程协调量,可以有效地提高布线的效率。因此,在有吊顶的新型建筑物内应推荐使用这种布线方式。

3. 地面线槽方式

地面线槽方式就是从楼层管理间引出的线缆走地面线槽到地面出线盒或由分线盒引出的支管到墙上的信息出口,如图 3-9 和图 3-10 所示。由于地面出线盒或分线盒不依赖于墙或柱体直接走地面垫层,因此这种布线方式适用于大开间或需要打隔断的场合。

图 3-9　水平子系统地面线槽方式示意图

在地面线槽布线方式中,把长方形的线槽打在地面垫层中,每隔 4～8cm 设置一个过线盒或出线盒,直到信息出口的接线盒。分线盒与过线盒有两槽和三槽两类,均为正方形,每面可接两根或三根地面线槽,这样分线盒与过线盒能起到将 2～3 路分支线缆汇成一个主路的功能,或起到 90°转弯的功能。

要注意的是,地面线槽布线方式不适合于楼板较薄、楼板为石质地面或楼层中信息点特别多的场合。一般来说,地面线槽布线方式的造价比吊顶内线槽布线方式要贵 3～5 倍,目前主要应用在资金充裕的金融业或高档会议室等建筑物中。

图 3-10　地面线槽布线施工图

3.4.2　旧建筑物布线方式

旧建筑物指的是已经建好并且已经使用的建筑物。在对旧建筑进行改造或者需要增加网络布线系统时,为了不损坏这种建筑物的结构与装修,一般采取明装布线方式,可采用以下几种布线方式。

（1）护壁板管道布线方式。沿地脚线敷设金属管道,如图 3-11 所示。

图 3-11　护壁板管道布线方式

（2）地板导管布线方式。在地板上有胶皮或金属导管来保护线缆,如图 3-12 和图 3-13所示。

图 3-12　地板导管布线方式

图 3-13　地板导管布线实例

（3）PVC 线槽布线方式。用 PVC 线槽把线缆固定到墙壁上，如图 3-14 所示。

住宅楼增加网络布线的常见做法是将机柜安装在每个单元的中间楼层，然后安装线管或 PVC 线槽到每户门上方墙面固定插座。使用 PVC 线槽外观美观、施工方便，但是安全性较差，使用线管安全性比较好。

图 3-14　PVC 线槽布线方式

3.4.3　水平子系统的区域布线法

水平子系统的区域布线方式一般适用于大开间的场合，并能组成专用的计算机网络，如设计研究所的专业设计室、大型计算机机房等。由于开放办公室布线系统可以为现代办公环境提供灵活的、经济实用的网络布线，因此变得越来越流行。区域布线模型如图 3-15 所示。

图 3-15　水平子系统区域布线模型

其中，连接转接点与工作区之间的电缆称为扩展电缆。扩展电缆的类型取决于转接点所使用的硬件类型。在采用区域布线时，最大电缆长度限制在 100m 之内，100m 信道长度按照大楼布线标准包括 10m 软跳线和 90m 水平电缆。图 3-16 所示为某实验室区域布线示例。

3.4.4　安装要求

1. 暗敷管路的安装要求

新建的智能建筑物内一般都采用暗敷管路来敷设线缆。在建筑物土建施工时，一般同

图 3-16　某实验室区域布线示例

时预埋暗敷管路,因此在设计建筑物时就应同时考虑暗敷管路的设计内容。暗敷管路是水平子系统中经常使用的支撑保护方式之一。暗敷管路常见的有钢管和硬质的 PVC 管。预埋暗敷管路一般与土建施工同时进行,按下列要求安装。

(1) 预埋暗敷管路应采用直线管道为好,尽量不采用弯曲管道,直线管道超过 30m 再需延长距离时,应置暗线箱等装置,以利于牵引敷设电缆时使用。如必须采用弯曲管道时,要求每隔 15m 处设置暗线箱等装置。

(2) 暗敷管路如必须转弯时,其转弯角度应大于 90°。暗敷管路曲率半径不应小于该管路外径的 6 倍。要求每根暗敷管路在整个路由上需要转弯的次数不得多于两个,暗敷管路的弯曲处不应有折皱、凹穴和裂缝。

(3) 明敷管路应排列整齐,横平竖直,且要求管路每个固定点(或支撑点)的间隔均匀。

(4) 要求在管路中放有牵引线或拉绳,以便牵引线缆。

(5) 在管路的两端应设有标志,其内容包含序号、长度等,应与所布设的线缆对应,以使布线施工中不容易发生错误。

(6) 转弯的夹角角度不小于 90°,不应有两个以上的弯曲,且不超过 15m。

(7) 管路中不能出现 S 形或 U 形弯。

2. 明敷管路的安装要求

旧建筑物的布线施工常使用明敷管路,新的建筑物应少用或尽量不用明敷管路。在综合布线系统中明敷管路常见的有钢管、PVC 线槽和 PVC 管等。

钢管具有机械强度高、密封性能好、抗弯、抗压和抗拉能力强等特点,尤其是有屏蔽电磁干扰的作用,管材可根据现场需要任意截锯勒弯,施工安装方便。但是它存在材质较重、价格高且易腐蚀等缺点。PVC 线槽和 PVC 管具有材质较轻、安装方便、抗腐蚀、价格低等特点,因此在一些造价较低、要求不高的综合布线场合需要使用 PVC 线槽和 PVC 管。常用的 PVC 线槽和 PVC 管辅助材料如图 3-17 和图 3-18 所示。

水平子系统的设计与安装

图 3-17 PVC 线槽及相关辅材

图 3-18 PVC 管安装使用的管卡

在潮湿场所中明敷的钢管应采用管壁厚度大于 2.5mm 的厚壁钢管,在干燥场所中明敷的钢管可采用管壁厚度为 1.6~2.5mm 的薄壁钢管。使用镀锌钢管时,必须检查管身的镀锌层是否完整,如有镀锌层剥落或有锈蚀的地方应刷防锈漆或采用其他防锈措施。

3. 预埋金属槽道/线槽的安装要求

预埋金属槽道/线槽适用于大开间、机房、防静电地板。

4. 明敷电缆槽道或桥架的安装要求

槽道又称为桥架,其制造材料有金属和非金属材料两类。它主要用于支承和安放建筑内的各种缆线,一般由托盘、梯架的直线段、弯通、连接件、附件、支承件和悬吊架等组成,分为以下三种形式。

(1)托盘式。

托盘式槽道又称为有孔托盘式槽道或托盘式桥架。它是由带孔洞眼的底板和无孔洞眼的侧边所构成的槽形部件,如图 3-19 所示。

图 3-19 托盘式槽道示意图

托盘式槽道适用于无电磁干扰、不需要屏蔽的地段,或环境干燥清洁、无灰、无烟等污染的场所,以及要求不高的一般场合。

(2)梯架式。

梯架式槽道又称为梯级式桥架。它是一种敞开式结构,两侧设有挡板,以防线缆溢出;底部由若干横挡组装构成的梯形部件,如图 3-20 所示。

梯架式槽道适用于环境干燥清洁、无外界干扰,以及要求不高的一般场合。

(3)线槽式。

线槽式槽道是由底板和侧边构成或由整块钢板弯制成的槽形部件,再配上盖子时,成为一种全封闭结构,如图 3-21 所示。

图 3-20 梯架式槽道实例图

图 3-21 线槽式槽道示意图

线槽式槽道适用于外界各种气体或液体等条件较恶劣的场合,线槽为金属,具有抑制外部电磁干扰性能,也适用于需要屏蔽的场所。

3.4.5 材料选择

1. 信息插座的选择

信息插座如图 3-22 所示。一般情况下,信息插座宜选用双口插座。不建议使用三口或者四口插座,因为一般墙面安装的网络插座底盒和面板的尺寸为长 86mm、宽 86mm,底盒内部空间很小,无法保证和容纳更多网络双绞线的曲率半径。

图 3-22 信息插座模块正视图、侧视图、立体图

在墙面安装的信息插座距离地面高度为 300mm,在地面设置的信息插座必须选用金属

水平子系统的设计与安装

面板,并且具有抗压防水功能。在学生宿舍、家居遮挡等特殊应用情况下,信息插座的高度也可以设置在写字台以上位置。

信息插座主要分为以下几类。

(1)5类信息插座模块。支持100Mb/s及ATM155Mb/s信息传输,适合语音、数据、视频应用;8位/8针无锁信息模块,可安装在配线架或接线盒内;符合ISO/IEC 11801对5类通道的连接硬件要求。

(2)超5类信息插座模块。如图3-23所示,支持100Mb/s及ATM622Mb/s信息传输,适合语音、数据、视频应用;可安装在配线架或接线盒内,一旦装入即被锁定,只能用两用电线插帽来松开;符合ISO/IEC 11801对5类通道的连接硬件要求。

(3)6类信息插座模块。支持1000Mb/s信息传输,适合语音、数据、视频应用;可安装在配线架或接线盒内,侧面盖板可防尘、防潮;45°或90°安装方式,应用范围大;符合ISO/IEC 11801对6类通道的连接硬件要求。

(4)屏蔽插座信息模块,如图3-24所示。

图3-23 超5类信息插座模块　　　　图3-24 屏蔽插座信息模块

(5)光纤插座(FJ)模块。支持100Mb/s及1000Mb/s信息传输,适合语音、数据、视频应用;外形与RJ-45型插座相同,有单工的和双工的之分,连接头类型有ST、SC、LC三种;可安装在配线架或接线盒内,现场端接,符合ISO/IEC 11801对5类通道的连接硬件要求。

(6)免打线模块,如图3-25所示。

(7)多媒体信息插座模块。如图3-26所示,支持100Mb/s及1000Mb/s信息传输,适合语音、数据、视频应用;可安装RJ-45型插座或SC、ST和MIC型耦合器;带铰链的面板底座,满足光纤弯曲半径要求;符合ISO/IEC 11801对5类通道的连接硬件要求。

图3-25 免打线模块　　　　图3-26 多媒体信息插座模块

2. 线缆的选择

水平子系统的线缆是信息传输的介质,按类型可分为双绞线和光缆两类。

选择水平子系统的线缆,要依据建筑物信息的类型、容量、带宽、传输速率和用户的需求来确定。在水平子系统中推荐采用的双绞线及光缆的具体类型为:

· 5类4对屏蔽或非屏蔽双绞线。

- 6 类 4 对屏蔽或非屏蔽双绞线。
- 62.5/125μm 多模光缆,62.5 指的是多模光缆中光纤的纤芯直径,125μm 指的是包层外径。
- 50/125μm 多模光缆。
- 8.3/125μm 单模光缆,8.3 指的是单模光缆中光纤的纤芯直径,125μm 指的是包层外径。
- 9/125μm 单模光缆。

3.4.6 施工经验

1. 埋管最大直径原则

预埋在墙体中间暗管的最大管外径不宜超过 50mm,预埋在楼板中暗埋管的最大管外径不宜超过 25mm,室外管道进入建筑物的最大管外径不宜超过 100mm。

2. 穿线数量原则

不同规格的线管根据拐弯的多少和穿线长度的不同,管内布放线缆的最大条数也不同。同一个直径的线管内如果穿线太多,拉线困难;如果穿线太少,增加布线成本,这就需要根据现场实际情况确定穿线数量,如表 3-2 和表 3-3 所示。

表 3-2 线槽规格型号与容纳双绞线最多条数表

线槽/桥架类型	线槽/桥架规格/mm	容纳双绞线最多条数	截面利用率
PVC	20×10	2	30%
PVC	25×12.5	4	30%
PVC	30×16	7	30%
PVC	39×18	12	30%
金属、PVC	50×25	18	30%
金属、PVC	60×22	23	30%
金属、PVC	75×50	40	30%
金属、PVC	80×50	50	30%
金属、PVC	100×50	60	30%
金属、PVC	100×80	80	30%
金属、PVC	150×75	100	30%
金属、PVC	200×100	150	30%

表 3-3 线管规格型号与容纳双绞线最多条数表

线 管 类 型	线管规格/mm	容纳双绞线最多条数	截面利用率
PVC、金属	16	2	30%
PVC	20	3	30%
PVC、金属	25	5	30%
PVC、金属	32	7	30%
PVC	40	11	30%

水平子系统的设计与安装

续表

线 管 类 型	线管规格/mm	容纳双绞线最多条数	截面利用率
PVC、金属	50	15	30%
PVC、金属	63	23	30%
PVC	80	30	30%
PVC	100	40	30%

3. 保证管口光滑和安装护套原则

在钢管现场截断和安装施工中,两根钢管对接时必须保证同轴度和管口整齐,没有错位,焊接时不要焊透管壁,避免在管内形成焊渣。金属管内的毛刺、错口、焊渣和垃圾等必须清理干净,否则会影响穿线,甚至损伤缆线的护套或内部结构。图 3-27 显示了管口的几种情况。

接头错位,出现毛刺　　　钢管焊透,出现毛刺　　　正确焊透,管内光滑

图 3-27　钢管接头示意图

4. 保证曲率半径原则

布线中如果不能满足最低弯曲半径要求,双绞线电缆的缠绕节距会发生变化,严重时电缆可能会损坏,直接影响电缆的传输性能,例如在光纤系统中会导致高衰减。因此设计布线路径时,应尽量避免和减少弯曲,增加电缆的拐弯曲率半径值。线缆允许的弯曲半径如表 3-4 所示。

表 3-4　管线敷设线缆允许的弯曲半径

缆 线 类 型	弯曲半径
4 对非屏蔽电缆	不小于电缆外径的 4 倍
4 对屏蔽电缆	不小于电缆外径的 8 倍
大对数主干电缆	不小于电缆外径的 10 倍
2 芯或 4 芯室内光缆	大于 25mm
其他芯数和主干室内光缆	不小于光缆外径的 10 倍
室外光缆、电缆	不小于缆线外径的 20 倍

金属管一般使用专门的弯管器成型,拐弯半径比较大,能够满足双绞线对曲率半径的要求。墙内暗埋 $\phi16$、$\phi20$PVC 塑料布线管时,要特别注意拐弯处的曲率半径。宜用弯管器现场制作大拐弯的弯头连接,这样既保证了缆线的曲率半径,又方便轻松拉线,降低布线成本,保护线缆结构。使用弯管器自制大拐弯的步骤如图 3-28 所示。

5. 横平竖直原则

土建预埋管一般都在隔墙和楼板中,为了垒砌隔墙方便,一般按照横平竖直的方式安装管线,不允许将线管斜放。如果在隔墙中倾斜放置线管,需要异型砖,影响施工进度。

准备和标记　　　　插入弯管器　　　　弯管　　　　弯头安装

图 3-28　使用弯管器自制大拐弯的步骤

6. 平行布管原则

平行布管原则就是同一走向的线管应遵循平行原则,不允许出现交叉或者重叠。因为智能建筑的工作区信息点非常密集,楼板和隔墙中有许多线管,必须合理布局这些线管,避免出现线管重叠。

7. 线管连续原则

线管连续原则是指从插座底盒至楼层管理间之间的整个布线路由的线管必须连续,如果出现一处不连续将来就无法穿线。特别是在用 PVC 管布线时,要保证管接头处的线管连续,管内光滑,方便穿线,如图 3-29 所示。

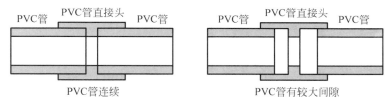

图 3-29　PVC 管连接示意图

8. 拉力均匀原则

水平子系统路由的暗埋管比较长,大部分都为 20~50m,有时可能长达 80~90m,中间还有许多拐弯,布线时需要用较大的拉力才能把网线从插座底盒拉到管理间。

4 对双绞线最大允许的拉力为一根 100N、两根 150N、三根 200N。N 根拉力为 $N \times 5 + 50N$,不管多少根线对电缆,最大拉力不能超过 400N。

在拉线过程中,缆线不要与管口形成 90°拉线。如图 3-30 所示,如果在管口形成一个 90°的直角拐弯,不仅施工时拉线困难费力,而且容易造成缆线护套和内部结构的破坏。

A、B:正确的拉线方向　　C:错误的拉线方向

图 3-30　拉线方向示意图

9. 规避强电原则

在水平子系统布线施工中,必须考虑与电力电缆之间的距离,不仅要考虑墙面明装的电力电缆,更要考虑在墙内暗埋的电力电缆。关于综合布线电缆与电力电缆的间距如表 3-5 所示。

表 3-5　综合布线电缆与电力电缆的间距

类　别	与综合布线接近状况	最小间距/mm
380V 以下电力电缆小于 2kV·A	与缆线平行敷设	130
	有一方在接地的金属线槽或钢管中	70
	双方都在接地的金属线槽或钢管中	10
380V 电力电缆为 2~5kV·A	与缆线平行敷设	300
	有一方在接地的金属线槽或钢管中	150
	双方都在接地的金属线槽或钢管中	80
380V 电力电缆大于 5kV·A	与缆线平行敷设	600
	有一方在接地的金属线槽或钢管中	300
	双方都在接地的金属线槽或钢管中	150

除了电力电缆外,电器设备(如电动机、变压器等)也可能产生高电平电磁干扰,所以综合布线电缆与电器设备要保持一定的距离,以减少电器设备的电磁场对网络系统的影响。GB 50311—2007 对这方面的规定如表 3-6 所示。

表 3-6　GB 50311—2007 对缆线与电器设备的间距的规定

名　称	最小净距/m	名　称	最小净距/m
配电箱	1	电梯机房	2
变电室	2	空调机房	2

另外,综合布线缆线及管线与其他管线的间距也有要求,如表 3-7 所示。

表 3-7　综合布线缆线及管线与其他管线的间距

其他管线	平行净距/mm	垂直交叉净距/mm
避雷引下线	1000	300
保护地线	50	20
给水管	150	20
压缩空气管	150	20
热力管(不包封)	500	500
热力管(包封)	300	300
煤气管	300	20

10. 穿牵引钢丝原则

土建埋管后,必须穿牵引钢丝,方便后续穿线。

11. 管口保护原则

钢管或者 PVC 管在敷设时,应该采取措施保护管口,防止水泥砂浆或者垃圾进入管口,堵塞管道,一般用塞头封住管口,并用胶布绑扎牢固。

习　题　3

一、填空题

1. 水平子系统指性楼层管理间至_____的部分,在 GB 50311—2016 国家标准中也称为_____。

2. 在水平布线方式中,_____布线方式适用于大开间或需要打隔断的房间。

3. 按照 GB 50311—2016 规定,铜缆双绞线电缆的信道长度不超过_____m,水平缆线长度一般不超过_____m。

4. 需要平行走线时,网络电缆应与强电电缆保持一定的距离,一般非屏蔽网络双绞线电缆与强电电缆距离大于_____cm,屏蔽网络双绞线电路与强电电缆距离大于_____cm。

5. 水平子系统的拓扑结构一般为_____。

6. 从楼层的配线架到计算机终端的距离不应超过_____m。

7. 旧建筑物进行改造,一般采用_____方式,包括_____、_____、_____。

8. 水平子系统的布线方式一般可分为三种,_____、_____、_____,其他布线方式都是这三种方式的改良型和综合型。

9. 水平子系统使用的线缆分为双绞线和光缆,双绞线分为_____类和_____类,光缆分为_____和_____。

10. 20×10 的 PVC 线槽可以容纳最多双绞线的条数是_____。

二、简答题

1. 简述水平子系统的设计原则。

2. 简述水平子系统的设计步骤。

3. CP 集合点的作用是什么?

4. 简述水平子系统的施工原则。

水平子系统的设计与安装

第4章 管理子系统的设计与安装

本章要点:

- 熟悉管理子系统的概念和设计原则;
- 掌握用于管理的色标和标记的原理;
- 熟悉交连场的管理方法,熟悉管理子系统的连接器件;
- 掌握管理子系统的设计步骤以及标签的设计。

4.1 概　　述

管理子系统通常由配线架和相应的跳线组成,它一般位于一栋建筑物的中心设备机房和各楼层的管理间,用户可以在配线架上灵活地改变、增加、转换和扩展线路,如图 4-1 所示。

图 4-1　管理子系统示意图

管理线缆和连接件的区域称为管理区。管理子系统包括配线架和连接配线架与设备的跳线以及交接方式、标记和记录。

4.2　管理子系统房间的设计

1. 管理间的位置和数量

管理间又称为配线间，主要功能是供水平布线和主干布线在其间互相连接。为了以最小的空间覆盖最大的面积，安排管理间位置时，设计人员应慎重考虑。管理间最理想的位置是位于楼层平面的中心，每个管理间的管理区域面积一般不超过 $1000m^2$。

管理间应与强电间分开设置，以保证通信安全。在管理间内或其紧邻处应设置相应的干线通道（或电缆竖井），各个管理间之间利用电缆竖井或管槽系统使它们互相之间的路由沟通，以达到网络灵活、安全畅通的目的。

管理间的数量应按所服务的楼层范围及工作区面积来确定。如果楼层信息点数量不大于 400 个，且水平线缆长度在 90m 以内，宜设置一个管理间；如果水平线缆长度超过 90m，则应设置多个管理间，以减少水平电缆的长度，缩小管辖和服务范围，保证通信传输质量；如果每个楼层的信息点数量较少，且水平线缆长度不超过 90m 时，宜几个楼层合设一个管理间。

2. 管理间的面积和布局

管理间的使用面积不应小于 $5m^2$，也可根据工程中配线设备和网络设备的容量进行调整。一般情况下，综合布线系统的配线设备和计算机网络设备采用 19in 标准机柜安装。如果按建筑物每个楼层 $1000m^2$，电话和数据信息点各为 200 个考虑配置，大约需要有 2 个19in(42U) 的机柜空间，以此测算管理间面积至少应为 $5m^2(2.5m×2.0m)$。但如果是国家政府、部委等部门的办公楼，且综合布线系统须分别设置内、外网或专用网时，应分别设置管理间，并要求它们之间有一定的间距，分别估算管理间的面积。对于专用安全网也可单独设置管理间，不与其他布线系统合用房间。

3. 管理间的供电

管理间的网络有源设备应由设备间或机房不间断电源（UPS）供电。为了便于管理，可采用集中供电方式，并设置至少两个 220V、10A 带保护接地的单相电源插座，但不作为设备供电电源。

4. 管理间的环境

管理间应采用外开丙级防火门，门宽大于 0.7m。管理间内温度应为 $10\sim35℃$，相对湿度宜为 $20\%\sim80\%$。如果安装信息网络设备，应符合相应的设计要求。

4.3　管理子系统的设计原则

1. 配线架数量确定原则

配线架端口数量应该大于信息点数量，保证全部信息点过来的缆线全部端接在配线架中。在工程中，一般使用 24 口或者 48 口配线架。例如，某楼层共有 64 个信息点，至少应该选配三个 24 口配线架，配线架端口的总数量为 72 口，满足 64 个信息点缆线的端接需要，这样做比较经济。

有时为了在楼层进行分区管理，也可以选配较多的配线架。例如，上述的 64 个信息点如果分为 4 个区域,平均每个区域有 16 个信息点时,也需要选配 4 个 24 口配线架,这样每个配线架端接 16 口,预留 8 口,能够进行分区管理,维护方便。

2. 标识管理原则

由于管理间缆线和跳线很多,必须对每根缆线进行编号和标识,在工程项目实施中还需要将编号和标识规定张贴在该管理间内,方便施工和维护。

3. 理线原则

对管理间缆线必须全部端接在配线架中,完成永久链路安装。在端接前必须先整理全部缆线,预留合适长度,重新做好标记,剪掉多余的缆线,按照区域或者编号顺序绑扎和整理好,通过理线环,然后端接到配线架。不允许出现大量多余缆线缠绕和绞接在一起。

4. 配置不间断电源原则

管理间安装有交换机等有源设备,因此应该设计有不间断电源或者稳压电源。

5. 防雷电措施

管理间的机柜应该可靠接地,防止雷电以及静电损坏。

4.4 色标与标记

1. 色标

管理子系统由交连和互联(或直连)组成,管理节点提供了同其他子系统相连的方法,调整管理子系统的连接方式则可安排或重新安排线路路由,因而传输线路能够延伸到建筑物内不同的工作区域来实现对传输线路的管理。

在每个交连场实现线路管理的方法是在各种色标场之间连接跨接线或跳线,这种色标用来标明该区域是干线电缆、水平电缆或设备电缆,以便区分各设备间和楼层配线间中不同类型的电缆线路。

2. 标记

综合布线系统使用三种标记:电缆标记、区域标记和接插件标记。其中,接插件标记是最常用的标记,这种标记可分为不干胶标记条或插入式标记两种。

电缆和光缆的两端应采用不易脱落和磨损的不干胶条标明相同的编号。目前为电缆和光缆做标记时,采用一种叫号码管的标记方式,这种号码管套在线缆上,不易脱落和磨损,并且使用方便,如图 4-2 所示。

在设备间:

绿色——网络接口的进线侧,来自电信局的中继线,即中继/辅助场的总机中继线;

紫色——公用设备端接点(端口线路、中继线路和交换机等);

黄色——交换机和其他各种引出线;

白色——干线电缆和建筑群电缆;

蓝色——从设备间到工作区或服务终端的连接(水平);

橙色——网络接口;

灰色——二级干线(从电信间到二级交接间之间的干线);

红色——关键电话系统;

图 4-2 典型的配线示意图

棕色——建筑群干线电缆。

4.5 交连场管理方法

这里所谓管理,就是指线路的跳线连接控制,通过跳线连接可安排或重新安排线路路由,管理整个用户终端,从而实现综合布线系统的灵活性。管理交接方案有单点管理和双点管理两种。在不同类型的建筑物中管理子系统常采用下面 4 种方式:单点管理单交连、单点管理双交连、双点管理双交连和双点管理三交连。

1. 单点管理单交连

单点管理单交连指位于设备间里面的交换设备或互连设备附近,通常线路不进行跳线管理,直接连至用户工作区。这种方式使用的场合较少,其结构如图 4-3 所示。

图 4-3 单点管理单交连

规模较小时,只设主配线架 MDF,只需在 MDF 上管理。

2. 单点管理双交连

管理子系统宜采用单点管理双交连。单点管理位于设备间里面的交换设备或互连设备附近,通过线路不进行跳线管理,直接连至配线间里面的第二个接线交接区。如果没有配线间,第二个交连可放在用户间的墙壁上,如图 4-4 所示。

规模稍大时,设分配线架 IDF 和 MDF(在 MDF 和 IDF 上各有一次交连),但只在 IDF 或 MDF 中的一个进行管理(大部分情况是在 MDF)。

管理子系统的设计与安装

图 4-4 单点管理双交连(第二个交连在配线间用硬接线实现)

3. 双点管理双交连

对于机场、大型商场这些低矮而又宽阔的建筑物,管理结构较复杂,通常会采用二级交接间,设置双点管理双交连。管理子系统中干线配线管理宜采用双点管理双交连。双点管理除了在设备间里有一个管理点之外,在配线间仍是一级管理交接(跳线)。在二级交接间或用户间的墙壁上还有第二个可管理的交连。双交连要经过二级交连设备。第二个交连可能是一个连接块,它对一个接线块或多个终端块(其配线场与站场各自独立)的配线和站场进行组合,如图 4-5 所示。

图 4-5 双点管理双交连(第二个交连用作配线间的管理点)

规模稍大时,设 IDF 和 MDF(在 MDF 和 IDF 上各有一次交连),同时在 IDF 和 MDF 作管理。

4. 双点管理三交连

若建筑物的规模比较大,而且结构复杂,还可以采用双点管理三交连(如图 4-6 所示),甚至采用双点管理四交连方式。综合布线中使用的电缆一般不能超过 4 次交连。

单点管理双连接和双点管理双连接的区别如下。

对于单点管理双连接方式,设备间中的交叉是通过跳线来管理设备区域和主干或用户区域的连接;另一个水平连接是从设备间由主干线引至配线间后,直接用硬接线(连接块)接至水平电缆,配线间是不进行管理的,只有设备间一个管理点。

而双点管理双连接是两个交叉,在配线间中也通过跳线来管理主干区域和用户区域的连接,这样就存在两个管理点。由此可见,双点管理双交连的形式在管理上更加灵活,但是费用也更高。

图 4-6 双点管理三交连

4.6　管理子系统连接器件

4.6.1　铜缆连接器件

1. 110 系列配线架

110A 配线架采用夹跳接线连接方式,可以垂直叠放,便于扩展,比较适合于线路调整较少、线路管理规模较大的综合布线场合;110P 配线架采用接插软线连接方式,管理比较简单,但不能垂直叠放,较适合于线路管理规模较小的场合。110 系列配线架如图 4-7 所示。

(a) 110A配线架　　　　　　(b) 110P配线架　　　　　　　(c) 110 5对连接块

图 4-7　110 系列配线架

110A 配线架由以下配件组成。

(1) 100 对或 300 对线的接线块。

(2) 3 对、4 对或 5 对线的 110C 连接块。

(3) 底板、理线环、标签条。

110P 配线架由以下配件组成。

(1) 安装于面板上的 100 对线的 110D 型接线块。

(2) 3 对、4 对或 5 对线的连接块。

(3) 188C2 和 188D2 垂直底板。

(4) 188E2 水平跨接线过线槽。

(5) 管道组件、接插软线、标签条。

2. RJ-45 模块化配线架

RJ-45 模块化配线架主要用于网络综合布线系统,根据传输性能的要求分为 5 类、超 5 类、6 类模块化配线架。配线架前端面板为 RJ-45 接口,可通过 RJ-45—RJ-45 软跳线连接到计算机或交换机等网络设备。配线架后端为 BIX 或 110 连接器,可以端接水平子系统线缆或干线线缆。配线架的高度以 U 为单位,1U 大概是 1.75 英寸的高度。一个 24 口的配线架占 1U 的高度,主要安装于 19 英寸机柜,如图 4-8 所示。

3. BIX 交叉连接系统

BIX 交叉连接系统是 IBDN 智能化大厦解决方案中常用的管理器件,可用于计算机网络、电话语音和安保等弱电布线系统。BIX 交叉连接系统主要由以下配件组成。

(1) 50/250/300 线对的 BIX 安装架,如图 4-9 所示。

(2) 25 对 BIX 连接器,如图 4-10 所示。

(3) 布线管理环,如图 4-11 所示。

(4) 标签条。

管理子系统的设计与安装

图 4-8　安装于机柜里的 24 口模块化配线架

图 4-9　50/250/300 对 BIX 安装架

图 4-10　25 对 BIX 连接器　　　　　　　　图 4-11　布线管理环

（5）BIX 跳插线，如图 4-12 所示。

图 4-12　BIX 跳插线和 BIX-RJ45 端口

　　BIX 安装架可以水平或垂直叠加，可以很容易地根据布线现场要求进行扩展，适合于各种规模的综合布线系统。BIX 交叉连接系统既可以安装在墙面上，也可以使用专用套件固定在 19 英寸的机柜上。图 4-13 展示了一个完整的 BIX 交叉连接系统。

4.6.2　光纤管理器件

1. 光纤管理器件介绍

　　光纤管理器件分为光纤配线架和光纤交接箱两种。

　　光纤配线架适合于规模较小的光纤互连场合，如图 4-14 所示。打开光纤配线架可看到一排插孔用于安装管线耦合器。光纤配线架的主要参数是可安装光纤耦合器的数量以及高度。

布线管理环
BIX安装架
标签胶条
25对连接器

图 4-13　BIX 交叉连接系统

　　光纤配线架又分为机架式和墙装式光纤配线架两种。机架式光纤配线架宽度为 19 英寸,可直接安装于标准的机柜内;墙装式光纤配线架体积较小,适合于安装在楼道内。

　　而光纤交接箱适合于光纤互连较密集的场合,如图 4-15 所示。

图 4-14　光纤配线架

图 4-15　光纤交接箱

2. 光纤耦合器

　　光纤耦合器的作用是将两个光纤接头对准并固定,以实现两个光纤接头端面的连接。光纤耦合器的规格与所连接的光纤接头有关,常见的光纤接头有两类:ST 型和 SC 型,如图 4-16 所示。光纤耦合器也分为 ST 型和 SC 型,除此之外还有 FC 型,如图 4-17 所示。

图 4-16　ST 型和 SC 型光纤接头

图 4-17　ST 型、SC 型和 FC 型光纤耦合器

　　两个光纤接头可以在耦合器内准确端接起来,从而实现两个光纤系统的连接。一般多芯光纤剥除后固定在光纤配线架内,通过熔接技术使各纤芯连接于多个光纤接头。这些光

第 4 章

管理子系统的设计与安装

纤接头端接于耦合器的内侧,使用光纤跳线端接于耦合器的外侧,然后光纤跳线可以连接带光口的交换机或光电转换设备。

4.7 管理子系统设计

4.7.1 管理子系统设计要求

管理子系统包括楼层配线间及二级交接间两种。楼层配线间是干线子系统与水平子系统转接的地方,应从干线所服务的可用楼层面积考虑,并确定干线通道及楼层配线间的数量。如果对给定楼层配线间所服务的信息插座都在75m范围之内,可采用单干线子系统;如果超出这个范围,可以采用双干线或多干线子系统,也可以采用分支电缆与配线间干线相连的二级交接间。

楼层配线间的使用面积比设备间小,当配线间兼作设备间时,其面积不应小于$10m^2$。常用配线间与二级交接间的设置要求如表4-1所示。

表 4-1 常用配线间和二级交接间的设置要求

工作区数量/个	配 线 间		二级交接间	
	数 量	面积/m^2	数 量	面积/m^2
≤200	1	1.2~1.5	0	0
201~400	1	1.2~2.1	1	1.2~1.5
401~600	1	1.2~2.7	1	1.2~1.5

4.7.2 管理子系统的设计

管理子系统设计主要是确定楼层交接间的大小,它是放置配线架(柜)、应用系统设备的专用房间。配线子系统和干线子系统在这里的配线架(柜)上进行交换。每座大楼的配线架的数量不限,依具体情况而定,但每座建筑物至少要有一个设备间。管理子系统设计包括管理交接方案、管理连接硬件和管理标记。

1. 管理间数量的确定

每个楼层一般宜至少设置一个管理间(电信间)。特殊情况下,每层信息点数量较少,且水平缆线长度不大于90m时,宜几个楼层合设一个管理间。管理间数量的设置宜按照以下原则:如果该层信息点数量不大于400个,水平缆线长度在90m范围以内,宜设置一个管理间,当超出这个范围时宜设两个或多个管理间。

在实际工程应用中,为了方便管理和保证网络传输速度或者节约布线成本,例如学生公寓,信息点密集,使用时间集中,楼道很长,也可以按照100~200个信息点设置一个管理间,将管理间机柜明装在楼道。

2. 配线间及二级交接间的设计

管理子系统可以根据色码标签来鉴别配线间及二级交接间所具有不同外观的各个子系统。设计配线间及二级交接间时,应根据色标场来确定配线间及二级交接间中管理点所要求的规模。下面是配线间及二级交接间可能出现的色标。

蓝色：连接到配线间的水平子系统电缆；

白色：连接到设备间的干线电缆；

灰色：连接到同一楼层的另一个配线间的二级干线电缆；

紫色：配线间公用设备（控制器、交换机等）的线缆。

设计配线间及二级交接间管理子系统时，需要进行以下准备工作。

（1）硬件类型的选择。

① 110A/110P 配线架每行端接 25 线。

② 110VP 配线架每行端接 28 线。

以上两类一般用在语音通信中。

③ 模块化配线架有 24 口、48 口等，安装在机柜或机架上。

④ 光纤配线架有两种类型：壁挂配线架和机架配线架。

（2）确定端接线路的模块化系数。

线路的模块化系数主要有 3 对、4 对或 5 对线的，PDS 标准推荐如下：

① 工作区设备端接采用 4 对线；

② 基本型 PDS 设计的干线电缆端接采用 2 对线；

③ 综合型或增强型 PDS 设计中的干线电缆端接采用 4 对线；

④ 连接电缆端接采用 3 对线。

（3）决定蓝场所需的配线架规格及数量。

蓝场即综合布线系统的水平子系统，每条电缆连接一个工作区的终端。110A 和 110P 这两种类型的配线架每行可端接 6 条水平电缆。110VP 类型的配线架每行可端接 7 条水平电缆。

式（4.1）～式（4.4）给出了 110 配线架的容量计算方法。

$$线路数 / 行 = \frac{线对最大数目 / 行}{线路的模块化系统} \qquad (4.1)$$

$$线路数 / 块 = 行数 \times 线路数 / 行 \qquad (4.2)$$

$$配线设备数目 = \frac{信息插座数}{线路数 / 行} \qquad (4.3)$$

或者

$$配线设备数目 = \frac{信息插座数}{配线设备最大端接线路数} \qquad (4.4)$$

其中，配线设备最大端接线路数可由表 4-2 和表 4-3 查出。如果选用模块化配线设备，配线设备最大端接水平电缆数为 24 或 48。

表 4-2   110A/110P 配线设备端接容量

110A/110P 配线设备容量	25 对接线盘数量	每行端接信息点数量	每个配线设备端接信息点数量
100 对	4	6	24
300 对	12	6	72
900 对	36	6	216

管理子系统的设计与安装

表 4-3　110VP 配线设备端接容量

110VP 配线设备容量	28 对接线盘数量	每行端接信息点数量	每个配线设备端接信息点数量
28 对	1	7	7
112 对	4	7	28
336 对	12	7	84

【例 4-1】　分别计算含 150 对线、350 对线的一个接线块可以端接多少个 4 对线线路。

解:一个接线块每行可端接 25 对线,故 150 对线的接线块每块有 6 行,350 对线的接线块每块有 14 行。

每行的线路数=25(线对最大数目行)/4(线路的模块化系数)

≈6(取整)(最后的线路需用一个 100C5 来连接多余的线对)

所以一个 150 对线的接线块可接线路数为 6×6=36 条,一个 350 对线的接线块可接线路数为 6×14=84 条,每条线路含 4 对线。

(4) 决定紫场所需的配线架规格及数量。

紫场是电子设备端接的区域。如果连接方式采用互连则不需要紫场。如果采用交互连接方式,前提是用户已经给定了所需连接应用系统的信息点数,计算公式如下:

$$信息点数 /(12×6)=300 对配线架的数量 \tag{4.5}$$

$$信息点数 /24=24 口配线架的数量 \tag{4.6}$$

其中,计算结果要向上取整。

【例 4-2】　计算信息点数为 232 时需要选用多少个含 300 对线的接线块。

解:

$$接线块数目=信息点数/(线路数/块)=232/72≈4(取整)$$

即需要 4 个含 300 对线的接线块,也等于用于端接干线所需的 300 对线接线块的块数。

(5) 决定白场所需的配线架规格及数量。

由式(4.7)确定配线间端接干线电缆所需要的线对数。端接干线电缆所需要的线对数取决于工作区的数量而不是信息插座的数量。

$$G = N × I / S \tag{4.7}$$

其中,G 为配线架的个数,N 为工作区线对数(取 2,3,4),I 为工作区数,S 为配线架对数(可取 100 对、300 对、900 对)。

【例 4-3】　已知增强型设计,配线间需要服务的信息点数为 192,工作区总数为 80。干线电缆规格(增强型)采用 3 对线的线路模块化系数,为每个工作区配 3 对线。

所需的干线电缆所含线对的数目=工作区数(80)×线路模块化系数(3)=240

取实际可购得的较大电缆规格为 300 对线的。这就是说,用一个 300 对线的接线块就可端接 80 条 3 对线的线路。

(6) 决定灰场所需的配线架规格及数量。

模块化系数是 4,每个插座是 4 对线,按照蓝场计算,公式如下:

$$信息点数 /(12×6)=300 对配线架的数量 \tag{4.8}$$

(7) 配线间及二级交接间墙面场的布局。

大部分安装都用机柜,光纤配线架在上,依次是交换设备、铜缆配线架。

3. 设备间的设计

设备间用于安放建筑物内部的公用系统设备,如核心交换机、服务器及接入设备等。在设备间无疑还有电缆和连接硬件,其作用是把公用系统的设备连接到综合布线系统上,管理设备线缆和干线电缆的线路交连,它是整个布线系统的主要管理区(主布线场)。下面是设备间可能出现的颜色。

蓝色:连接到设备间的水平子系统电缆。

白色:连接到配线间的干线电缆。

灰色:至其他设备和计算机机房的连接电缆。

紫色:设备间公用设备(控制器、交换机等)的线缆。

棕色:连接到其他大楼的建筑群电缆。

绿色:电话局总机中继线。

黄色:交换机的各种引出线。

设计设备间管理子系统时,一般采用下述步骤。

(1)确认线路模块化系数是 2 对线、3 对线还是 4 对线。每个线路模块当作一条线路处理,线路模块化系数视具体系统而定。例如,System85 的线路模块化系数是 3 对线。

(2)确定语音和数据线路要端接的电缆对总数,并分配好语音或数据线路所需的墙场或终端条带。

(3)决定采用何种 110 型交连硬件。

如果线对总数超过 6000(即 2000 条线路),则使用 110A 型交连硬件。

如果线对总数少于 6000,则可使用 110A 或 110P 型交连硬件。

如果输入的干线电缆含有 900 对以上的线对,则在电缆进入设备间的地方可能需要设置绞接盒,以便在主布线场处比较容易安排电缆和进行端接。从绞接盒到交连场可用 100 对线的电缆进行连接。

(4)决定每个接线块可供使用的线对总数,主布线交连硬件的白场接线数目取决于三个因素,即硬件类型、每个接线块可供使用的线对总数和需要端接的线对总数。

由于每个接线块端接行的第 25 对线通常不用,故一个接线块极少能容纳全部线对。

表 4-4 列出了在模块化系数为 4 对线的情况下每种接线块的可用线对。

表 4-4 接线块可用线对表

接线块规模	100 对线	300 对线	900 对线
可用线对总数	96	288	864

(5)决定白场的配线架数量。首先把每种应用(语音或数据)所需的输入线对总数除以每个接线块的可用线对总数,然后以就高原则取整数,作为白场配线架的总数。

(6)选择和确定交连硬件(中继线/辅助场)的规模。中继线/辅助场用于端接中继线、公用系统设备和交换机辅助设备(如值班控制台、应急传输线路等)。中继线/辅助场分为三个色场:绿场、紫场和黄场,所需要的配线架与白场计算方法相同。

(7)确定设备间交连硬件的实际布置。

(8)绘制整个布线系统(即所有子系统)的详细施工图。

第 4 章

管理子系统的设计与安装

4.8　管理系统标签设计

对设备间、配线间的配线设备、线缆和信息点等设施应按一定的模式进行标识和记录，这样给今后布线工程维护和管理带来很大的方便，有利于提高管理水平和工作效率。

1. 标签设计要求

为了有效地管理电缆，标签的标记方案必须作为技术文件存档，以便查阅。标签作为综合布线系统的一个重要和不可缺少的组成部分，应该能提供以下信息：

(1) 建筑物的编号；

(2) 建筑物的区域；

(3) 建筑物的起始点；

(4) 建筑物内信息点的位置。

2. 设备间标记方法

设备间是整个建筑物布线系统干线的汇聚和交连管理的中心，它有来自建筑群子系统的干线电缆，也有建筑物内部的垂直干线电缆。通常干线电缆的标记信息有起始信息、配线架编号、配线架行号、机柜编号及线对编号等。

3. 配线间标记方法

配线间是整个建筑物布线系统垂直子系统和水平子系统线缆的汇聚和交连管理的中心，它有来自设备间子系统的干线电缆，也有建筑物内部工作区的水平线缆。通常配线间干线电缆的标记信息有起始信息、配线架编号、配线架行号、机柜编号及线对编号等。

习　题　4

一、填空题

1. 管理子系统一般位于一幢建筑物的_____。

2. 综合布线系统使用三种标记：_____、_____和_____。

3. 管理子系统管理交接的方式有单点管理单交连、_____、_____、_____。

4. 管理子系统的核心部件是_____。

5. 光纤管理器件分为_____和_____两种。

二、选择题

1. 配线架主要类型有_____。

　　A. 110 系列配线架　　　　　　　　B. RJ-45 模块化配线架

　　C. 5 对连接块　　　　　　　　　　D. 电子配线架

2. 在综合布线系统中，管理间子系统包括_____。

　　A. 楼层配线间　　　　　　　　　　B. 二级交接间

　　C. 建筑物设备间的线缆、配线架　　D. 相关接插跳线

3. 在配线间及二级交接间的色标中_____表示连接到设备间的干线电缆。

　　A. 蓝色　　　　　B. 白色　　　　　C. 灰色　　　　　D. 紫色

4. 光纤耦合器分为_____。

A. ST 型   B. SC 型   C. FC 型   D. LC 型

5. 110A 配线架由_____配件组成。

    A. 4 对或 5 对连接块   B. 理线环、标签条

    C. 接插软线   D. 100 对或 300 对线的接线块

三、简答题

1. 管理子系统的管理方式有哪些？各有什么特点？

2. 管理间的数量和面积应如何确定？

3. 简述管理子系统的设计原则。

4. 简述各色标代表的意义。

第 4 章

管理子系统的设计与安装

第5章 垂直子系统的设计与安装

本章要点:

• 熟悉垂直子系统的概念;
• 掌握垂直子系统的设计原则和步骤;
• 掌握垂直子系统的施工要求和技巧。

5.1 概　　述

在 GB 50311—2016 中把垂直子系统称为干线子系统。垂直子系统是综合布线系统中非常关键的组成部分,它由设备间子系统与管理间子系统之间的布线组成,两端分别连接在设备间和管理间子系统的配线架上。它是建筑物内综合布线的主干缆线,一般用光缆传输。图 5-1 为垂直子系统示意图。

图 5-1　垂直子系统示意图

垂直子系统的布线采用星形结构,从建筑物设备间向各个楼层的管理间布线,实现大楼信息流的纵向连接。图 5-2 所示为垂直子系统布线原理图。

在实际工程中,大多数建筑物都是垂直向高空发展的,因此很多情况下会采用垂直型的布线方式。但是也有很多建筑物是横向发展的,如飞机场候机厅、工厂仓库等建筑,这时也会采用水平型的主干布线方式。因此主干线缆的布线路由既可能是垂直型的,也可能是水平型的,或是两者的综合。

图 5-2 垂直子系统布线原理图

5.2 设 计 原 则

在垂直子系统的设计中应符合以下要求。

1. 星形拓扑结构原则

垂直子系统必须为星形拓扑结构。

2. 保证传输速率原则

垂直子系统首先考虑传输速率,一般选用光缆。

3. 无转接点原则

由于垂直子系统中的光缆或者电缆路由比较短,而且跨越楼层或者区域,因此在布线路由中不允许有接头或者 CP 集合点等各种转接点。

4. 语音和数据电缆分开原则

在垂直子系统中,语音和数据往往用不同种类的缆线传输,语音电缆一般使用大对数电缆,数据一般使用光缆传输,但是在基本型综合布线系统中也常常使用电缆传输。由于语音和数据传输时工作电压和频率不相同,往往语音电缆工作电压高于数据电缆工作电压,为了防止语音传输对数据传输的干扰,必须遵守语音电缆和数据电缆分开的原则。

5. 大弧度拐弯原则

垂直子系统主要使用光缆传输数据,同时对数据传输速率要求高,涉及终端用户多,一般会涉及一个楼层的很多用户,因此在设计时,垂直子系统的缆线应该垂直安装。如果在路由中间或者出口处需要拐弯时,不能直角拐弯布线,必须设计大弧度拐弯,保证缆线的曲率半径和布线方便。

6. 满足整栋大楼需求原则

由于垂直子系统连接大楼的全部楼层或者区域,不仅要能满足信息点数量少、速率要求

垂直子系统的设计与安装

低楼层用户的需要,更要保证信息点数量多、传输速率高楼层的用户要求。因此在垂直子系统的设计中一般选用光缆,并且需要预留备用缆线,在施工中要规范施工和保证工程质量,最终保证垂直子系统能够满足整栋大楼各个楼层用户的需求和扩展需要。

7. 布线系统安全原则

由于垂直子系统涉及每个楼层,并且连接建筑物的设备间和楼层管理间交换机等重要设备,布线路由一般使用金属桥架,因此在设计和施工中要加强接地措施,预防雷电击穿破坏,还要防止缆线遭破坏等措施,并且注意与强电保持较远的距离,防止电磁干扰等。

8. 布线距离

为了使信息得到有效的传输,根据国际及国内的标准,综合布线垂直子系统的最大距离如图 5-3 所示。即建筑物配线架(BD)到楼层配线架(FD)的最大布线距离不应超过 500m。

图 5-3 垂直子系统布线最大距离示意图

在设计综合布线系统时,通常将设备间设置在建筑物的中间位置,这样垂直子系统的电缆长度最短,但也要根据建筑物的结构和用户的要求综合考虑。有些建筑物在设计结构时,把用户程控交换机的位置设置在底层或地下层,网络中心设置在另一层,所以在设计垂直干线子系统时,更应考虑干线子系统的最大距离限制。

5.3 设 计 步 骤

垂直干线子系统的设计过程有以下几个步骤。

(1) 确定垂直干线的规模。

(2) 计算每个管理间的干线要求。

(3) 估算整个建筑物的干线要求。

(4) 确定从每个楼层管理间到设备间的干线电缆路由。

(5) 确定干线电缆的结合方法。

1. 确定垂直干线的规模

垂直子系统是建筑物内的主干线缆。通常使用的干线子系统通道由一连串穿过管理间地板且垂直对准的通道组成,穿过弱电间地板的线缆井和线缆孔确定干线子系统的通道规模,主要就是确定干线通道和管理间的数目。确定的依据就是综合布线系统所要覆盖的可用楼层面积。

如果给定楼层的所有信息插座都在管理间的 75m 范围之内,那么采用单干线接线系统。单干线接线系统就是采用一条垂直干线通道,每个楼层只设一个管理间。如果有部分信息插座超出管理间的 75m 范围,那就要采用双通道干线子系统,或者采用经分支电缆与设备间相连的二级交接间。

如果同一幢大楼的管理间上下不对齐,则可采用大小合适的线缆管道系统将其连通。

2. 计算每个管理间的干线要求

对于语音业务,大对数主干电缆的对数应按每个电话 8 位模块通用插座配置一对线。如果是双绞线最好是 4 对,并在总需求线对的基础上至少预留约 10% 的备用线对。

对于数据业务应以每个交换机设备设置一个主干端口配置。主干端口为电端口时,应按 4 对线容量配置;为光端口时,则按 2 芯光纤容量配置。

3. 估算整个建筑物的干线要求

确定各楼层的规模后,将所有楼层的干线分类相加,就可确定整座建筑物的干线线缆类别和数量,或根据设计工作单,计算出整座建筑物的干线线缆数量。

4. 确定从每个楼层管理间到设备间的干线电缆路由

垂直子系统布线有垂直和水平两种布线方式,需要时两种混用。

应选择干线段最短、最安全和最经济的路由,通常采用电缆孔、电缆井、金属管道和电缆托架。

(1) 电缆孔方法。

干线通道中所用的电缆孔是很短的管道,通常由一根或数根直径为 10cm 的金属管组成。它们嵌在混凝土地板中,这是浇注混凝土地板时嵌入的,比地板表面高出 2.5～5cm。也可直接在地板中预留一个大小适当的孔洞。电缆往往捆在钢绳上,而钢绳固定在墙上已铆好的金属条上。当楼层管理间上下都对齐时,一般可采用电缆孔方法,如图 5-4 所示。

(2) 电缆井方法。

电缆井是指在每层楼板上开出一些方孔,一般宽度为 30cm,并有 2.5cm 高的井栏,具体大小要根据所布线的干线电缆数量而定,如图 5-5 所示。与电缆孔方法一样,电缆井也是捆扎或箍在支撑用的钢绳上,钢绳靠墙上的金属条或地板三脚架固定。离电缆井很近的墙上的立式金属架可以支撑很多电缆。电缆井比电缆孔更为灵活,可以让各种粗细不一的电缆以任何方式通过。但在建筑物内开电缆井造价较高,而且不使用的电缆井很难防火。

图 5-4 电缆孔方法示意图

图 5-5 电缆井方法示意图

垂直子系统的设计与安装

（3）金属管道方法。

金属管道方法是指在水平方向架设金属管道，水平线缆穿过这些金属管道，让金属管道对干线电缆起到支撑和保护的作用，如图5-6所示。

对于相邻楼层的干线管理间存在水平方向的偏距时，就可以在水平方向布设金属管道，将干线电缆引入下一楼层的管理间。金属管道不仅具有防火的优点，而且它提供的密封和坚固空间使电缆可以安全地延伸到目的地。但是金属管道很难重新布置且造价较高，因此在建筑物设计阶段必须进行周密的考虑。土建工程阶段要将选定的管道预埋在地板中，并延伸到正确的交接点。金属管道方法较适合于低矮而又宽阔的单层平面建筑物，如企业的大型厂房、机场等。

（4）电缆托架方法。

电缆托架是铝制或钢制的部件，外形很像梯子，既可安装在建筑物墙面上、吊顶内，也可安装在天花板上，供干线线缆水平走线，如图5-7所示。电缆布放在托架内，由水平支撑件固定，必要时还要在托架下方安装电缆绞接盒，以保证在托架上方已装有其他电缆时可以接入电缆。

图 5-6　金属管道方法示意图

图 5-7　电缆托架方法示意图

电缆托架方法最适合电缆数量很多的布线需求场合。要根据安装的电缆粗细和数量决定托架的尺寸。由于托架及附件的价格较高，而且电缆外露，很难防火，不美观，因此在综合布线系统中，一般推荐使用封闭式线槽来替代电缆托架。吊装式封闭式线槽主要应用于楼间距离较短且要求采用架空的方式布放干线线缆的场合。

5. 确定干线电缆的结合方法

干线电缆可采用点对点端接，也可采用分支递减端接(分支接合)。

（1）点对点端接法。

点到点端接法是最简单、最直接的方法。从设备间引出电缆，经过干线通道，端接于该楼层配线间的连接硬件，如图5-8所示。

优点：采用较小、较轻的电缆，不必使用昂贵的绞接盘。

图 5-8　干线电缆点对点端接法

缺点：

① 穿过二级交接间的电缆数目较多。

② 确定楼层配线间与二级交接间之间的接合方法。

（2）分支接合方法。

大对数电缆经绞接盒后，分出若干根小电缆再连接各楼层配线间的连接硬件，如图 5-9 所示，分为以下两种接合方法。

图 5-9　分支接合方法

① 单楼层接合方法。

二级交接间没有安装端接信息插座的连接硬件。一根电缆通过干线通道到达楼层后，使用一个适当大小的绞接盒分出若干根小电缆，再连往各个二级交接间。

② 多楼层接合方法。

通常用于支持 5 个楼层的信息插座需要（每 5 层一组）。一根主电缆接至中央点（第 3 层），在该层配线间内通过绞接盒分出各根小电缆再分别连接上两层楼和下两层楼。

优点：主干电缆总数少，可以节省空间。

缺点：电缆对数过于集中，发生故障影响面积大。

5.4　安　装　技　术

1. 垂直子系统线缆选择

根据建筑物的结构特点及应用系统的类型决定选用干线线缆的类型。在垂直子系统中可以采用以下类型的电缆：

- 100Ω 大对数电缆；

- 100Ω 或 150Ω 4 对双绞线电缆；

- 62.5/125μm 多模光纤；

垂直子系统的设计与安装

- 50/125μm 多模光纤;
- 8.3/125μm 单模光纤;
- 9.0/125μm 单模光纤;
- 75Ω 同轴电缆(有线电视宽带接入)。

针对电话语音传输一般采用三类大对数对绞电缆(25 对、50 对、100 对等规格),针对数据和图像传输采用光缆或者 5 类以上 4 对双绞线电缆以及 5 类大对数对绞电缆,针对有线电视信号传输采用 75Ω 同轴电缆。要注意的是,由于大对数电缆对数多,很容易造成相互间的干扰,因此很难制造超 5 类以上的大对数电缆,为此 6 类网络布线系统通常使用 6 类 4 对双绞线电缆或光缆作为主干线缆。在选择主干线缆时还要考虑主干线的长度限制,如 5 类以上 4 对双绞线电缆在应用于 100Mb/s 的高速网络系统时,电缆长度不宜超过 90m,否则宜选用单模或者多模光缆。

在综合布线垂直子系统中,语音上常采用的是 100Ω 大对数电缆,数据上采用的是多模或单模光纤。

垂直子系统所需要的电缆总对数和光纤总芯数应满足工程的实际需求,并留有适当的备份容量。主干缆线宜设置电缆与光缆,并互相作为备份路由。

2. 垂直子系统线缆的绑扎

垂直子系统敷设线缆时应对线缆进行绑扎。双绞电缆、光缆及其他信号电缆应根据线缆的类别、数量、缆径、线缆芯数分束绑扎,绑扎间距不宜大于 1.5m,防止线缆因重量产生的拉力造成线缆变形。在绑扎线缆的时候应特别注意该按照楼层进行分组绑扎。

3. 线缆敷设要求

在敷设线缆时,对不同的介质要区别对待。

(1) 光缆。

- 光缆敷设时不应该绞接;
- 光缆在室内布线时要走线槽;
- 光缆在地下管道中穿过时要用 PVC 管;
- 光缆需要拐弯时,其曲率半径不得小于 30cm;
- 光缆的室外裸露部分要加铁管保护,铁管要固定牢固;
- 光缆不要拉得太紧或太松,并要有一定的膨胀、收缩余量;
- 光缆埋地时要加铁管保护。

(2) 双绞线。

- 双绞线敷设时要平直,走线槽,不要扭曲;
- 双绞线的两端点要标号;
- 双绞线的室外部分要加套管,严禁搭接在树干上;
- 双绞线不要拐硬弯。

4. 线缆的垂放和牵引技术

目前,在建筑中的电缆竖井或上升房内敷设电缆有两种施工方式。一种是由建筑的高层向低层敷设,利用电缆本身自重的有利条件向下垂放的施工方式。另一种是由低层向高层敷设,将电缆向上牵引的施工方式。

这两种施工方式虽然仅是敷设方向不同,但差别较大,向下垂放远比向上牵引简便、容易、减少劳动工时和劳力消耗,且加快施工进度;相反,向上牵引费时费工,困难较多。因此,通常采用向下垂放的施工方式,只有在电缆搬运到高层确有很大困难时,才采用由下向上牵引的施工方式。在电缆敷设施工时应注意以下几点:

(1)向下垂放电缆的施工方式应将电缆搬到建筑的顶层。在牵引过程中,吊挂缆线的支点相隔间距不应大于 1.5m。电缆由高层向低层垂放,要求每个楼层有人引导下垂和观察敷设过程中的情况,及时解决敷设中的问题。

(2)为了防止电缆洞孔或管孔的边缘不光滑,磨破电缆的外护套,应在洞孔中放置一个塑料保护槽,以便保护。

(3)在向下垂放电缆的过程中,要求敷设的速度适中,不宜过快,使电缆从电缆盘中慢速放下垂直进入洞孔。各个楼层的施工人员都应将经过本楼层的电缆徐徐引导到下一个楼层的洞孔,直到电缆逐层布放到要求的楼层为止。并要在统一指挥下宣布敷设完毕后各个楼层的施工人员才将电缆绑扎固定。

(4)如果各个楼层不是预留直径较小的洞孔,而是大的洞孔或通槽,这时不需使用保护装置,应采用滑车轮的装置,将它安装在建筑的顶层,用绳索固定在洞孔或槽口中央,然后电缆通过滑车轮向下垂放。

(5)向上牵引电缆的施工方法一般采用电动牵引绞车,电动牵引绞车的型号和性能应根据牵引电缆的重量来选择。其施工顺序是由建筑的顶层下垂一条布放牵引拉绳,其强度应足以牵引电缆的所有重量(电缆长度为顶层到最底楼层),将电缆牵引端与拉绳连接妥当。启动绞车,慢速将电缆逐层向上牵引,直到电缆引到顶层,电缆应预留一定长度,才停止绞车。此外,各个楼层必须采取加固措施将电缆绑扎牢固,以便连接。

(6)缆线牵引过程中光缆盘转动应与光缆布放同步,光缆牵引的速度一般为 15m/s。光缆出盘处要保持松弛的弧度,并留有缓冲的余量,又不宜过多,避免光缆出现背扣。

(7)布放缆线的牵引力应小于缆线允许张力的 80%,对光缆瞬间最大牵引力不应超过光缆允许的张力。在以牵引方式敷设光缆时,主要牵引力应加在光缆的加强芯上。

(8)缆线布放过程中为避免受力和扭曲,应制作合格的牵引端头。如果用机械牵引时,应根据缆线牵引的长度、布放环境、牵引张力等因素选用集中牵引或分散牵引等方式。

(9)电缆布放时应有一定冗余量,在交接间或设备间内,电缆预留长度一般为 3~6m。主干电缆的最小曲率半径应至少是电缆外径的 10 倍,以便缆线的连接和今后维护检修时使用。

5.5 施 工 经 验

在建筑物内综合布线系统的缆线,包括对绞铜缆及光缆,常用暗敷管路或利用桥架和槽道进行安装敷设,它们虽然是辅助的保护或支撑措施,但它在工程中是一项极为重要的内容,一般要满足以下要求:

(1)在建筑物内综合布线系统的线缆和所用槽道或桥架必须与公用的网络管线相连。

(2)设备间和主干布线的桥架和槽道安装施工中,采用槽道或桥架的规格尺寸、组装方式和安装位置均应依照设计规定和图纸要求。

(3)暗敷管路要横平竖直。

(4) 主干布线安装在电缆竖井时必须有支撑件。

(5) 暗敷管路是一种永久性的设施,一旦建成后使用年限必须与建筑物的使用年限一致。

(6) 设备与插座等要与设计一致。房间内的暗敷配线接续设备及其附近不允许有其他管线穿过。

(7) 暗敷管路接好后,裸露在外面的部分要做好防腐蚀处理。

(8) 暗敷管路敷设好后如需要牵引线缆,要及时放钢丝。

(9) 选择线缆敷设路由时,要根据建筑物结构的允许条件尽量选择最短距离,并保证线缆长度不超过标准中规定的长度,水平电缆敷设的路由根据水平布线所采用的布线方案,有走地下线槽管道的,有走活动地板下面的,有房屋吊顶的,形式多种多样。

干线电缆敷设的路由主要由建筑物内竖井或垂直管路的路径及其他一些垂直走线路径来决定。根据建筑物结构,干线电缆敷设路由分为垂直路由和水平路由。建筑群子系统的干线线缆敷设路由与采用的布线方案有关,有架空布线方法、直埋电缆布线法和采用管道布线法。

(10) 暗敷管路后及时作好隐蔽工程的记录。

(11) 桥架和槽道在竖井内安装可采用明敷方式。

(12) 根据具体位置选择桥架和槽道的大小。

(13) 桥架和槽道的安装是为设备服务的,要服从设备和电缆。

习 题 5

一、填空题

1. 垂直子系统的结合方法有_____和_____。

2. 垂直子系统是由_____之间的连接线缆组成的,其布线距离最大为_____。

3. 垂直子系统缆线的绑扎间距不宜大于_____。

4. 在竖井中敷设垂直干线一般有_____和_____两种方式。

5. 垂直子系统的布线方式有_____的,也有_____的,这主要根据建筑的结构而定。

二、选择题

1. 垂直子系统的设计范围包括_____。

    A. 管理间与进线间之间的电缆

    B. 信息插座与管理间之间的连接电缆

    C. 设备间与网络引入口之间的连接电缆

    D. 主设备间与计算机主机房之间的连接电缆

2. 综合布线系统中用于连接楼层配线间和工作区子系统的是_____。

    A. 工作区子系统　　　　　　　　B. 水平子系统

    C. 干线子系统　　　　　　　　　D. 管理子系统

3. 光缆需要拐弯时,其弯曲半径不得小于_____。

    A. 15cm　　　　　B. 30cm　　　　　C. 35cm　　　　　D. 40cm

4. 垂直子系统的拓扑结构是_____。

    A. 星形拓扑结构   B. 环形拓扑结构

    C. 树形拓扑结构   D. 总线拓扑结构

5. 根据建筑物的结构特点及应用系统的类型决定选用干线线缆的类型。在垂直子系统设计中常用_____线缆。

    A. 100Ω 4 对双绞线电缆   B. 100Ω 大对数电缆

    C. 62.5/125μm 多模光纤   D. 8.3/125μm 单模光纤

    E. 75Ω 有线电视同轴电缆

三、简答题

1. 列举出向下垂放电缆和向上牵引电缆的详细步骤。

2. 说明光缆、双绞线在敷设时各有什么要求。

3. 简述垂直子系统的设计原则。

4. 简述垂直子系统的设计步骤。

垂直子系统的设计与安装

第6章 设备间子系统的设计与安装

本章要点:

- 熟悉设备间子系统的概念;
- 掌握设备间子系统的设计步骤和方法;
- 掌握设备间子系统的安装技术。

6.1 概　　述

设备间子系统由设备间的电缆、连接器和相关支持硬件组成,把各种公用系统设备互连起来。设备间的主要设备有数字程控交换机、计算机网络设备、服务器、楼宇自动控制设备主机等。设备间是整个网络的数据交换中心。典型的设备间如图 6-1 所示。

图 6-1　典型的设备间

6.2 设备间子系统的设计步骤和方法

设备间子系统的设计主要考虑设备间的位置及设备间的环境要求,具体设计要点如下。

1. 设备间的位置

设备间的位置应根据设备的数量、规模、最佳网络中心、网络构成等因素综合考虑确定。通常有以下几种因素会使设备间的设置方案有所不同。

(1) 主体工程的建设规模和工程范围的大小。

(2) 设备间内安装的设备种类和数量多少。

(3) 设备间有无常驻的维护管理人员,是专职人员用房还是合用共管的性质,这些都会影响到设备间的位置和房间面积的大小等。

每幢建筑物内应至少设置一个设备间,如果用户电话交换机与计算机网络设备分别安装在不同的场地或根据安全需要时,也可设置两个或两个以上的设备间,以满足不同业务的设备安装需要。

一般而言,设备间应尽量在建筑平面及其综合布线干线综合体的中间位置。在高层建筑内,设备间也可以设置在第一层或第二层。

2. 设备间的使用面积

设备间的使用面积要考虑所有设备的安装面积,还要考虑预留工作人员管理操作设备的地方,一般最小使用面积不得小于 $20m^2$。

设备间的使用面积可按照下述两种方法之一确定。

方法一:已知 S_b 为设备所占面积(单位:m^2),S 为设备间的使用总面积(单位:m^2),那么

$$S = (5 \sim 7) \sum S_b$$

方法二:当设备尚未选型时,设备间使用总面积 $S = KA$。其中,A 为设备间所有设备台(架)的总数,K 为系数,取值为 $(4.5 \sim 5.5)m^2/$台(架)。

3. 设备间的建筑结构

设备间的建筑结构主要依据大小、设备搬运及设备重量等因素而设计。设备间的高度一般为 $2.5 \sim 3.2m$。设备间的门的大小至少为高 $2.1m$、宽 $1.5m$。

设备间一般安装有不间断电源的电池组,由于电池组非常重,因此对楼板承重设计有一定的要求,一般分为两级:A 级 $\geqslant 500kg/m^2$;B 级 $\geqslant 300kg/m^2$。

4. 设备间的环境要求

设备间内安装有计算机、网络设备、电话程控交换机、建筑物自控设备等硬件设备。这些设备的运行需要相应的温度、湿度、供电和防尘等要求。设备间内的环境设置可以参照国家计算机用房设计标准 GB 50174—2017《数据中心设计规范》、程控交换机的 CECS 09—1989《工业企业程控用户交换机工程设计规范》等相关标准及规范。

(1)温湿度。

综合布线有关设备的温湿度要求可分为 A、B、C 三级,设备间的温湿度也可参照三个级别进行设计。三个级别的具体要求如表 6-1 所示。

表 6-1 设备间的温湿度要求

项　　目	A 级	B 级	C 级
温度/℃	夏季:22 ± 4,冬季:18 ± 4	$12\sim30$	$8\sim35$
相对湿度/%	$40\sim65$	$35\sim70$	$20\sim80$

设备间的温湿度控制可以通过安装降温、升温或加湿、除湿功能的空调设备来实现控制。选择空调设备时,南方地区主要考虑降温和除湿功能,北方地区要全面具有升温、除湿、加湿功能。空调的功率主要根据设备间的大小及设备多少而定。

(2)尘埃。

设备间内的电子设备对尘埃要求较高,尘埃过高会影响设备的正常工作,降低设备的工

作寿命。设备间的尘埃指标一般可分为 A、B 两级,如表 6-2 所示。

表 6-2 设备间的尘埃指标要求

项 目	A 级	B 级
粒度/μm	最大 0.5	最大 0.5
个数/粒·m^{-3}	<10 000	<18 000

降低设备间的尘埃度,关键在于定期清扫灰尘,工作人员进入设备间应更换干净的鞋具。

(3)空气。

设备间内保持空气洁净且有防尘措施,并防止有害气体侵入。允许有害气体的限值如表 6-3 所示。

表 6-3 允许有害气体的限值

有害气体/mg·m^{-3}	二氧化硫(SO_2)	硫化氢(H_2S)	二氧化氮(NO_2)	氨(NH_3)	氯(Cl_2)
平均限值	0.2	0.006	0.04	0.05	0.01
最大限值	1.5	0.03	0.15	0.15	0.3

(4)照明。

为了方便工作人员在设备间内操作设备和维护相关综合布线器件,设备间内必须安装足够照明度的照明系统,并配置应急照明系统。设备间内距地面 0.8m 处照明度不应低于 200lx。设备间配备的事故应急照明,在距地面 0.8m 处照明度不应低于 5lx。

(5)噪声。

为了保证工作人员的身体健康,设备间内的噪声应小于 70dB。如果长时间在 70～80dB 噪声的环境下工作,不但影响人的身心健康和工作效率,还可能造成人为的噪声事故。

(6)电磁场干扰。

根据综合布线系统的要求,设备间的无线电干扰的频率应在 0.15～1000MHz 范围内,噪声不大于 120dB,磁场干扰场强不大于 800A/m。

(7)电源要求。

电源频率为 50Hz,电压为 220V 和 380V,三相五线制或者单相三线制。

设备间供电电源允许变动的范围如表 6-4 所示。

表 6-4 设备间供电电源允许变动的范围

项 目	A 级	B 级	C 级
电压变动/%	−5～+5	−10～+7	−15～+10
频率变动/%	−0.2～+0.2	−0.5～+0.5	−1～+1
波形失真率/%	−5～5	−7～7	−10～10

5. 设备间的管理

设备间内的设备种类繁多,而且缆线布设复杂。为了管理好各种设备及缆线,设备间内的设备应分类分区安装,设备间内所有进出线装置或设备应采用不同色标,以区别各类用途的配线区,方便线路的维护和管理。

6. 安全分类

设备间的安全分为 A、B、C 三类,具体规定如表 6-5 所示。

A 类:对设备间的安全有严格的要求,设备间有完善的安全措施。

B 类:对设备间的安全有较严格的要求,设备间有较完善的安全措施。

C 类:对设备间的安全有基本的要求,设备间有基本的安全措施。

表 6-5 设备间的安全要求

安 全 项 目	A 类	B 类	C 类
场地选择	有要求或增加要求	有要求或增加要求	无要求
防火	有要求或增加要求	有要求或增加要求	有要求或增加要求
内部装修	要求	有要求或增加要求	无要求
供配电系统	要求	有要求或增加要求	有要求或增加要求
空调系统	要求	有要求或增加要求	有要求或增加要求
火灾报警及消防设施	要求	有要求或增加要求	有要求或增加要求
防水	要求	有要求或增加要求	无要求
防静电	要求	有要求或增加要求	无要求
防雷击	要求	有要求或增加要求	无要求
防鼠害	要求	有要求或增加要求	无要求
电磁波防护	有要求或增加要求	有要求或增加要求	无要求

根据设备间的要求,设备间的安全可按某一类执行,也可按某些类综合执行。综合执行是指一个设备间的某些安全项目可按不同的安全类型执行。例如,某设备间按照安全要求可选防电磁干扰为 A 类,火灾报警及消防设施为 B 类。

7. 防火结构

为了保证设备使用安全,设备间应安装相应的消防系统,配备防火防盗门。为了在发生火灾或意外事故时方便设备间工作人员迅速向外疏散,对于规模较大的建筑物,在设备间或机房应设置直通室外的安全出口。

8. 设备间的散热要求

机柜、机架与缆线的走线槽道摆放位置对于设备间的气流组织设计至关重要,图 6-2 所示为各种设备建议的安装位置。

以交替模式排列设备,即机柜/机架面对面排列以形成热通道和冷通道。冷通道是机架/机柜的前面区域,热通道位于机架/机柜的后部,形成从前到后的冷却路由。电子设备机柜在冷通道两侧相对排列,冷空气从架空地板板块的排风口吹出,热通道两侧电子设备机柜则背靠背,热通道部位的地板无孔,依靠天花板上的回风口排出热气,如图 6-2 所示。

9. 设备间的接地要求

设备间的设备在安装过程中必须考虑设备的接地。根据综合布线相关规范,接地要求如下:

(1)直流工作接地电阻一般要求不大于 4Ω,交流工作接地电阻也应不大于 4Ω,防雷保护接地电阻应不大于 10Ω。

(2)建筑物内应设有网状接地系统,保证所有设备等电位。如果综合布线系统单独设接地系统,且能保证与其他接地系统之间有足够的距离,则接地电阻值应小于或等于 4Ω。

图 6-2　设备间设备建议的安装位置

（3）为了获得良好的接地,推荐采用联合接地方式。所谓联合接地方式就是将防雷接地、交流工作接地和直流工作接地等统一接到共用的接地装置上。当采用联合接地系统时,通常利用建筑钢筋作为防雷接地引下线,而接地体一般利用建筑物基础内钢筋网作为自然接地体,使整幢建筑的接地系统组成一个笼式的均压整体,联合接地电阻要求不大于 1Ω。

（4）接地所使用的铜线电缆规格与接地的距离有直接关系,一般接地距离在 30m 以内,接地导线采用直径为 4mm 的带绝缘套的多股铜线电缆。接地铜线电缆规格与接地距离的关系如表 6-6 所示。

表 6-6　接地铜线电缆规格与接地距离的关系

接地距离/m	接地导线直径/mm	接地导线截面积/mm^2
小于 30	4.0	12
30～48	4.5	16
48～76	5.6	25
76～106	6.2	30
106～122	6.7	35
122～150	8.0	50
150～300	9.8	75

10. 设备间的内部装饰

设备间装修材料使用符合 GBJ 16—1987《建筑设计防火规范》中规定的难燃材料或阻燃材料,应能防潮、吸音、不起尘和抗静电等。

（1）地面。

为了方便敷设缆线和电源线,设备间的地面最好采用抗静电活动地板,接地电阻为 0.11～1000MΩ,具体要求应符合国家标准 GB 6650—1986《计算机机房用活动地板技术条件》。

（2）墙面。

墙面应选择不易产生灰尘,也不易吸附灰尘的材料,常用涂阻燃漆或耐火胶合板。

（3）顶棚。

为了吸音及布置照明灯具,吊顶材料应满足防火要求。目前,我国大多数采用铝合金或轻钢作龙骨,安装吸音铝合金板、阻燃铝塑板和喷塑石英板等。

（4）隔断。

根据设备间放置的设备及工作需要,可用玻璃将设备间隔成若干房间,隔断可以选用防火的铝合金或轻钢作龙骨,安装 10mm 厚玻璃,或从地板面至 1.2m 处安装难燃双塑板,1.2m 以上安装 10mm 厚玻璃。

11. 设备间的缆线敷设

（1）活动地板方式。

该方式是缆线在活动地板下的空间敷设,由于地板下空间大,因此电缆容量和条纹多,节省电缆费用,缆线敷设和拆除均简单方便,能适应线路增减变化,有较高的灵活性,便于维护管理。但该方式造价较高,会减少房屋的净高,对地板表面材料也有一定要求,如耐冲击性、耐火性、抗电性和稳固性等。

（2）地板或墙壁沟槽方式。

该方式是缆线在建筑中预先建成的墙壁或地板内沟槽中敷设,沟槽的断面尺寸大小根据缆线终期容量来设计。这种方式造价较活动地板低,便于施工和维护,利于扩建,但沟槽设计和施工必须与建筑设计和施工同时进行,在配合协调上较为复杂。沟槽方式因是在建筑中预先制成的,因此在使用中会受到限制,缆线路由不能自由选择和变动。

（3）预埋管路方式。

该方式是在建筑的墙壁或楼板内预埋管路,其管径和根数根据缆线需要来设计。这种方式穿放缆线比较容易,维护、检修和扩建均有利,造价低廉,技术要求不高,是最常用的方式。

（4）机架走线架方式。

这种方式是在设备或者机架上安装桥架或槽道的敷设方式,桥架和槽道的尺寸根据缆线需要设计,可以在建成后安装,便于施工和维护,也有利于扩建。机架上安装桥架或槽道时,应结合设备的结构和布置来考虑,在层高较低的建筑中不宜使用。

6.3　设备间子系统的安装技术

6.3.1　走线通道敷设安装施工

设备间内各种桥架、管道等走线通道敷设应符合以下要求:

（1）横平竖直,水平走向支架或者吊架左右偏差应不大于 10mm,高低偏差不大于 5mm。

（2）走线通道与其他管道共架安装时,走线通道应布置在管架的一侧。

（3）走线通道内缆线垂直敷设时,在缆线的上端和每间隔 1.5m 处应固定在通道的支架上;水平敷设时,在缆线的首、尾、转弯及每间隔 3～5m 处进行固定。

（4）布放在电缆桥架上的线缆必须绑扎。外观平直整齐,线扣间距均匀,松紧适度。

（5）要求将交、直流电源线和信号线分架走线,或金属线槽采用金属板隔开,在保证线缆间距的情况下,可以同槽敷设。

（6）缆线应顺直,不宜交叉,特别是在缆线转弯处应绑扎固定。

（7）缆线在机柜内布放时,不宜绷紧,应留有适量余量。绑扎线扣间距均匀,力度适宜,布放顺直、整齐,不应交叉缠绕。

(8) 6 类 UTP 网线敷设通道填充率不应超过 40%。

6.3.2　缆线端接

设备间有大量的跳线和端接工作,在进行缆线与跳线的端接时应遵守下列基本要求:

(1) 需要交叉连接时,尽量减少跳线的冗余和长度,保持整齐和美观。

(2) 满足缆线的弯曲半径要求。

(3) 缆线应端接到性能级别一致的连接硬件上。

(4) 主干缆线和水平线缆应被端接在不同的配线架上。

(5) 双绞线外护套剥除最短。

(6) 线对开绞距离不能超过 13mm。

(7) 6a 类网线绑扎固定不宜过紧。

6.3.3　布线通道安装

开放式网络桥架的安装施工如下。

1. 地板下安装

设备间桥架必须与建筑物垂直子系统和管理间主桥架连通,在设备间内部,每隔 1.5m 安装一个地面托架或者支架,用螺栓、螺母等固定。

一般情况下可采用支架,支架与托架离地高度也可以根据用户现场的实际情况而定,不受限制,底部至少距地 50mm。

2. 天花板安装

在天花板安装桥架时采取吊装方式,通过槽钢支架或钢筋吊杆,再结合水平托架和 M6 螺栓将桥架固定,吊装于机柜上方。将相应的缆线布放到机柜中,通过机柜中的理线器等对其进行绑扎、整理归位。

3. 特殊安装方式

分层吊挂安装可以敷设更多线缆,便于维护和管理,使现场美观。

采用机架支撑安装,安装人员不用在天花板上钻孔,而且安装和布线时,工人无须爬上爬下,省时省力,非常方便。用户不仅能对安装工程有更直观的控制,线缆也能自然通风散热,机房日后的维护升级也很简便。

6.3.4　设备间接地

1. 设备间的机柜和机架接地连接

设备间的机柜和机架等必须可靠接地,一般采用自攻螺丝与机柜钢板连接方式。如果机柜表面是油漆过的,接地必须直接接触到金属,用褪漆溶剂或者电钻帮助,实现电气连接。

在机柜或者机架上,距离地面 1.21m 高度分别安装静电释放(ESD)保护端口,并且安装相应标识。通过 6AWG 跳线与网状共用等电位接地网络相连,压接装置用于将跳线和网状共用等电位接地网络导线压接在一起。在实际安装中,禁止将机柜的接地线按"菊链"的方式串接在一起。

2. 设备接地

安装在机柜或机架上的服务器、交换机等设备必须统一接地。

3. 桥架接地

桥架必须可靠接地。

6.3.5 设备间内部的通道设计与安装

1. 人行通道

设备间人行通道与设备之间的距离应符合下列规定：

（1）用于运输设备的通道净宽不应小于 1.5m。

（2）面对面布置的机柜或机架，正面之间的距离不宜小于 1.2m。

（3）背对背布置的机柜或机架，背面之间的距离不宜小于 1m。

（4）当需要在机柜侧面维修测试时，机柜与机柜、机柜与墙之间的距离不宜小于 1.2m。

（5）成行排列的机柜，其长度超过 6m（或数量超过 10 个）时，两端应设有走道。当两个走道之间的距离超过 15m（或中间的机柜数量超过 25 个）时，其间还应增加走道。走道的宽度不宜小于 1m，局部可为 0.8m。

2. 架空地板走线通道

架空地板起到防静电的作用，在它的下部空间可以作为冷、热通风的通道，同时又可设置线缆的敷设槽、道。

在地板下走线的设备间中，缆线不能在架空地板下面随便摆放。架空地板下缆线敷设在走线通道内，通道可以按照缆线的种类分开设置，进行多层安装，线槽高度不宜超过 150mm。在建筑设计阶段，安装于地板下的走线通道应当与其他的设备管线（如空调、消防和电力等）相协调，并做好相应防护措施。

3. 天花板下走线通道

（1）净高要求。

常用的机柜高度一般为 2.0m，气流组织所需机柜顶面至天花板的距离一般为 0.5～0.7mm，尽量与架空地板下净高相近，故机房净高不宜小于 2.6m。

（2）通道形式。

天花板走线通道由开放式桥架、槽式封闭式桥架和相应的安装附件组成。开放式桥架因其方便线缆维护的特点，在新建的数据中心应用较广。

走线通道安装在离地板 2.7m 以上机房走道和其他公共空间上空的空间，否则天花板走线通道的底部应敷设实心材料，以防止人员触及和保护其不受意外或故意的损坏。

（3）通道位置与尺寸要求。

通道顶部距楼板或其他障碍物不应小于 0.3m；通道宽度不宜小于 0.1m，高度不宜超过 0.15m；通道内横断面的线缆填充率不应超过 50%；如果存在多个天花板走线通道时，可以分层安装，光缆最好敷设在铜缆的上方，为了方便施工与维护，铜缆线路和光纤线路宜分开通道敷设；灭火装置的喷头应当设置于走线通道之间，不能直接放置在通道的上面。

习　题　6

一、填空题

1. 设备间子系统是一个集中化设备区,连接系统公共设备,并通过＿＿＿＿＿连接至管理间子系统。

2. 设备间子系统一般设在建筑物中部或在建筑物的＿＿＿＿＿层。

3. 设备间室内环境温度应为＿＿＿＿＿,相对湿度应为＿＿＿＿＿,并应有良好的通风。

4. 设备间最小使用面积不得小于＿＿＿＿＿。

5. 设备间的安全分为三类,分别是＿＿＿＿＿。

6. 设备间联合接地时,要求联合接地电阻不大于＿＿＿＿＿ Ω。

7. 6 类 UTP 线缆敷设通道填充率不应超过＿＿＿＿＿。

二、简答题

1. 说明建筑物设备间子系统的设计原则。

2. 设备间子系统面积如何确定?

3. 数据中心的设备在安装时分别怎么做到接地?

4. 设备间的缆线敷设有哪几种方式?

第7章 建筑群和进线间子系统的设计与安装

本章要点：
- 掌握建筑群子系统的概念；
- 掌握建筑群子系统的设计步骤和设计要点；
- 掌握建筑群子系统的布线方法；
- 熟悉进线间子系统的基本概念；
- 掌握进线间子系统的设计。

7.1　建筑群子系统

7.1.1　建筑群子系统概述

建筑群子系统也称为楼宇子系统，主要实现建筑物与建筑物之间的通信连接，一般采用光缆并配置光纤配线架等相应设备，它支持楼宇之间通信所需的硬件，包括缆线、端接设备和电气保护装置。

进线间是建筑物外部通信和信息管线的入口部位，并可作为入口设施和建筑群配线设备的安装场地。进线间是 GB 50311—2007 国家标准在系统设计内容中专门增加的，要求在建筑物前期系统设计中要增加进线间，满足多家运营商业务需要。

7.1.2　建筑群子系统设计步骤

（1）确定敷设现场的特点。包括确定整个工地的大小、工地的地界和建筑物的数量等。

（2）确定电缆系统的一般参数。包括确认起点、端接点位置、所涉及的建筑物及每座建筑物的层数、每个端接点所需的双绞线的对数、有多个端接点的每座建筑物所需的双绞线总对数等。

（3）确定建筑物的电缆入口。

建筑物入口管道的位置应便于连接公用设备，根据需要在墙上穿过一根或多根管道。

对于现有的建筑物，要确定各个入口管道的位置、每座建筑物有多少入口管道可供使用、入口管道数目是否满足系统的需要。

如果入口管道不够用，则要确定在移走或重新布置某些电缆时是否能腾出某些入口管道，再不够用的情况下应另装多少入口管道。

如果建筑物尚未建起，则要根据选定的电缆路由完善电缆系统设计，并标出入口管道。建筑物入口管道的位置应便于连接公用设备，根据需要在墙上穿过一根或多根管道。查阅当地的建筑法规,了解对承重墙穿孔有无特殊要求。所有易燃材料(如聚丙烯管道、聚乙烯管道)应端接在建筑物的外面,外线电缆的聚丙烯表皮可以例外。如果外线电缆延伸到建筑物内部的长度超过 15m,就应使用合适的电缆入口器材,在入口管道中填入防水和气密性很好的密封胶,如 B 型管道密封胶。

(4) 确定明显障碍物的位置。包括确定土壤类型、电缆的布线方法、地下公用设施的位置,查清拟定的电缆路由中沿线各个障碍物位置或地理条件及其对管道的要求等。

(5) 确定主电缆路由和备用电缆路由。包括确定可能的电缆结构、所有建筑物是否共用一根电缆,查清在电缆路由中哪些地方需要获准后才能通过,选定最佳路由方案等。

(6) 选择所需电缆的类型和规格。包括确定电缆长度,画出最终的结构图,画出所选定路由的位置和挖沟详图,确定入口管道的规格,选择每种设计方案所需的专用电缆,保证电缆可进入入口管道,选择其规格和材料、长度和类型等。

(7) 确定每种选择方案所需的劳务成本。包括确定布线时间、计算总时间、计算每种设计方案的成本、总时间乘以当地的工时费以确定成本。

(8) 确定每种选择方案的材料成本。包括确定电缆成本、所有支撑结构的成本、所有支撑硬件的成本等。

(9) 选择最经济、最实用的设计方案。把每种选择方案的劳务费成本加在一起,得到每种方案的总成本,比较各种方案的总成本,选择成本较低者,确定比较经济的方案是否有重大缺点,以致抵消了经济上的优点。如果发生这种情况,应取消此方案,考虑更优化的设计方案。

7.1.3 建筑群子系统的设计要点

建筑群子系统主要应用于多幢建筑物组成的建筑群综合布线工程,设计时主要考虑布线路由等内容。建筑群子系统应按下列要求进行设计。

(1) 环境美化要求。

建筑群主干布线子系统设计应充分考虑建筑群覆盖区域的整体环境美化要求,建筑群干线电缆尽量采用地下管道或电缆沟敷设方式。因客观原因最后选用了架空布线方式的,也要尽量选用原已架空布设的电话线或有线电视电缆的路由,干线电缆与这些电缆一起敷设,以减少架空敷设的电缆线路。

(2) 建筑群未来发展需要。

在布线设计时,要充分考虑各建筑需要安装的信息点种类、信息点数量,选择相对应的干线光缆类型及敷设方式,使综合布线系统建成后保持相对稳定,能满足今后一定时期内各种新的信息业务发展需要。

(3) 路由的选择。

考虑节省投资,应尽量选择距离短、线路平直的路由,但具体的路由还要根据建筑物之间的地形或敷设条件而定。在选择路由时,应考虑原有已敷设的地下各种管道,在管道内应与电力线缆分开敷设,并保持一定间距。

(4) 电缆引入要求。

建筑群干线光缆进入建筑物时都要设置引入设备,并在适当位置终端转换为室内电缆、光缆。引入设备应安装必要保护装置以达到防雷击和接地的要求。干线光缆引入建筑物时应以地下引入为主,如果采用架空方式,应尽量采取隐蔽方式引入。

（5）干线电缆、光缆交接要求。

建筑群的主干光缆布线的交接不应多于两次。

（6）建筑群子系统缆线的选择。

建筑群子系统敷设的缆线类型及数量由连接应用系统种类及规模来决定。计算机网络系统常采用光缆,经常使用 $62.5/125\mu m$ 规格的多模光纤,户外布线大于 2km 时可选用单模光纤。

电话系统常采用 5 类大对数电缆,为了适合于室外传输,电缆还覆盖了一层较厚的外层皮。5 类大对数双绞线根据线对数量分为 25 对、50 对、100 对、250 对、300 对等规格,要根据电话语音系统的规模来选择 5 类大对数双绞线相应的规格及数量。

有线电视系统常采用同轴电缆或光缆作为干线电缆。

（7）缆线的保护。

当缆线从一个建筑物到另一个建筑物时,易受到雷击、电源碰地、感应电压等影响,必须进行保护。如果铜缆进入建筑物时,按照 GB 50311—2007 的强制规定必须增加浪涌保护器。

7.1.4　建筑群子系统的布线方法

建筑群子系统的缆线布设方式通常使用架空布线法、直埋布线法、地下管道布线法和隧道内布线法等。下面将详细介绍这 4 种方法。

（1）架空布线法。

架空布线法通常应用于有现成电线杆,对电缆的走线方式无特殊要求的场合。这种布线方式造价较低,但是影响环境美观且安全性和灵活性不足。架空布线法要求用电线杆将缆线和建筑物之间悬空架设,一般先架设钢丝绳,然后在钢丝绳上挂放缆线。架空布线法使用的主要材料和配件有缆线、钢线、固定螺栓、固定拉攀、预留架、U 形卡、挂钩和标志管等,如图 7-1 所示。在架设时需要使用滑车、安全带等辅助工具。

图 7-1　架空布线法示意图

（2）直埋布线法。

直埋布线法根据选定的布线路由在地面上挖沟,然后将缆线直接埋在沟内。直埋布线法的电缆除了穿过基础墙的那部分电缆有管保护外,电缆的其余部分直埋于地下,没有保护。直埋电缆通常应埋在距地面 0.6m 以下的地方,或按照当地城管等部门的有关法规施工。

当建筑群子系统采用直埋沟内敷设时,如果在同一个沟内埋入了其他的图像、监控电缆,应设立明显的共用标志。

直埋布线法的路由选择受到土质、公用设施、天然障碍物(如木、石头)等因素的影响。直埋布线法具有较好的经济性和安全性,总体优于架空布线法,但更换和维护电缆不方便且成本较高。

(3) 地下管道布线法。

地下管道布线是一种由管道和入孔组成的地下系统,它把建筑群的各个建筑物进行互连,一根或多根管道通过基础墙进入建筑物内部的结构。地下管道对电缆起到很好的保护作用,因此电缆受损坏的机会减少,且不会影响建筑物的外观及内部结构。

管道埋设的深度一般为 0.8～1.2m,或符合当地城管等部门有关法规规定的深度。为了方便日后的布线,管道安装时应预埋一根拉线。为了方便缆线的管理,地下管道应间隔 50～180m 设立一个接合井,以方便人员维护。接合井可以是预制的,也可以是现场浇筑的。

此外,安装时至少应预留一个备用管孔,以供扩充之用。地埋布线材料如图 7-2 所示。

出线管　缆线　　　6孔水泥管　　波纹管或PVC管　　检修井　　　井盖/井圈

图 7-2　地埋布线材料图

(4) 隧道内布线法。

在建筑物之间通常有地下通道,大多是供暖、供水的,利用这些通道来敷设电缆不仅成本低,而且可以利用原有的安全设施。如考虑到暖气泄漏等条件,电缆安装时应与供气、供水、供电的管道保持一定的距离,安装在尽可能高的地方,可根据民用建筑设施的有关条件进行施工。

以上叙述的 4 种建筑群布线方法的优缺点如表 7-1 所示。

表 7-1　4 种建筑群布线方法的优缺点

方　　法	优　　点	缺　　点
架空布线法	如果有电线杆,则成本最低	没有提供任何机械保护,灵活性差,安全性差,影响建筑物美观
直埋布线法	提供某种程度的机械保护,保持建筑物的外貌	挖沟成本高,难以安排电缆的敷设位置,难以更换和加固
地下管道布线法	提供最佳机械保护,任何时候都可敷设,扩充和加固都很容易,保持建筑物的外貌	挖沟、开管道和入孔的成本很高
隧道内布线法	保持建筑物的外貌,如果有隧道,则成本最低且安全	热量或泄漏的热气可能损坏缆线,可能被水淹

7.2 进线间子系统的设计要点

进线间实际就是通常所说的进线室,是建筑物外部通信和信息管线的入口部位,并可作为入口设施和建筑群配线设备的安装场地。在智能化建筑中通常利用地下室部分。

1. 进线间的位置

一般一个建筑物设置一个进线间,同时提供给多家电信运营商和业务提供商使用,通常设于地下一层。外线可以从两个不同的路由引入进线间,有利于与外部管道沟通。进线间与建筑物红外线范围内的入孔或手孔采用管道或通道的方式互连。

由于许多的商用建筑物地下一层环境条件大大改善,因此可安装电、光缆的配线架设备及通信设施。在不具备设置单独进线间或入楼电、光缆数量级入口设施较少的建筑物也可以在入口处采用挖地沟或使用较小的空间完成缆线的成端与盘长,入口设施则可安装在设备间,最好是单独的设置场地,以便功能区分。

2. 进线间面积的确定

进线间因涉及因素较多,难以统一要求具体所需面积,可根据建筑物实际情况,并参照通信行业和国家的现行标准要求进行设计。

进线间应满足缆线的敷设路由、成端位置及数量、光缆的盘长空间和缆线的弯曲半径、充气维护设备、配线设备安装所需要的场地空间和面积。

进线间的大小应按进线间的进局管道最终容量及入口设施的最终容量设计,同时应考虑满足多家电信业务经营者安装入口设施等设备的面积要求。

3. 缆线配置要求

建筑群主干电缆和光缆、公用网和专用网电缆、光缆及天线馈线等室外缆线进入建筑物时,应在进线间成端转换成室内电缆、光缆,并在缆线的终端处可由多家电信业务经营者设置入口设施,入口设施中的配线设备应按引入的电、光缆容量配置。

电信业务经营者或其他业务服务商在进线间设置入口配线设备应与 BD(建筑物配线设备)或 CD(建筑群配线设备)之间敷设相应的连接电缆、光缆,实现路由互通。缆线类型与容量应与配线设备一致。

4. 入口管孔数量

进线间应设置管道入口。进线间缆线入口处的管孔数量应留有充分的余量,以满足建筑物之间、建筑物弱电系统、外部接入业务及多家电信业务经营者和其他业务服务商缆线接入的需求,建议留有 2～4 孔的余量。

进线间入口管道口所有布放缆线和空闲的管孔应采取防火材料封堵,做好防水处理。

5. 进线间的设计

进线间宜靠近外墙和在地下设置,以便于缆线引入。进线间的设计应符合下列规定:

(1)进线间应防止渗水,应设有抽排水装置。

(2)进线间应与布线系统垂直竖井沟通。

(3)进线间应采用相应防火级别的防火门,门向外开,宽度不小于 1000mm。

(4)进线间应设置防有害气体措施和通风装置,排风量按每小时不小于 5 次容积计算。

(5)进线间如安装配线设备和信息通信设施时,应符合设备安装设计的要求。

建筑群和进线间子系统的设计与安装

（6）与进线间无关的管道不宜通过。

6. 进线间入口管道处理

进线间入口管道所有布放缆线和空闲的管孔应采用防火材料封堵,做好防水处理。

习　题　7

一、填空题

1. 建筑群子系统由_____、_____、_____等相关硬件组成。

2. 建筑群子系统一般使用_____进行敷设。

3. 在 GB 50311—2007 中新增加的子系统是_____。

4. 从每幢建筑物的楼层配线架到建筑群设备间的配线架之间只应通过_____。

5. 电话系统常采用_____作为布线电缆。

6. 建筑物外部通信和信息管线的入口部位是_____。

7. 建筑群子系统的缆线布设方式通常使用_____、_____、_____和_____等。

二、简答题

1. 建筑群子系统的设计原则是什么?

2. 进线间子系统的设计原则是什么?

3. 比较建筑群子系统的 4 种布线方式,并说明其优缺点。

4. 室外管道光缆施工时需要注意哪些问题?

第8章 综合布线系统的保护与安全隐患

本章要点：
- 了解系统保护的目的；
- 掌握屏蔽保护、接地保护、电气保护和防火保护。

8.1 系统保护的目的

近年来，随着建筑物中各种用电设备的增多，设备之间的电磁兼容问题日趋突出。所谓电磁兼容，就是指电气设备在电磁环境中既能保持自己正常工作，又不对该环境中其他设备构成电磁干扰。一台电气设备的电信号通过空间电磁传播引起的相邻其他设备性能下降，称为电磁干扰；电气设备在电磁干扰环境下使自身性能保持不降低的能力，称为抗干扰能力，又称抗扰度。

电磁干扰主要通过辐射、传导、感应3种途径传播。

8.1.1 电磁干扰

在建筑物中，信息技术设备的电磁干扰主要来自以下几方面：
（1）闪电雷击；
（2）高压电力设备；
（3）电网电压波动；
（4）电力开关操作；
（5）变频器、调光开关等节能器件；
（6）数字电路装置；
（7）高频振荡电路；
（8）电气放电灯、荧光灯的整流器；
（9）办公设备；
（10）电动工具；
（11）各种射频设备；
（12）电梯、机动车。
这些电磁干扰源容易对附近的弱电系统引起干扰，造成系统信号失真。

8.1.2 电缆和配线设备的选择

（1）当综合布线区域内存在的电磁干扰场强低于3V/m时，宜采用非屏蔽电缆和非屏蔽配线设备。

（2）当综合布线区域内存在的电磁干扰场强高于 3V/m 时，或用户对电磁兼容性有较高要求时，可采用屏蔽布线系统和光缆布线系统。

（3）当综合布线路由上存在干扰源，且不能满足最小净距要求时，宜采用金属管线进行屏蔽，或采用屏蔽布线系统和光缆布线系统。

如果局部地段与电力线等平行敷设，或接近电动机、电力变压器等干扰源，且不能满足最小净距要求时，可采用钢管或金属线槽等局部措施加以屏蔽处理。

8.1.3 防护措施

电缆既是电磁干扰的发生器，也是接收器。作为发生器，它辐射电磁波。灵敏的收音机、电视机和通信系统，会通过它们的天线、互连线和电源接收各种电磁波。电缆也能灵敏接收从其他邻近干扰源辐射的电磁波。为了抑制电磁干扰对综合布线系统产生的影响，必须采用防护措施。

下列情况，线路均处在危险环境之中，均应对其进行过压、过流保护。

（1）雷击引起的影响；

（2）工作电压超过 250V 的电力线接地；

（3）感应电压上升到 250V 以上而引起的电源故障；

（4）交流 50Hz 感应电压超过 250V。

满足下列任意条件的，可认为遭雷击的危险影响忽略不计：

（1）该地区年雷暴日不超过 15 天，而且土壤电阻率小于 100Ω/m；

（2）建筑物之间的直埋电缆短于 42m，而且电缆的连续屏蔽层在电缆两端处都可靠接地；

（3）电缆完全处于已经接地的邻近高层建筑物或其他高层结构避雷器所提供的保护伞之内，而且电缆有良好的接地装置。

8.2 屏蔽保护

为了减少外界的电磁干扰和自身的电磁辐射，可采用屏蔽保护，屏蔽保护的通常做法是将干扰源及受干扰元器件用金属屏蔽罩保护起来。

静电屏蔽的原理是在屏蔽罩接地后，干扰电流经屏蔽外层短路接入地。

因此，屏蔽的妥善接地十分重要，否则不但不能减少干扰，反而会使干扰增大。同样，如果在电缆和相关连接件外层包上一层金属材料制成的屏蔽层，并有正确、可靠的接地，就可以有效地滤除外来的电磁干扰。

8.2.1 屏蔽保护特点

就综合布线系统而言，其整体性能取决于系统中最薄弱的线缆和相关连接件性能及其连接工艺，即综合布线系统中的配线架、线缆连接处、信息插座与插头接触处等环节是整个系统最易受到电磁干扰的环节，而且屏蔽线缆的屏蔽层在安装过程中倘若出现裂缝，则构成屏蔽通道最薄弱的一环。

对于屏蔽通道而言,仅有一层金属屏蔽层是不够的,更重要的还要用正确、良好的接地装置,把干扰有效地引入大地,才能保证信号在屏蔽通道中安全、可靠地传输。接地装置中的接地导线、接地方式等都对接地的效果有一定的影响。

当信号频率低于 1MHz 时,屏蔽通道可在一个位置接地;当信号频率高于 1MHz 时,屏蔽通道应在多个位置接地。通常的做法是在每隔波长 1/10 的长度处接地(以 10MHz 的信号为例,应在每隔 3.0m 处接地)。而接地线的长度应短于波长的 1/12(以 10MHz 的信号为例,接地线应短于 2.5m)。接地导线应使用外包绝缘套的截面积大于 4mm^2 的多股铜芯导线。

为了消除电磁干扰,除了要求屏蔽层没有间断点外,同时还要求整体传输通道必须达到完全连续的 360° 全程屏蔽。一个完整的屏蔽通道要求处处屏蔽,一旦有任何一点的屏蔽不能满足要求,将会影响通道的整体传输性能。对一个点对点的连接通道来说,这个要求很难达到。因为其中的信息插口、跳接线等,都很难做到完全屏蔽,再加上屏蔽层的腐蚀、氧化、破损等因素,没有一个通道能真正做到全程屏蔽,因此,采用屏蔽双绞电缆并不能完全消除电磁干扰。另外,屏蔽层接地点安排不正确而引起的电压差也会导致接地噪声,如接地电阻过大、接地电位不平衡等。这样在传输通道的某两点间便会产生电势差,进而产生金属屏蔽层上的电流,这时屏蔽层本身就会成为一个最大的干扰源,因而导致其性能远不如非屏蔽双绞电缆,而且屏蔽双绞电缆在传输高频信号时,需要多端接地,这样就有可能在屏蔽层上产生电势差,即使多点接地也无法完全避免电磁干扰。

此外,施工中的磕碰也会造成屏蔽层的破裂,进而引起电磁干扰,增加与外界环境的电磁耦合,使得一对双绞线间电磁耦合相对减小,从而降低线对间的平衡性,也就不能通过平衡传输来避免电磁干扰了。

8.2.2 传输原理

在一个平衡传输的非屏蔽对绞通道中,所接收的外部电磁干扰在传输中同时载在一对线缆的两根导体上,形成大小相等、相位相反的两个电压,到达接收端时彼此相互抵消来达到消除电磁干扰的目的。同时,一对双绞线的绞矩与所能抵抗的外部电磁干扰是成正比的,非屏蔽双绞电缆就利用了这一原理,并结合滤波与对称性等技术,经由精确的设计与制造而成。

非屏蔽双绞电缆平衡传输原理如图 8-1 所示。屏蔽双绞线非平衡传输原理如图 8-2 所示。

图 8-1　非屏蔽双绞电缆平衡传输原理

为什么非屏蔽双绞电缆具有良好的平衡性,而屏蔽双绞电缆的平衡性较差?主要原因是非屏蔽双绞电缆内的两条导线的相互对偶很强,而与外围环境的对偶很弱。因此两条导

图 8-2　屏蔽双绞电缆非平衡传输原理

线之间的差异只会降低少许的平衡；屏蔽双绞电缆内的两条导线与屏蔽的对偶较强，而与另一条导体的对偶较弱。因此导线间的差异会出现以下情况：

(1) 屏蔽改变整条电缆的电容耦合，从而衰减增加；

(2) 信号输出端的平衡(LCL)降级。

信号输出的平衡降级，将在电缆内的线对间引起强大的耦合共模信号，从而在屏蔽层上引起强烈的耦合。因此屏蔽层必须有良好的接地。

任何金属物体靠近导体都会引起传输线的不平衡。因此，在导体上的屏蔽是一种互为因果的做法：屏蔽会降低平衡，产生过量的不平衡零碎信号。屏蔽层越接近导体，导体对环境的对偶便越强，而平衡特性来说，非屏蔽双绞电缆较好，而屏蔽双绞电缆则较差。

在电磁干扰比较强或不允许有电磁辐射的环境中，若能严格按照安装工艺施工，并有可靠的接地通道，做到全程通道的屏蔽，那么，屏蔽通道的传输性能必定好于非屏蔽通道。如阿尔卡特的综合布线系统就采用了全程屏蔽技术，既能抗电磁干扰，也能控制自身的电磁辐射对环境造成的影响。

传输速率或信号频率越高，通信系统对干扰越敏感。当达到一定程度时，非屏蔽双绞电缆在既要保持信噪比又要控制辐射方面，就显得束手无策。这是由于当信号频率高到一定程度时，就要降低信号电压，以控制辐射，但线路上的衰减又降低了接收端的信号电压，结果导致整体串扰和外部干扰及信号的衰减都不能避免。屏蔽通道最主要的优势在于：可以不考虑安装双绞电缆通道时的平衡问题，提高了抗干扰能力，以适应特殊的干扰环境或对电磁辐射要求比较高的环境。

从上面的讨论可以看出，采用屏蔽通道还是非屏蔽通道，在很大程度上取决于综合布线的安装工艺和应用环境。在欧洲，占主流的是屏蔽通道，德国甚至通过立法手段进行要求。然而在综合布线使用量最大的北美，则推行非屏蔽通道。

8.2.3　屏蔽线缆的应用

在选用屏蔽电缆和相关连接件时，要认真考虑下列问题：

(1) 在 GB 50311—2016 以前，屏蔽式 8 芯模块化插头和插座尚没有标准。不同厂家之间的插头/插座之间兼容问题、屏蔽的有效程度及插头的接触面能否长期保持稳定等方面均尚无定论。

相比 GB/T 50311—2000 标准而言，现在对屏蔽布线系统进入了全面应用阶段。

(2) 随着综合布线系统的普及和安全保密工作越来越受人们重视，综合布线系统已经用于有安全保密要求的工程。因此，在新版规范中，提出了对涉密工程中综合布线系统的要求，其中包括与其他线缆之间的间距和单独敷设要求。

根据国家有关标准,涉密工程的缆线明确要求采用屏蔽双绞电缆或光缆,如果使用非屏蔽双绞电缆,则要求线与线之间的间距在 1m 以上。

（3）屏蔽电缆和相关连接倘若安装不当,达不到整体的屏蔽完整性,其性能将比非屏蔽电缆和相关连接更差。

屏蔽双绞电缆的屏蔽层端接其实不难,但需要掌握必要的规则。在规范中已经提出了这一要求,要求对编织层或金属箔与汇流导线进行有效的端接。

在欧洲的综合布线安装标准 EN 50174.2—2001 中曾经要求:有丝网编织层的双绞线（典型产品为 SF/UTP 和 S/FTP）只需要对丝网进行接地端接;只有铝箔的双绞线（典型产品为 F/UTP 和 U/FTP）要求铝箔和接地导线一起接地端接。

（4）现场测试屏蔽双绞电缆传输通道的方法,对性能测试不仅采用典型值,而且要求符合拟合曲线。

在过去的综合布线规范中,往往一个技术参数（如 NEXT 等）需要测数千个频率点的数据,其中每个频率点的数据都符合要求,才能认为该技术参数合格。而这些数据以频率为横坐标,就可以形成一条时高时低的曲线。在测试仪器中,检查这些数据是否合格则是用一条理想的曲线作为分界线。

在新版规范中,使用了与 ISO/IEC 11801—2002 完全相同的拟合曲线公式作为验收综合布线系统的标准参数,其意义就在于现在的验收测试不仅是在几个频率点上要符合要求,而且要求在整个频率段上都能符合要求。

当系统集成商需要证明自己所做的工程是符合国家标准 GB/T 50312—2016 时,就需要使用支持 GB/T 50312—2016 的性能测试仪。

在目前的综合布线工程中,工程往往还无法做到 100% 的性能合格,而验收则通常采用了抽检方式。在新规范中,提出了符合现实情况的合格判据,及要求验收合格率达到 99% 的判断方法。对于施工人员而言,这避免了绝对化和理想化,使验收测试具有可操作性。

（5）目前非屏蔽电缆和相关连接件技术较为成熟,安装工艺比较简单,它们组成的传输通道可以满足建筑物信息传输的需要。如果综合布线环境极为恶劣,电磁干扰强,信息传输率又很高,可以直接使用光缆,以满足电磁兼容性的需求。

8.3　接　地　保　护

8.3.1　接地要求

综合布线采用屏蔽措施时接地要与设备间、配线间、进线间放置的应用设备接地一并考虑。

符合应用设备要求的接地也一定满足综合布线接地的要求,所以先讨论进线间、设备间或机房的接地问题。

进线间、设备间或机房的接地,按其不同的作用分为直流工作接地、交流工作接地和安全保护接地。此外,为了防止雷电的危害而进行的接地叫作防雷保护接地;为了防止可能产生或聚集静电荷而对用电设备等进行的接地叫作防静电接地;为了实现屏蔽作用而进行的接地叫作屏蔽接地或隔离接地。

综合布线系统的保护与安全隐患

在国家标准 GB 50311—2016《综合布线系统工程设计规范》和 GB 50174—2008《电子信息系统机房设计规范》中规定如下:

(1) 直流工作接地电阻的大小、接法以及诸地之间的关系应依不同微电子设备的要求而定,一般要求该电阻应不大于 4Ω。

(2) 交流工作接地的接地电阻应不大于 4Ω。

(3) 安全保护接地的接地电阻应不大于 4Ω。

(4) 防雷保护接地的接地电阻应不大于 10Ω。

(5) 采用联合接地方式的接地电阻应不大于 1Ω。

接地是以接地电流易于流动为目标,接地电阻越低,则接地电流越容易流动。尽量减少成为干扰原因的电位变动,接地电阻越低越好。

在处理微电子设备的接地时要注意下述两点:

(1) 信号电路和电源电路、高电平电路和低电平电路不应使用共地回路。

(2) 灵敏电路的接地,应各自隔离或屏蔽,以防地线电回流或静电感应而产生干扰。

8.3.2 电缆接地

在建筑物入口区、高层建筑物的每个楼层配线间及低矮而又宽阔的建筑物的每个二级交接间都应设置接地装置,并且建筑物入口区的接地装置必须位于保护器处或尽量接近保护器。

干扰电缆的屏蔽层必须用截面积为 $4mm^2$ 的多股铜芯线,焊接到干线所经过的配线间或二级交接间的接地装置上,而且干线电缆的屏蔽必须保持连续性。

建筑物引入电缆的屏蔽层必须焊接到建筑物入口区的接地装置上。

各配线间或二级交接间的接地线应采用一根多股铜芯线接地母线焊接起来,再接到接地体。高层建筑物的接地用线应尽可能位于建筑物的中心部位。

对于面积比较大的配线间、设备间、进线间,由于放置的应用设备比较多,接地线应该采取格栅方式,尽可能使配线间或设备间内各点等电位。接地线的面积应根据楼层高度来计算。

非屏蔽干线电缆应放在金属线槽或金属管内。金属线槽(管)接头连接应牢靠,保持电气连通,所经过的配线间用截面积为 $6mm^2$ 的编制铜带连接到接地装置上。

接地电阻值应根据应用系统的设备接地要求来定,通常电阻值不宜大于 1Ω。

当综合布线连接的应用设备或邻近有强电磁场干扰,而对接地电阻提出更高的要求时,应取其中最小值作为设计依据。

接地装置的设计可参考国家标准 GB 50174—2017《数据中心设计规范》、GB 50311—2016《综合布线系统工程设计规范》、GB 50348—2004《安全防范工程技术规范》、GB 50343—2004《建筑物电子信息系统防雷技术规范》和 GB 50169—2006《电气装置安装工程接地装置施工及验收规范》等有关规定执行。

8.3.3 配线架(柜)接地

每个楼层配线架接地端子应当可靠地接到配线间的接地装置上。

(1) 从楼层配线架至接地体的接地导线直流电阻不能超过 1Ω,并且要永久地保持其连通。

(2) 每个楼层配线架(柜)应该并联到接地体上,不应串联。

（3）如果应用系统内有多个不同的接地装置，这些接地导体应该相互连接，以减少接地装置之间的电位差。

（4）布线的金属线槽或金属管必须接地，以减少电磁场干扰。

（5）配线间中的每个配线架（柜）均要可靠地接到配线架（柜）的接地排上，其接地导线截面积应大于 2.5mm^2，并且接地电阻要小于 1Ω。

屏蔽系统与有源设备之间的接地关系如图 8-3 所示。

注：PG——保护地
　　EC——接地导线
　　DGP——接地点

图 8-3　屏蔽系统与有源设备之间的接地关系

8.4　电气保护

8.4.1　过压保护

综合布线的过压保护可选用气体放电管保护器或固态保护器，将它并联在线路中。

气体放电管保护器使用断开或放电空隙来限制导体和地之间的电压，放电空隙粘在陶瓷外壳内密封的两个金属电柱之间，其间有放电间隙，并充有惰性气体。当两个电极之间的电位差超过 250V 交流电压或 700V 雷电浪涌电压时，气体放电管开始出现电弧，为导体和地电极之间提供一条导电通路。

固态保护器适合较低的击穿电压（60～90V），而且其电路不可有振铃电压，它利用电子电路将过量的有害电压泄放至地，而不影响传输线缆的质量。固态保护器是一种电子开关，在未达到击穿电压时，其性能对电路来说是透明的，可进行快速、稳定、无噪声、绝对平衡的电压嵌位。一旦超过击穿电压，便将过压引入地，然后自动恢复到原来状态。在这一典型的保护环境中，它将无限地重复该过程。

固态保护器为综合布线提供了最佳的保护，不久它将逐步取代气体放电管保护器。

8.4.2 过流保护

综合布线的过流保护宜选用能够自动恢复的保护器。

电缆的导线上可能出现这样或那样的电压,如果连接设备为其提供了对地的低阻通路,它就不足以使过压保护器动作,但所产生的电流可能会损坏设备而着火。例如,220V电压不足以使过压保护器放电,但有可能产生大电流进入设备。因此,必须在采取过压保护的同时采用过流保护。

过流保护器串联在线路中,当发生过流时就切断线路。为了方便维护,可采用能自动恢复的过流保护器。目前过流保护器有热敏电阻和雪崩二极管可供选用,但价格高,故可选用热线圈或熔丝。

热线圈和熔丝都具有保护综合布线的特性,但工作原理不同,热线圈在动作时将导体接地,而熔丝在动作时将导体断开。一般情况下,过流保护器电流值为350～500mA时将起作用。

在建筑物综合布线中,只有少数线路需要过流保护,设计人员可尽量选用自动恢复的保护器。

对于传输速率较低的线路,如语音线路,使用熔丝比较容易管理。

图8-4是程控用户交换机(PBX)的寄生电流保护线路。

图 8-4　PBX 的寄生电流保护线路

8.4.3 综合布线线缆与电力电缆的间距

1. 双绞线电缆与电磁干扰源之间的间距

双绞线电缆正常运行环境的一个重要指标是在电磁干扰源与双绞线电缆之间应有一定的距离。表8-1给出了电磁干扰源与双绞线电缆之间最小分隔距离(电压小于380V)。

表 8-1　电磁干扰源与双绞线电缆之间的最小分隔距离

干扰源种类	<2kVA	2～5kVA	>5kVA
接近于开放或无电磁隔离的电力线或电力设备	127mm	305mm	610mm
接近于接地金属导体通路的无屏蔽电力线或电力设备	64mm	152mm	305mm
接近于接地金属导体通路的封装在接地金属导体内的电力线		76mm	305mm
变压器和电动机	800mm	1000mm	1200mm
日光灯		305mm	

表8-2中最小分隔距离是指双绞线电缆与电力线平行布线的距离。垂直交叉布线时,除考虑变压器、大功率电动机的干扰外,其余干扰可忽略不计。

对于电压大于 380V,并且功率大于 5kVA 的情况,需进行工程计算以确定电磁干扰源与双绞线电缆分隔距离(L)。计算公式如下

$$L = (电磁干扰源功率 \div 电压) \div 131$$

例:若有一个 36kVA 的电动机,380V 的电压线路,双绞线电缆与之相离的距离为

$$(36\ 000 \div 380) \div 131 = 0.72(m)$$

2. 光缆与其他管线的间距

光缆敷设时与其他管线之间的最小净距应符合表 8-2 的规定。

表 8-2　光缆与其他管线之间的最小净距

走 线 方 式	范　　围	最小间隔距离/m	
		平　　行	交　　叉
市话管道边线(不包括入孔)	—	0.75	0.25
非同沟的直埋通信电缆	—	0.50	0.50
市话管道边线(不包括入孔)	—	0.75	0.25
非同沟的直埋通信电缆	—	0.50	0.50
直埋式电力电缆	<35kV	0.65	0.50
	>35kV	2.00	0.50
给水管	管径为 30～50cm	1.00	0.50
	管径>50cm	1.50	0.50

8.4.4　室外电缆的入室保护

在新规范中添加了对室外铜缆进线的浪涌保护要求,它要求所有的铜缆在进入建筑物时都必须进行浪涌保护。将这一点写入综合布线规范,并提升到了强制条款,有助于保护人身安全和设备安全,使雷击所带来的破坏作用大幅度下降。

室外电缆线进入建筑物时,通常在入口处经过一次转接进入室内。在转接处应加上电气保护装置,这样可以避免因电缆受到雷击、感应电势或电力线接触而给用户弱电设备带来的损坏。

这种电气保护主要分成两种:过压保护和过流保护。这些电气保护装置通常安装在建筑物的入口专用房间或墙面上。在大型建筑物(群)中需要设专用房间。建筑物接地保护伞如图 8-5 所示。

图 8-5　建筑物接地保护伞

综合布线系统的保护与安全隐患

8.5 防火保护

为了防火和防毒,在易燃的区域和大楼竖井内,综合布线所用的线缆应为阻燃型或应有阻燃护套,相关连接件也应采用阻燃型的。如果线缆穿在不可燃的管道内,或在每个楼层采用切实有效的防火措施,火势不会反生蔓延时,可采用非阻燃型的。

如果采用防火、防毒的线缆和连接件,在火灾发生时,不会或很少散发有害气体,对疏散人员和救火人员都有较大的便利。

在 GB 50311—2016 正文中提出了防火和耐火的总体要求,在条文说明中对室内型综合布线线缆的阻燃性能提出了等级要求,这与相关的国际标准基本一致,也是今后阻燃级线缆将迈上的必然道路。但是,在条文说明中没有提出耐火性能等级要求,也许因为是标准分工的原因,阻燃和耐火的具体要求已经归入了其他专项标准的管辖范围。

在国际 IEC 标准中,阻燃标准属于 IEC 60332 系列,耐火标准属于 IEC 60331 系列,它们的作用完全不一样。阻燃是指线缆在标准火焰中允许火沿着线缆蔓延的长度,它代表着线缆是否会成为火势蔓延的导线。耐火是指线缆在标准火焰中能够继续的工作时间,它代表起火后设备能够继续保持传输能力的时间。

从应用目的来看,阻燃系列线缆的侧重点是在火灾发生后,尽可能减少因线缆引起逃生人员的死亡概率和减缓火势蔓延,为此它的工作温度上限大多低于 500℃;耐火系列线缆的侧重点是在温度 750℃ 以上火焰中仍然能够保证线缆正常工作 30～90 分钟。

对于消防应急广播系统、机房计算机备份系统而言,如果它们要通过传输达到救人或保存数据的目的,那它们所需要的线缆应该符合 IEC 60331 标准。能够同时符合 IEC 60331标准和 IEC 60332 标准,那自然是同时兼顾了两种不同的使用要求。

对于消防应急广播系统而言,它有两种线缆可能会要求在火焰下继续工作:一是连接扬声器的线缆(尽管目前国内的扬声器根本不具有耐火能力,但火场中的扬声器并非全部处于火焰之中);二是通信线缆,对于分布式广播系统而言,各模块之间的通信线缆需要具有耐火能力,否则将会出现火场紧急广播中断的现象。

目前,阻燃、防毒的线缆有以下几种:

(1) 低烟无氯阻燃型(LSHF-FR)。不易燃烧,释放 CO(一氧化碳)少,低烟,不释放氯素,危害性小。

(2) 低烟无氯型(LSOH)。有一定的阻燃能力。在燃烧时释放 CO,但不释放氯素。

(3) 低烟非燃型(LSNC)。不易燃烧,释放 CO 少,但释放少量有害气体。

(4) 低烟防燃型(LSLC)。情况与 LSNC 类同。

如果线缆所处环境既有腐蚀性,又有雷击可能时,选用的线缆除了要有外护层外,还应有铠装层。

习 题 8

一、填空题

1. 电磁干扰主要通过_____、_____和_____3种途径传播。

2. 采用屏蔽通道还是非屏蔽通道主要取决于_____的安装工艺和应用环境。

3. 直流工作接地电阻应不大于_____Ω。

4. 若有一个 36kVA 的电动机，380V 的电压线路，则双绞线电缆与之相离的距离为_____。

二、简答题

1. 综合布线系统保护的目的是什么？

2. 电磁干扰主要有哪几种传播途径？

3. 信息技术设备的电磁干扰主要来自哪几个方面？

4. 在什么情况下应进行过压、过流保护？

5. 如何进行屏蔽保护接地？

6. 什么是非屏蔽双绞线平衡传输原理？什么是屏蔽双绞线非平衡传输原理？

7. 接地电阻要求标准值是多少欧？

8. 接地距离与导线直径的关系是什么？

9. 简述双绞线电缆与电磁干扰源之间的最小分隔距离。

10. 阻燃、防毒的线缆有哪几种？

综合布线系统的保护与安全隐患

第 9 章　建筑综合布线工程测试与验收

本章要点：

- 掌握验证测试和认证测试的概念；
- 了解测试的标准；
- 掌握链路测试和通道测试的区别；
- 掌握测试的技术参数；
- 熟悉测试仪器的使用。

9.1　综合布线测试的基础

9.1.1　测试种类

从工程的角度可将综合布线工程测试分为两类：验证测试和认证测试。

验证测试也称随工测试，是边施工边测试，一般是在施工的过程中由施工人员边施工边测试，以保证所完成的每一个连接的正确性，主要检测线缆质量和安装工艺，及时发现并纠正所出现的问题。

认证测试是对布线系统依照标准进行逐项检测，以确定布线是否达到设计要求，包括连接性能测试和电器性能测试。认证测试通常分为自我认证和第三方认证两种类型。

1. 自我认证

这项测试由施工方自行组织，按照设计施工方案对工程所有链路进行测试，确保每一条链路都符合标准要求。如果发现未达到标准的链路，应进行整改，直至复测合格。同时，编制确切的测试技术档案，写出测试报告，交建设方存档。测试记录应当做到准确、完整、规范，便于查阅。由施工方组织的认证测试，可邀请设计、施工、监理多方参与，建设单位也应派遣网络管理人员参加这项测试工作，以便了解整个测试过程，方便日后管理与维护。

2. 第三方认证

越来越多的建设方既要求布线施工方提供布线系统的自我认证测试，同时也委托第三方对系统进行验收测试，以确保布线施工的质量，这是综合布线验收质量管理的规范。

认证测试也称验收测试，是所有测试工作中最重要的环节，是在工程验收时对布线系统的安装、电气特性、传输性能、设计、选材以及施工质量的全面检验。

认证测试使用专门的认证测试仪，验证测试用简单的验证测试仪完成。

从线缆的角度可将综合布线工程测试分为两类：双绞线链路测试和光纤链路测试。

9.1.2 综合布线系统测试涉及的标准

（1）国际标准的制定和应用情况。

TIA/EIA TSB 67—1995 规范包括以下内容：

① 定义了现场测试用的两种测试链路结构。

② 定义了 3 类、4 类、5 类链路需要测试的传输技术参数（包括接线图、长度、衰减和近端串扰损耗）。

③ 定义了在两种测试链路下各技术参数的标准值（阈值）。

④ 定义了对现场测试仪的技术和精度要求。

⑤ 现场测试仪测试结果与实验室测试仪器测试结果的比较。

（2）我国综合布线标准和测试标准如表 9-1 所示。

表 9-1　我国综合布线标准和测试标准

序　号	标　准　编　号	标　准　名　称
1	GB 50311—2016	综合布线系统工程设计规范
2	GB/T 50312—2016	综合布线系统工程验收规范
3	YD/T 926.1—2009	大楼通信综合布线系统第 1 部分：总规范
4	YD/T 1013—2013	综合布线系统电气性能通用测试方法
5	YD/T 1019—2013	数字通信用聚烯烃绝缘水平对绞电缆

9.2　双绞线链路测试

9.2.1 双绞线链路

布线系统中双绞线链路有 3 类、4 类、5 类、超 5 类和 6 类，测试时根据相应标准，应明确不同类别链路的最高工作频率，即 3 类连接链路的最大工作频率为 16MHz（适用于传输模拟话音）；4 类连接链路的最大工作频率为 20MHz（不常用）；5 类连接链路的最大工作频率为 100MHz；超 5 类、6 类及同类别器件（接插器件、连接头插座、跳线）链路的最大工作频率为 200～250MHz。

不管对哪类链路，测试的连接方式有基本链路、永久链路和通道链路。

1. 基本链路

基本链路包括最长 90m 水平线缆和两端两条 1～2m 长的测试线，因此，基本链路的长度极限是 94m。

2. 永久链路

永久链路与基本链路的连接图是一样的，不同的是测量结果不包括两端的测试线，即永久链路的测试结果只包括水平线缆的测试而不包括两端测试线缆的结果，这二者看起来似乎差别不大，但永久链路的测量结果更准确。

在 GB 50311—2016 标准中，取消了基本链路。

3. 通道链路

通道链路包括工作区线缆、水平线缆及在管理间配线架与交换机的跳线，通道链路的长度极限是100m,通道链路是作为一个完整的端到端的链路。

9.2.2 测试项目不合格的问题分析

在实际测试时,发现有一些测试项目会不合格,具体原因分析如下:

(1)接线图(连接通断)不合格。

可能的原因有:线对串接、交叉;端接头短路、开路、破损;发送端、接收端跨接。在施工过程中具体表现可能是把两端线头上的标签标错;线布成U线、回头线(大部分都是在一间大房间内布线出现的问题);线缆被重物压住(或人为因素)。

(2)长度超长。

可能原因有:实际长度超过了90m;开路或断路。

(3)衰减过大。

可能原因有:布线超长;线缆连接质量(故障);线缆(器材)质量或非同一类产品;温度过高。

(4)近端串扰不合格。

可能原因有:端接点接触不好;近端连接点短路;串对;外部干扰;线缆(器材)质量或非同一类产品。

知道了测试项目不合格的可能原因,需要结合实际情况逐一验证,找到真正原因做进一步的处理。但布线系统最终是要支持各类数据的传输,最终还需要用户应用的检验。有时会遇到各项测试指标均合格,而用户使用时连接不正常或传输速率太慢等情况(特别是使用了一段时间后),这时通常是工作环境发生了变化或存在间歇性干扰,除了需要重新测试、核实测试结果,进行常规处理外,最极端的情况就是信息点废弃。所以在设计阶段也应充分进行现场调查,必要时提供备份链路。

9.2.3 测试仪器

在综合布线工程中,用于测试双绞线链路的设备通常有通断测试仪与认证测试仪两类。前者主要用于链路的简单通断性判定,如图9-1所示。后者用于链路性能参数的确定,如图9-2所示。这里主要介绍FLUKE DTX电气性能测试仪。

图 9-1 "能手"测试仪

图 9-2 FLUKE DTX 系列产品

（1）测试软件。

LinkWare 软件可完成测试结果的管理，可提供灵活的报告，具有强大的统计功能。

（2）测试仪器精度。

测试结果中出现"＊"，表示该结果处于测试仪器的精度范围内，测试仪无法准确判断。测试仪器的精度范围也被称为灰区，精度越高，灰区范围越小，测试结果越可信。图 9-3 显示了 FLUKE DTX 测试仪成功和失败的灰区结果。影响测试仪精度的因素有高精度的永久链路适配器和匹配性能好的插头。

(a) 成功

(b) 失败

图 9-3 测试结果

9.2.4 测试模型

1. 基本链路模型

基本链路模型包括最长为 90m 的建筑物中水平布线双绞线和两端两条 1～2m 长的测试线，基本链路连接模型如图 9-4 所示，其中 F 表示水平双绞线，G 和 E 表示连接测试仪的测试线缆，基本链路的测试结果为 G＋F＋E。

图 9-4 基本链路连接模型

2. 永久链路模型

永久链路与基本链路在测试时硬件的连接是一样的，其与基本链路的区别在于基本链路的测试结果是水平双绞线加上两端的测试线缆的结果，而永久链路的测试结果只包括水平线缆的测试结果不包括两端测试线缆的结果,如图 9-5 所示,永久链路的测量结果更准确。

图 9-5　永久链路连接模型

3. 信道模型

信道指从网络设备跳线到工作区跳线间端到端的连接,它包括了最长为 90m 的建筑物中的水平双绞线、工作区跳线、在管理间配线架与交换机间的跳线,信道最长为 100m,如图 9-6 所示。

图 9-6　信道连接模型

基本链路和信道的区别在于基本链路不包含工作区双绞线,配线架与交换机间的跳线。基本链路采用测试仪配备的测试线缆连接测试仪的接口,而测试信道时直接用链路两端的跳接电缆连接测试仪接口。

图 9-7 显示了三种测试模型之间的差异性,主要体现在测试起点和终点的不同、包含的固定连接点不同和是否可用终端跳接线等。

9.2.5　测试标准

布线的测试首先是与布线的标准紧密相关的。近几年来,布线的标准发展得很快,主要是由于有像千兆以太网这样的应用需求在推动着布线性能的提高,由此导致了对新的布线标准的要求加快。布线的现场测试是布线测试的依据,它与布线的其他标准息息相关,在此对这些标准进行逐一的简单介绍,更详细的资料可以直接参考标准原件。

1. ISO/IEC 11801 通用用户端电缆标准

- 定义与应用无关的开放系统。
- 定义有灵活性的电缆结构,使得更改方便和经济。

图 9-7　三种测试模型差异比较

- 给建筑专业人员提供一个指南,确定在未知特定要求之前的电缆结构。
- 定义电缆系统支持当前应用及未来产品的基础。

发展史:

- 1995 年发布 D 级(相当于 CAT5)。
- 2000 年发布 D 级(相当于 CAT5e)。
- 2002 年发布 E 级(相当于 CAT6)。

2. 中国国家与行业标准

- GB/T 50312—2016:综合布线工程验收规范。
- GB/T 18233—2018(准备修订):信息技术用户建筑群的通用布线。
- YD/T 926.1—2009:大楼通信综合布线系统第 1 部分:总规范。
- YD/T 1013—2013:综合布线系统电气特性通用测试方法。

3. TIA 标准

- 568 B 商业建筑通信布线标准。
- 569 商业建筑电信通道及空间标准。
- 570 住宅电信布线标准。
- 606 商业建筑物电信基础结构管理标准。
- 607 商业建筑物接地和接线规范。

4. ANSI TIA/EIA 568 测试标准的发展

发展史:

- CAT5:1995 年 10 月发布。
- CAT5e:2000 年 1 月发布。
- CAT6:2002 年 6 月发布。

标准分为三部分:

- 568 B.1:第一部分(一般要求)。
- 568 B.2:第二部分(平衡双绞线布线系统)。
- 568 B.3:第三部分(光纤布线部件标准)。

建筑综合布线工程测试与验收

CAT6 测试标准如下:

- 频率范围为 1～250MHz。
- 取消了基本链路的测试模型。
- 改善了在串扰和回波损耗方面的性能。
- 保证在 200MHz 时的 ACR 余量大于 0。
- 高于 CAT5e 布线系统 1.5 倍的传输带宽。

9.2.6 测试技术参数

综合布线的双绞线链路测试中,需要现场测试的参数包括连接图、长度、传输时延、线对间传输时延差、插入损耗、串扰、综合近端串扰、回波损耗、衰减串扰比、等效远端串扰和综合等效远端串扰等。下面介绍比较重要的几个参数。

1. 连接图

连接图的测试主要测试水平电缆终接在工作区或管理间配线设备的 8 位模块式通用插座的安装连接是否正确。正确的线对组合为 1/2、3/6、4/5、7/8,分为非屏蔽和屏蔽两类,对于非 RJ-45 的连接方式按相关规定要求列出结果,布线过程中可能出现正确或错误的连接图测试情况。图 9-8 所示为正确接线的测试结果。

图 9-8 正确连接图

对布线过程中出现错误的连接图测试情况分析如下:

- 开路:双绞线中有个别芯对没有正确连接,图 9-9 显示第 8 芯断开,且中断位置分别距离测试的双绞线两端 22.3m 和 10.5m 处。

图 9-9 开路

- 短路：双绞线中有个别芯对铜芯直接接触，图 9-10 显示 3、6 芯短路。

图 9-10　短路

- 反接/交叉：双绞线中有个别芯对交叉连接，图 9-11 显示 1、2 芯交叉。

图 9-11　反接/交叉

- 跨接/错对：双绞线中有个别芯对线序错接，图 9-12 显示 1 和 3、2 和 6 两对芯错对。

图 9-12　跨接/错对

2. 长度

长度为被测双绞线的实际长度。测量双绞线长度时，通常采用时域反射测试技术，即测

127

第 9 章

建筑综合布线工程测试与验收

量信号在双绞线中的传输时延,再根据设定的信号速度计算出长度值。所以长度测量的准确性主要受几个方面的影响:缆线的额定传输速度(NVP)、绞线长度与外皮护套的长度,以及沿长度方向的脉冲散射。NVP 表述的是信号在缆线中传输的速度,以光速的百分比形式表示。NVP 设置不正确将导致长度测试结果错误,比如 NVP 设定为 70% 而缆线实际的 NVP 值是 65%,那么测量还没有开始就有了 5% 以上的误差。图 9-13 说明了一个信号在链路短路、开路和正常状态(即端接设备)下的三种传输状态。

图 9-13　时域反射

3. 传输时延

传输时延(delay)为被测双绞线的信号在发送端发出后到达接收端所需要的时间,最大值为 555ns。图 9-14 描述了信号的发送过程,图 9-15 描述了测试结果,从中可以看出不同线对的信号先后到达对端的顺序。

图 9-14　信号的发送过程　　　　　图 9-15　传输时延的测试结果

4. 线对间传输时延差

以同一缆线中信号传输时延最小的线对的时延值做参考,其余线对与参考线对时延差值不得超过 45ns。若线对间时延差超过该值,在链路高速传输数据下 4 个线对同时并行传输数据信号时,将造成数据帧结构严重破坏。

在信道链路连接方式下规定极限值为 50ns。在永久链路连接方式下规定极限值为 44ns。

5. 插入损耗

插入损耗(insertion loss)是指插入电缆或元件产生的信号损耗,通常指衰减。插入损耗为链路中传输所造成的信号损耗(以 dB 标识)。图 9-16 描述了信号的衰减过程;图 9-17

显示了插入损耗的测试结果。造成链路衰减的主要原因有电缆材料的电气特性和结构、不恰当的端接和阻抗不匹配的反射,而线路过量的衰减会使电缆链路传输数据变得不可靠。对于衰减故障,衰减的故障不能直接定位,可通过测试长度是否超长、直流环路电阻和阻抗是否匹配的判定进行辅助定位。

图 9-16　插入损耗的产生过程

图 9-17　插入损耗的测试结果

6. 串扰

串扰是测量来自其他线对泄露过来的信号。图 9-18 显示了串扰的产生过程。串扰又可分为近端串扰(NEXT)和远端串扰(FEXT)。NEXT 是在信号发送端(近端)进行测量。图 9-19 显示了 NEXT 的产生过程。对比图 9-18 和图 9-19 可知,NEXT 只考虑近端的干扰,忽略了对远端的干扰。

图 9-18　串扰的产生过程　　　　　　图 9-19　NEXT 的产生过程

NEXT 的影响类似于噪声干扰,当干扰信号足够大的时候,将直接破坏原信号或者接收端将原信号错误地识别为其他信号,从而导致站点间歇的锁死或者网络连接失败。

NEXT 又与噪声不同,NEXT 是线缆系统内部产生的噪声,而噪声是由外部噪声源产生的。图 9-20 描述了双绞线各线对之间的相互干扰关系。

NEXT 是频率的复杂函数,图 9-21 描述了 NEXT 的测试结果。在 ISO 11801—2002 标准中,NEXT 的测试遵循 4dB 原则,即当衰减小于 4dB 时可以忽略 NEXT。

7. 综合近端串扰

综合近端串扰(PSNEXT)是一对线感应到所有其他绕对对其的近端串扰的总和。图 9-22 描述了综合近端串扰的产生过程,图 9-23 显示了测试结果。

共计6种组合

A→B
A→C
A→D
B→C
B→D
C→D

图 9-20 双绞线各线对之间的相互干扰关系

图 9-21 NEXT 的测试结果

图 9-22 综合近端串扰的产生过程

图 9-23 综合近端串扰的测试结果

其近似值为 $N_4 = \sqrt{N_1^2 + N_2^2 + N_3^2}$。其中,$N_1$、$N_2$、$N_3$ 分别为线对 1、线对 2、线对 3 对线对 4 的近端串扰值。

8. 回波损耗

回波损耗(return loss)是由于缆线阻抗不连续/不匹配所造成的反射,产生的原因是特性阻抗之间的偏离,体现在缆线的生产过程中发生的变化、连接器件和缆线的安装过程。

回波损耗的影响是噪声对信号的干扰程度。同时,在 TIA 和 ISO 标准中,回波损耗遵循 3dB 原则,即当衰减小于 3dB 时可以忽略回波损耗。图 9-24 描述了回波损耗的产生过程。图 9-25 描述了回波损耗的影响。

图 9-24 回波损耗的产生过程

图 9-25 回波损耗的影响

9. 衰减串扰比

衰减串扰比(ACR)类似信号噪声比,用来表征经过衰减的信号和噪声的比值,ACR=NEXT 值－衰减,数值越大越好。图 9-26 描述了 ACR 的产生过程,需要衰减过的信号(蓝色、粉色)比 NEXT(灰色)多。

图 9-26 ACR 的产生过程

9.3 光纤链路测试

9.3.1 测试仪器

综合布线工程中,用于光缆的测试设备也有多种,其中 FLUKE 系列测试仪上就可以通过增加光纤模块实现。这里主要介绍 OptiFiber 多功能光缆测试仪。

1. 功能

可以实现专业测试光纤链路的链路光纤时间区域反射仪(OTDR)状态。

2. 界面介绍

OptiFiber 多功能光缆测试仪如图 9-27 所示。

图 9-27 OptiFiber 多功能光缆测试仪

3. FiberInspector 光缆端截面检查器

FiberInspector 光缆端截面检查器(如图 9-28 所示)可直接检查配线架或设备光口的端截面,比传统的放大镜快 10 倍,同时也可避免眼睛直视激光所造成的眼睛伤害。

图 9-28 光缆端截面检查器

9.3.2 光纤测试标准

(1) 通用标准。

与应用无关的安装光缆的标准。一般为基于电缆长度、适配器及结合的可变标准。例如 TIA/EIA 568 B.3、ISO 11801 和 EN 50173。

(2) LAN 应用标准。

特定应用的标准,每种应用的测试标准是固定的,例如 10Base-FL、Token Ring、100Base-FX、1000Base-SX、1000Base-LX 和 ATM。

(3) 特定应用标准。

每种应用的测试标准是固定的,如 10Base-FL、Token Ring 和 ATM。

① TIA/EIA 568 B.3 标准。该标准主要定义了光缆、连接器和链路长度。

对于光缆：

- 光缆每千米最大衰减(850nm)3.75dB。
- 光缆每千米最大衰减(1300nm)1.5dB。
- 光缆每千米最大衰减(1310nm)1.0dB。
- 光缆每千米最大衰减(1550nm)1.0dB。

连接器(双工 SC 或 ST)中,适配器最大衰减为 0.75dB,熔接最大衰减为 0.3dB。

② TIA/EIA TSB 140 标准。该标准于 2004 年 2 月被批准,主要对光缆定义了两个级别的测试。

- 级别 1:测试长度与衰减,使用光损耗测试仪或 VFL 验证极性。
- 级别 2:级别 1 加上 OTDR 曲线,证明光缆的安装没有造成性能下降的问题(例如弯曲、连接头和熔接问题)。

9.3.3 光纤测试的方法

1. 连通性测试

连通性测试是最简单的测试方法,只需在光纤一端导入光线(如手电光),在光纤的另外一端看看是否有光闪过即可。连通性测试的目的是确定光纤中是否存在断点,通常在购买光缆时采用这种方法进行测试。

2. 端—端损耗测试

端—端损耗测试采取插入式测试方法,使用一台光功率计和一个光源,先在被测光纤的某个位置作为参考点,测试出参考功率值,然后再进行端—端测试并记录下信号增益值,两者之差即为实际端到端的损耗值。用该值与标准值相比就可确定这段光缆的连接是否有效。

3. 收发功率测试

收发功率测试是测定布线系统光纤链路的有效方法,使用的设备主要是光功率计和一段跳接线。在实际应用情况中,链路的两端可能相距很远,但只要测得发送端和接收端的光功率,即可判定光纤链路的状况。

4. 反射损耗测试

反射损耗测试是光纤线路检修非常有效的手段。它使用 OTDR 来完成测试工作,其基本原理就是利用导入光与反射光的时间差来测定距离,如此可以准确判定故障的位置。OTDR 将探测脉冲注入光纤,在反射光的基础上估计光纤长度。OTDR 测试适用于故障定位,特别是用于确定光缆断开或损坏的位置。OTDR 测试文档为网络诊断和网络扩展提供了重要数据。

9.3.4 测试技术参数

1. 衰减

衰减是指光纤传输过程中光功率的减少。它取决于光纤的工作波形、类型、光纤传输性能和光缆的工程状态。

对光纤网络总衰减的计算:光纤损耗(loss)是指光纤输出端的功率(power out)与发射

到光纤时的功率(power in)的比值。

损耗是同光纤的长度成正比的,所以总衰减不仅表明光纤损耗本身,还反映了光纤的长度。

光纤损耗因子(α)用来反映光纤衰减的特性。

因为光纤连接到光源和光功率计时不可避免地会引入额外的损耗,所以在现场测试时就必须先进行对测试仪的测试参考点的设置(即归零的设置)。对于测试参考点有好几种方法,主要是根据所测试的链路对象来选用。在光纤布线系统中,由于光纤本身的长度通常不长,因此在测试方法上会更加注重连接器和测试跳线,方法更加重要。

2. 光纤链路长度

(1) 水平光纤链路。

水平光纤链路从水平跳接点到工作区插座的最大长度为 100m,它只需 850nm 和 1300nm 的波长,要在一个波长单方向进行测试。

(2) 主干多模光纤链路。

① 主干多模光纤链路应该在 850nm 和 1300nm 波段进行单向测试,链路在长度上有如下要求:从主跳接到中间跳接的最大长度是 1700m;从中间跳接到水平跳接最大长度是 300m;从主跳接到水平跳接的最大长度是 2000m。

② 主干单模光纤链路应该在 1310nm 和 1550nm 波段进行单向测试,链路在长度上有如下要求:从主跳接到中间跳接的最大长度是 2700m;从中间跳接到水平跳接最大长度是 300m;从主跳接到水平跳接的最大长度是 3000m。

3. 回波损耗

回波损耗又称为反射损耗,它是指在光纤连接处,后向反射光相对输入光的比率的分贝数。回波损耗越大越好,以减少反射光对光源和系统的影响,一般要求至少 10dB 的回波损耗。改进回波损耗的有效方法是尽量将光纤端面加工成球面或斜球面。

4. 插入损耗

插入损耗是指光纤中的光信号通过活动连接器之后,其输出光功率相对输入光功率的比率的分贝数,插入损耗越小越好。插入损耗的测量方法同衰减的测量方法相同,其测试结果如图 9-29 所示。

图 9-29　光纤测试结果

5. 最大传输延迟

最大传输延迟即在光纤布线链路中,从光发射器到光接收器之间的光传输时间。最大传输延迟时间可以采用光纤测试仪直接测得。

6. 带宽

光缆中的光纤传输的光波长和带宽,一般由厂家提供,必须符合国际标准,并且可以用测试仪测试。

7. OTDR 参数

OTDR 测量的是反射的能量,而不是传输信号的强弱,如图 9-30 所示。

图 9-30　OTDR 测量

(1) ChannelMap。图形显示链路中所有连接和各连接间的光纤长度,如图 9-31 所示。

图 9-31　ChannelMap 结果

(2) OTDR 曲线。曲线自动测量和显示事件,光标自动处于第一个事件处,可移动到下一个事件,如图 9-32 所示。

136

图 9-32　OTDR 曲线

（3）OTDR 事件表。可以显示所有事件的位置和状态，以及各种不同的时间特征，例如末端、反射、损耗和幻象等，如图 9-33 所示。

图 9-33　OTDR 事件表

（4）光功率。验证光源和光纤链路的性能，如图 9-34 所示。

图 9-34　光功率测试结果

9.4 建筑综合布线工程测试要求

9.4.1 现场测试要求

（1）分类：选择基本链路、永久链路、通信链路中的一种进行测试。

（2）测量步长要求。

（3）可存储规定的步长频率点上的全部参数测量结果。

（4）具有自动、连续测试功能和单项选择测试功能。

（5）具有一定的故障查找和诊断故障位置的能力。

（6）具有双向测试能力。

（7）快捷的测试速度。

9.4.2 测试仪表的精度要求

1. 精度

说明：二级精度引用 TIA/EIA TSB 67—1995 中规定的精度等级。

2. 测试判断临界区

测试结果以"通过"和"失败"给出结论。由于仪表存在测试精度和测试误差范围，当测试结果处在"通过"和"失败"临界区内时，以特殊标记"＊"表达测试数据处于该范围之中。

3. 测试仪表的计量和校准

为保证测试仪表在使用过程中的精度水平，应定期进行计量，测量仪表的使用和计量校准应按国家计量法实施细则有关规定进行。使用中应注意自校准，发现异常及时送厂家进行核查。

9.4.3 测试环境要求

1. 环境干扰

为避免因环境因素导致的测试干扰或仪表损坏，首先综合布线测试现场应没有产生严重电火花的电焊、电钻和产生强磁干扰的设备运行；其次，被测综合布线系统必须是无源网络，测试时应断开与之相连的有源、无源通信设备。

2. 测试温度

综合布线测试现场的温度宜为 20～30℃，湿度宜为 30％～80％，由于衰减指标的测试受测试环境温度影响较大，当测试环境温度超出上述范围时，需要按有关规定对测试标准和测试数据进行修正。

3. 防静电措施

我国北方地区春、秋季气候干燥，湿度常常为 10％～20％，验收测试经常需要照常进行，湿度在 20％以下时静电火花时有发生，不仅影响测试结果的准确性，甚至可能使测试无法进行或损坏仪表，这种情况下测试者和持有仪表者一定要采取防静电措施。

9.4.4　测试程序

在开始测试之前,应该认真了解综合布线系统的特点、用途,信息点的分布情况,确定测试标准,在选定合适的测试仪后按下述程序进行:

(1) 测试仪测试前自检,仪表是正常的。

(2) 选择测试连接方式。

(3) 选择线缆类型及测试标准。

(4) NVP 值核准(核准 NVP 使用线缆长度不短于 15m)。

(5) 设置测试环境温度。

(6) 根据要求选择"自动测试"或"单项测试"。

(7) 测试后存储数据并打印。

(8) 发生问题,修复链路后复测。

(9) 测试中出现"失败"查找故障。

9.4.5　测试中注意的问题

(1) 认真阅读测试仪的使用操作说明书,正确使用仪表。

(2) 测试前要完成对测试仪主机、辅机充电工作并观察充电是否达到 80% 以上。不要在电压过低情况下测试,中途充电可能造成已测试数据丢失。

(3) 熟悉布线现场和布线图,测试过程也可同时对管理系统现场文档、标识进行检验。

(4) 链路结果为"测试失败"可能由多种原因造成,应进行复测再次确认。

(5) 测试仪存储的测试数据和链路数有限,及时将测试结果转存到自备计算机中,之后测试仪可在现场继续使用。

9.5　测　试　报　告

9.5.1　测试报告的内容

测试报告是测试工作的总结,并作为工程质量的档案。在编制测试报告上应该精心、细致,保证其完整和准确。编制测试报告是一件十分严肃的工作,测试报告应包括正文、数据副本(同时做成电子文件)和发现问题副本三部分。正文应包括结论页,包含施工单位、设计单位、工程名称、使用器材类别、工程规模、测试点数、合格和不合格等情况,统计合格率做出结论;还应包括对整个工程测试生成的总结摘要报告(每条链路编号、通过或未通过的结论)。数据副本包括每条链路的测试数据。发现问题副本上要反映全都不合格项目的内容。

9.5.2　测试样张和测试结果

测试包括工程测试生成的总结摘要报告和一条数据链路测试数据报告的样张及检验报告范例,报告范例还包括封面、结论页、报告文本和发现问题处置专页,上述内容组成报告正文。报告副本通常包括每条链路测试的数据及部分重要链路的测试曲线。通常选择工程中布线链路长度最长、走向最复杂或重要部位的链路打印曲线存档。

9.6 工程测试与验收

9.6.1 工程验收人员组成

验收是整个工程中最后的部分,同时标志着工程的全面完工。为了保证整个工程的质量,需要聘请相关行业的专家参与验收。对于防雷及地线工程等关系到计算机信息系统安全的工程部分,甚至还可以申请有关主管部门(例如气象局、公安局和纪检部门等)协助验收。所以,通常综合布线系统工程验收领导小组可以考虑聘请以下人员参与工程的验收。

(1)工程双方单位的行政负责人。

(2)有关直管人员和项目主管。

(3)主要工程项目监理人员。

(4)建筑物设计施工单位的相关技术人员。

(5)第三方验收机构或相关技术人员(如电信、城建、公安、消防和信息技术人员等)组成的专家组。

9.6.2 工程验收分类

1. 开工前检查

工程验收应从工程开工之日起就开始。从对工程材料的验收开始,严把产品质量关,保证工程质量,开工前的检查包括设备材料检验和环境检查。设备材料检验包括查验产品的规格、数量、型号是否符合设计要求,检验缆线的外护套有无破损,检查缆线的电气特性指标是否符合技术规范。环境检查包括检查土建施工情况,包括地面、墙面、电源插座及接地装置、机房面积和预留孔洞等。

2. 随工验收

在工程中为随时考核施工单位的施工水平和施工质量,对产品的整体技术指标和质量有一个了解,部分验收工作应在随工中进行,如布线系统的电气性能测试工作、隐藏工程等。这样可及时发现工程质量问题,避免造成人力、财物的浪费。

随工验收应对工程的隐蔽部分边施工边验收,在竣工验收时,一般不再对隐蔽工程进行复查,由建筑工地代表和质量监督员负责。

3. 初步验收

对所有的新建、扩建和改建项目都应在完成施工调测之后进行初步验收。初步验收的时间应在原计划的建设工期内进行,由建设方组织设计、施工、建立和使用等单位人员参加。初步验收工作包括检查工程质量、审查竣工资料、对发现的问题提出处理的意见,并组织相关责任单位落实解决。

4. 竣工验收

综合布线系统接入电话交换系统、计算机局域网或其他弱电系统,在试运行后的半个月内,由建设方向上级主管部门报送竣工报告,并请示主管部门组织对工程进行验收。

9.6.3 工程验收内容

对综合布线系统工程验收的主要内容为环境检查、器材及测试仪表工具检查、设备安装检验、缆线敷设和保护方式检验、缆线终接、工程电气测试、管理系统验收和工程验收等。

1. 环境检查

工作区、电信间、设备间的检查内容如下：

(1) 工作区、电信间、设备间土建工程已全部竣工。房屋地面平整、光洁，门的高度和宽度应符合设计要求。

(2) 房屋预埋线槽、暗管、孔洞和竖井的位置、数量、尺寸均应符合设计要求。

(3) 铺设活动地板的场所，活动地板防静电措施及接地应符合设计要求。

(4) 电信间、设备间应提供 220V 带保护接地的单相电源插座。

(5) 电信间、设备间应提供可靠的接地装置，接地电阻值即接地装置的设置应符合设计要求。

(6) 电信间、设备间的位置、面积、高度、通风、防火及环境温、湿度等应符合设计要求。

建筑物进线间及入口设施的检查内容如下：

(1) 引入管道与其他设施如电气、水、煤气、下水道等的位置间距应符合设计要求。

(2) 引入缆线采用的敷设方法应符合设计要求。

(3) 管线入口部位的处理应符合设计要求，并应检查是否采取排水及防止气、水、虫等进入的措施。

(4) 进线间的位置、面积、高度、照明、电源、接地、防火和防水等应符合设计要求。

2. 器材及测试仪表工具检查

(1) 工程所用缆线和器材的品牌、型号、规格、数量、质量应在施工前进行检查，应符合设计要求并具备相应的质量文件或证书，原出厂检验证明材料、质量文件与设计不符者不得在工程中使用。

(2) 综合布线系统的测试仪表应能测试相应类别工程的各种电气性能及传输特性，其精度符合相应要求。测试仪表的精度应按相应的鉴定规程和校准方法进行定期检查和校准，经过相应计量部门校验取得合格证后，方可在有效期内使用。

3. 设备安装检验

机柜、机架和配线设备安装要求如下：

(1) 机柜、机架安装位置应符合设计要求，垂直偏差度应不大于 3mm。

(2) 机柜、机架上的各种零件不得脱落或碰坏，漆面不应有脱落及划痕，各种标志应完整、清晰。

(3) 机柜、机架、配线设备箱体、电缆桥架及线槽等设备的安装应牢固，如有抗震要求，应按抗震设计进行加固。

(4) 各部件应完整、安装就位、标志齐全。

(5) 安装螺栓必须拧紧，面板应保持在一个平面上。

(6) 安装机柜、机架、配线设备屏蔽层及金属管、线槽、桥架使用的接地体应符合设计要求，就近接地，并应保持良好的电气连接。

信息插座模块安装要求如下：

（1）信息插座模块、多用户信息插座、集合点配线模块安装位置和高度应符合设计要求。

（2）安装在活动地板内或地面上时，应固定在接线盒内，插座面板采用直立和水平等形式。接线盒盖可开启，并应具有防水、防尘、抗压功能，接线盒盖面应与地面齐平。

（3）信息插座底盒同时安装信息插座模块和电源插座时，间距及采取的防护措施应符合设计要求。

（4）信息插座模块明装底盒的固定方法根据施工现场条件而定。

（5）固定螺栓需拧紧，不应产生松动现象。

（6）各种插座面板应有标识所接终端设备业务类型。

（7）工作区内终接光缆的光纤连接器件及适配器安装底盒应具有足够的空间，并应符合设计要求。

电缆桥架及线槽的安装要求如下：

（1）桥架及线槽的安装位置应符合施工图要求，左右偏差不应超过50mm。

（2）桥架及线槽水平度每米偏差不应超过2mm。

（3）垂直桥架及线槽应与地面保持垂直，垂直度偏差不应超过3mm。

（4）线槽截断处及两线槽拼接处应平滑、无毛刺。

（5）吊架和支架安装应保持垂直、整齐牢固，无歪斜现象。

（6）金属桥架、线槽及金属管各段及之间应保持连接良好，安装牢固。

（7）采用吊顶支撑柱布放线缆时，支撑点宜避开地面沟槽和线槽位置，支撑应牢固。

4. 缆线敷设和保护方式检验

（1）缆线的型号、规格应与设计规定相符。

（2）缆线的布放应自然平直，不得产生扭绞、打圈和接头等现象，不应受外力的挤压和损伤。

（3）缆线两端应贴有标签，应标明编号，标签书写应清晰、端正和正确。标签应选用不易损坏的材料。

（4）缆线应有余量以适应终接、检测和变更。对绞电缆预留长度：在工作区宜为3～6cm，电信间宜为0.5～2m，设备间宜为3～5m。光缆布放路由应盘留，预留长度应为3～5m，有特殊要求的应按设计要求预留长度。

（5）屏蔽电缆的屏蔽层端到端应保持完好的导通性。

（6）预埋线槽宜采用金属线槽，预埋或密封线槽的截面利用率应为30%～50%。

（7）敷设暗管宜采用钢管或阻燃聚氯乙烯硬质管。布放大对数主干电缆及4芯以上光缆时，直线管道的管径利用率应为50%～60%，弯管道应为40%～50%。暗管布放4对绞电缆或4芯及以下光缆时，管道的截面利用率应为25%～30%。

5. 缆线终接

（1）缆线在终接前，必须核对缆线标识内容是否正确。

（2）对绞线与8位模块式通用插座相连时，必须按色标和线对顺序进行卡接。插座类型、色标和编号应符合布线标准的规定。两种连接方式均可采用，但在同一布线工程中两种连接方式不应混合使用。

（3）采用光纤连接盘对光纤进行连接、保护，在连接盘中光纤的弯曲半径应符合安装工艺要求，光纤熔接处应加以保护和固定，光纤连接盘面板应有标志。

6. 工程电气测试

综合布线工程电气测试包括电缆系统电气性能测试及光纤系统性能测试。电缆系统电气性能测试项目应根据布线信道或链路的设计等级和布线系统的类别要求制定。各项测试结果应有详细记录,作为竣工资料的一部分。

7. 管理系统验收

(1)管理系统的记录文档应详细完整并汉化,包括每个标识符相关信息、记录、报告和图纸等。

(2)标识符应包括安装场地、缆线终端位置、缆线管道、水平链路、主干缆线连接器件和接地等类型的专用标识,系统中每一组件应指定一个唯一标识符。

(3)每根缆线应指定专用标识符,标在缆线的护套上或在距每一端护套300mm内设置标签,缆线的终接点应设置标签标记指定的专用标识符。

8. 工程验收

(1)竣工技术文件。

工程竣工后,施工单位应在工程验收以前将工程竣工技术资料交给建设单位。综合布线系统工程的竣工技术资料应包括以下内容:安装工程量;工程说明;设备、器材明细表;竣工图纸;测试记录;工程变更、检查记录及施工过程中,需更改设计或采取相关措施,建设、设计、施工等单位之间的双方洽商记录;随工验收记录;隐蔽工程签证;工程决算。

(2)工程内容。

综合布线系统工程应按表9-2所列项目、内容进行检验。检测结论作为工程竣工资料的组成部分及工程验收的依据之一。

表9-2 检验项目及内容

阶 段	验 收 项 目	验 收 内 容	验 收 方 式
施工前检查	1. 环境要求	(1)土建施工情况:地面、墙面、门、电源插座及接地装置;(2)土建工艺,机房面积、预留孔洞;(3)施工电源;(4)地板铺设;(5)建筑物入口设施检查	施工前检查
	2. 器材检验	(1)外观检查;(2)型号、规格、数量;(3)电缆及连接器件电气性能测试;(4)光纤及连接器件特性测试;(5)测试仪表和工具的检验	
	3. 安全、防火要求	(1)消防器材;(2)危险物的堆放;(3)预留孔洞防火措施	
设备安装	1. 电信间、设备间、设备机柜、机架	(1)规格、外观;(2)安装垂直、水平度;(3)油漆不得脱落,标志完整齐全;(4)各种螺钉必须紧固;(5)抗震加固措施;(6)接地措施	随工检验
	2. 配线模块及8位模块式通用插座	(1)规格、位置、质量;(2)各种螺钉必须拧紧;(3)标志齐全;(4)安装符合工艺要求;(5)屏蔽层可靠连接	

阶　段	验收项目	验收内容	验收方式
电、光缆布放（楼内）	1.电缆桥架及线槽布放	(1)安装位置正确；(2)安装符合工艺要求；(3)符合布放缆线工艺要求；(4)接地	随工检验
	2.缆线暗敷（包括暗管、线槽、地板下等方式）	(1)缆线规格、路由、位置；(2)符合布放缆线工艺要求；(3)接地	隐蔽工程签证
电、光缆布放（楼间）	1.架空缆线	(1)吊线规格、架设位置、装设规格；(2)吊线垂度；(3)缆线规格；(4)卡、挂间隔；(5)缆线的引入符合工艺要求	随工检验
	2.管道缆线	(1)使用管孔孔位；(2)缆线规格；(3)缆线走向；(4)缆线的防护设施的设置质量	隐蔽工程签证
	3.埋式缆线	(1)缆线规格；(2)敷设位置、深度；(3)缆线的防护设施的设置质量；(4)回土夯实质量	
	4.通道缆线	(1)缆线规格；(2)安装位置、路由；(3)土建符合工艺要求	
	5.其他	(1)通信线路与其他设施的间距；(2)进线室设施安装、施工质量	随工检验、隐蔽工程签证
缆线终接	1.8位模块式通用插座	符合工艺要求	随工检验
	2.光纤连接器件	符合工艺要求	
	3.各类跳线	符合工艺要求	
	4.配线模块	符合工艺要求	
系统测试	1.工程电气性能测试	(1)连接图；(2)长度；(3)衰减；(4)近端串扰；(5)近端串扰功率和；(6)衰减串扰比；(7)衰减串扰比功率和；(8)等电平远端串扰；(9)等电平远端串扰功率和；(10)回波损耗；(11)传输时延；(12)线对间传播时延偏差；(13)插入损耗；(14)直流环路电阻；(15)设计中特殊规定的测试内容；(16)屏蔽层的导通	竣工检验
	2.光纤特性测试	(1)衰减；(2)长度	
管理系统	1.管理系统级别	符合设计要求	竣工检验
	2.标识符与标签设置	(1)专用标识符类型及组成；(2)标签设置；(3)标签材质及色标	
	3.记录和报告	(1)记录信息；(2)报告；(3)工程图纸	
工程总验收	1.竣工技术文件	清点、交接技术文件	
	2.工程验收评价	考核工程质量,确认验收结果	

143

习 题 9

一、填空题

1. 在综合布线工程施工过程中,绝大部分工程都以_____或_____作为配线子系统缆线。

2. 信道指从_____到_____间端到端的连接。

3. 衰减是指光沿光纤传输过程中_____的减少。

4. OTDR 测量的是_____而不是传输信号的强弱。

5. 链路的测试有基本链路和_____。

6. 信道的长度为_____ m。

7. 边施工边进行的测试是_____测试。

8. 对综合布线的安装、电气特性的测试是_____测试。

二、简答题

1. 综合布线工程验收分为几大类?

2. 说明 3 种认证测试模型的差异。

3. 6 类双绞线的测试技术指标有哪些?分别代表什么含义?

4. 光纤测试的技术指标有哪些?分别代表什么含义?

5. 在实际测试中,若发现有一些测试项目不合格,可能的原因有哪些?

6. 双绞线链路测试模型有哪几种?

7. 双绞线测试技术的主要参数有哪些?

8. 光纤测试技术的主要参数有哪些?

9. 综合布线系统工程验收的主要内容有哪些?

第10章 综合布线系统的设计和案例

10.1 总 体 规 划

综合布线系统是随着信息交换的需求出现的一种产业,而国际信息通信标准是随着科学技术的发展逐步修订、完善的。综合布线系统也是随着新技术的发展和相关行业新产品的问世逐步完善而趋向成熟的,它是一项实践性很强的工程技术,是计算机技术、通信技术、控制技术与建筑技术紧密结合的产物。所以在设计智能化建筑的综合布线系统时,提出并研究近期和长远的需求非常必要。

比如 WLAN 技术的升级换代,5G 电信技术的逐渐成熟,笔记本计算机、平板计算机和手机等移动接入终端的迅速普及,对信息交换的方式产生着重大影响。在设计智能化建筑时,要前瞻性地考虑 WLAN 热点的全覆盖,考虑移动办公的安全认证与计费策略,考虑移动设备的安全快捷接入。从一人一台 PC 接入网络,到每人多个移动终端随时随地全业务接入网络,必然对综合布线设计、网络设备选型产生重大影响。

为了保护投资者的利益,应采取"总体规划,分步实施,水平布线一步到位"的设计原则,以保护投资者的前期投资。建筑物中的主干线大多数都设置在建筑物弱电井中的垂直桥架内,更换或扩充比较容易,而水平布线是在建筑物天花板上的弱电桥架内或预埋管道里,施工费甚至高于初始投资的材料成本费,而且若要更换水平线缆,就有可能损坏墙体表面,影响整体美观。

10.2 系 统 设 计

设计一个合理的综合布线系统工程一般有 7 个步骤:

(1) 分析用户需求;

(2) 获取建筑物平面图;

(3) 系统结构设计;

(4) 布线路由设计;

(5) 可行性论证;

(6) 绘制综合布线施工图;

(7) 编制综合布线用料清单。

下面分别介绍每个步骤。

(1) 分析用户需求。

这是一个既烦琐又反复的过程。不仅需要与楼宇管理人员进行沟通,而且还要征求具体房间使用人的需求,同时还要结合综合布线设计人员的专业建议。在满足近期明确需求的同时,还要兼顾考虑远期发展。比如随着业务发展人员增多,存在将大房间隔成小房间的可能,在大房间两端预留适量的网络及电话接口就成为必要。再如,平板计算机、手机等移动上网终端的迅速普及,可考虑在房间内预留 WLAN 热点等。

(2) 获取建筑平面图。

结合用户需求与建筑平面图,可绘制综合布线的平面图,确定各类插座在房间内的位置、高度等。

(3) 系统结构设计。

绘制综合布线系统图,确定楼宇核心交换机位置、光纤接入点和楼层网线汇聚等。通常根据每层信息点的数量,评估将几层楼的网线汇聚到某一层弱电井内,这样便于接入交换机尽量集中,方便管理。

(4) 布线路由设计。

在工程实施中,路由是相当重要的一环,它好像人的骨骼经络系统一样遍布整个布线系统之中,主要包括水平线缆路由、垂直主干线缆路由、主配线间位置、机房位置、机柜位置和大楼接入线路位置等。其中敷设方式有沿墙暗敷设、沿墙明敷设、吊顶内和地面敷设等。

(5) 可行性论证。

结合楼宇强电桥架位置、消防管道位置、中央空调管道及风机位置等进行论证,保证弱电桥架位置不发生冲突。结合其他弱电专业,如广播、监控、室内分布、门禁和消防控制等,确认弱电桥架的尺寸,因为这些线缆也是要放在弱电桥架内的。结合供暖供水,确保信息点接口不被暖气片遮挡等。与楼宇其他专业建立有效的沟通,使其他所有专业的设计变更都能反馈到综合布线设计中。

(6) 绘制综合布线施工图。

依据上面成熟的综合布线平面图及系统图,绘制可供施工单位使用的综合布线施工图。施工图并不等同于平面图,它对线缆的路由标示得更清楚准确。

(7) 编制综合布线用料清单。

这是最后一项工作,依据用料清单即可进行预算工作,以利于开展招投标工作。

可以用图 10-1 来表示设计的逻辑顺序。

图 10-1　设计的逻辑顺序

一个设计完善的综合布线系统,其目标是在既定时间内允许在有新需求的集成过程中,不必再去进行水平布线,损坏建筑装饰而影响整体美观。

综合布线系统设计要领如下。

(1) 在 PDS 设计起始阶段,设计人员要做到:

- 评估用户的通信要求和计算机网络需求;
- 评估用户楼宇的其他弱电需求;
- 评估安装设施的实际建筑物或建筑群环境和结构;
- 确定通信、计算机网络、楼宇控制所使用的传输介质。

(2) 将初步的系统设计方案和预算成本通知用户单位。

(3) 在收到最后合同批准书后,完成以下系统配置、布局蓝图和文档记录:

- 电缆线路由文档;
- 光缆分配及管理;
- 布局和接合细节;
- 光缆链路,损耗预算;
- 施工许可证;
- 订货信息。

如同任何一个工程一样,系统设计方案和施工图的详细程度将随工程项目复杂程度而异,并与合同条款、可用资源及工期有关。

设计文档一定要齐全,以便能检验指定的 PDS 设计等级是否符合所规定的标准。而且在验收系统符合全部设计要求之前,必须备有这种设计文档。

10.3　某大学综合布线设计案例节选

第一部分说明:

一、工程概况

本工程为某大学新校区综合接入工程设计第五分册综合布线分册。本工程将组建满足校园办公共计 24 栋楼宇宽带和语音接入的网络系统。本工程共新建 13 446 个信息点,其中,电话语音 2522 个信息点;数据宽带 9714 个信息点;门禁 1210 个信息点。

二、对环境的影响

本工程所采用的主要设备和材料为线缆、钢铁、水泥和少量塑料制品等。均为无毒无污染产品,对线路沿途自然环境没有影响,也不会造成对环境的污染。

三、设计依据

(1)《关于委托编制某大学新校区综合接入工程可行性研究报告的函》。

(2)《关于申请某大学校园工程建设资金的请示》。

(3)《某大学新校区信息化建设项目合作备忘录》。

(4)《某大学新校区综合接入工程可行性研究报告》。

(5)《关于某大学新校区综合接入工程可行性研究报告(代项目建议书)的批复》(含设计委托)。

(6) GB 50311—2016《综合布线系统工程设计规范》。

(7) GB/T 50312—2016《综合布线系统工程验收规范》。

(8) 工业和信息化部 YD/T 926.1—2009《大楼通信综合布线系统第 1 部分：总规范》。

(9) 工业和信息化部 YD/T 926.2—2009《大楼通信综合布线系统第 2 部分：电缆、光缆技术要求》。

(10) 工业和信息化部 YD/T 926.3—2009《大楼通信综合布线系统第 3 部分：连接硬件和接插软线技术要求》

(11) 原信部规[1999]967 号文件发布 YD 5082—1999《建筑与建筑群综合布线系统工程设计施工图集》。

(12) 建设单位对工程建设的建议。

(13) 建设单位提供的相关图纸及资料。

四、设计范围及分工

1. 设计范围

本设计为楼内接入的综合布线系统设计。其内容包括综合机柜至信息点超 5 类线缆的布放设计及楼内信息插座的安装和布线桥架的安装设计等。

2. 设计分工与设备专业分工

接入点以配线架为界,从配线架至交换机的线缆跳线及配线架的安装由本专业负责;配线架至信息插座 5 类线缆的布放由本专业负责。交换机及其他设备由设备专业负责。

五、主要工程量

本工程主要工作量如表 10-1 所示。

表 10-1　主要工作量

项　目　名　称	单　　位	数　　量
安装机柜	台	23
布放 4 对对绞电缆(5 类非屏蔽)	百米/条	9569
卡接 4 对对绞电缆(配线架侧)(非屏蔽)	条	12 236
卡接大对数对绞电缆(配线架侧)(非屏蔽)	百对	61
安装 8 位模块式信息插座(宽带/电话 单口)(非屏蔽)	10 个	1097
安装 8 位模块式信息插座(宽带 双口)(非屏蔽)	10 个	41.6
安装 8 位模块式信息插座(宽带 四口)(非屏蔽)	10 个	4.3
安装 8 位模块式信息插座(宽带 两口 电话 两口)(非屏蔽)	10 个	3.5
电缆链路测试	链路	12 236

六、工程建设方案

1. 工程建设原则

本工程的建设方案应满足以下原则:

(1) 可运营性。满足通信需求,具有良好的维护、管理手段。

(2) 可伸缩性。应能适应不同规模的业务,硬件应具有良好的可扩展性能,可通过仅增加硬件设备提升用户量。

(3) 不影响办公环境。

(4) 根据工程建设原则及建设单位的要求,本工程在实现通信要求的前提下尽量为建设单位节约资金。

2．总体建设方案

本工程为某大学新校区综合接入工程综合布线部分，涉及办公楼共 24 栋楼宇。此工程对各个房间进行 5 类线的布放和信息面板的安装，在相应的楼层机房及弱电室安装网络综合机柜，5 类线全部由网络综合机柜引出。本工程所有信息点(含语音、数据)均需布放超 5 类线。

3．主要技术指标

(1) 接线方式。

根据综合布线的需求，可以使用以下两种连接插座和布线排列方式：A 型(TIA/EIA 568A)和 B 型(TIA/EIA 568B)。二者有着固定的排列线序，不能混用和错接，分别如图 10-2 和图 10-3 所示。

图 10-2　A 型(TIA/EIA 568A)RJ-45 连接插座接线排列和线对颜色对应图

图 10-3　B 型(TIA/EIA 568B)连接插座接线排列和线对颜色对应图

(2) 布线链路长度。

布线链路长度是指布线链路端到端之间电缆芯线的实际物理长度。由于各芯线存在不同绞距，在布线链路长度测试时，要分别测试 4 对芯线的物理长度，测试结果会大于布线所用电缆长度。

布线线缆链路的物理长度由测量到的信号在链路上的往返传播延迟 T 导出。

根据 $L=T(s)\times(NVP\times c)(m/s)$ 计算链路长度。

$NVP=$ 信号传输速度 $(m/s)/c(m/s)$ (c——光在真空中传播速度，c 为 $3\times10^8 m/s$)

不同型电缆的 NVP 值不同，电缆长度测试值与实际值存在着较大误差。由于 NVP 值是一个变化因素，不易准确测量，故通常多采取忽略 NVP 值的影响，对长度测量极值安排增加 10% 余量的做法。在综合布线实际应用中，布线长度略超过标准，在不影响使用时也是可以允许的。

表 10-2 列出了信道链路方式、基本链路方式和永久链路方式所允许的综合布线极限长度。

表 10-2　综合布线连接方式的允许极限长度

被测连接方式	综合布线极限长度/m
信道链路方式	100
基本链路方式	94
永久链路方式	90

（3）直流环路电阻。

无论 3 类、4 类、5 类、5e 类或宽带线缆，在信道链路方式或基本链路方式下，线缆每个线对的直流环路电阻在 20～30℃ 环境下的最大值：3 类链路不超过 170Ω，3 类以上链路不超过 40Ω。

（4）衰减。

由于集肤效应、绝缘损耗、阻抗不匹配、连接电阻等因素，信号沿链路传输损失的能量称为衰减。传输衰减主要测试传输信号在每个线对两端间的传输损耗值，以及同一条电缆内所有线对中最差线对的衰减量，相对于所允许的最大衰减值的差值。对一条布线链路来说，衰减量由下述各部分构成。

- 每个连接器对信号的衰减量；
- 构成信道链路方式的 10m 跳线或构成基本链路方式的 4m 设备接线对信号的衰减量；
- 布线电缆对信号的衰减；
- 布线链路对信号的总衰减。

表 10-3 列出了不同类型线缆在不同频率、不同链路方式情况下每条链路允许的最大衰减值。

（5）近端串扰损耗（NEXT）。

一条链路中，处于线缆一侧的某发送线对于同侧的其他相邻（接收）线对通过电磁感应所造成的信号耦合称为近端串扰。定义近端串扰值(dB)和导致该串扰的发送信号（参考值定为 0dB）的差值(dB)为近端串扰损耗。越大的 NEXT 值近端串扰损耗越大。

表 10-3 不同连接方式下允许的最大衰减值一览表

频率/MHz	3 类/dB		4 类/dB		5 类/dB		5e 类/dB		6 类/dB	
	信道链路	基本链路	信道链路	基本链路	信道链路	基本链路	信道链路	永久链路	信道链路	永久链路
1.0	4.2	3.2	2.6	2.2	2.5	2.1	2.4	2.1	2.2	2.1
4.0	7.3	6.1	4.8	4.3	4.5	4.0	4.4	4.0	4.2	3.6
8.0	10.2	8.8	6.7	6.0	6.3	5.7	6.8	6.0		5.0
10.0	11.5	10.0	7.5	6.8	7.0	6.3	7.0	6.0	6.5	6.2
16.0	14.9	13.2	9.9	8.8	9.2	8.2	8.9	7.7	8.3	7.1
20.0			11.0	9.9	10.3	9.2	10.0	8.7	9.3	8.0
25.0					11.4	10.3				
31.2					12.8	11.5	12.6	10.9	11.7	10.0
62.5					18.5	16.7				
100					24.0	21.6	24.0	20.4	21.7	18.5
200									31.7	26.4
250									32.9	30.7

注：① 表中数值为 20℃ 下的标准值。

② 实际测试时根据现场温度，对 3 类线缆和接插件构成的链路，每增加 1℃，衰减量增加 1.5%。

③ 对于 4 类及 5 类线缆和接插件构成的链路，温度变化 1℃，衰减量变化 0.4%，线缆的高频信号走向靠近金属芯线表面时，衰减量增加 3%，5 类以上修正量待定。

近端串扰与线缆类别、连接方式、频率值有关。

近端串扰损耗：

$$NEXT(f) = -20\log \sum_{i=1}^{n}\left(10 - \frac{N_i}{20}\right), \quad i = 1,2,3,\cdots,n$$

式中，N_i：频率为 f 处串扰损耗的 i 分量。

n：串扰损耗分量总个数。

信道链路方式下串扰损耗：

$$NEXT_{通} \geqslant 20\log(10 - NEXTcable20 + 2 \times 10 - NEXTcon20)dB$$

基本链路方式下串扰损耗：

$$NEXT_{基} \geqslant 20\log(10 - NEXTcable20 + 2 \times 10 - NEXTcon20)dB$$

式中，$NEXTcable = NEXT(0.772) - 15\log(f/0.772)$。

$NEXTcable$——线缆本身的近端串扰损耗。

$NEXTcon$——布线连接硬件的串扰损耗。

$NEXTcon \geqslant NEXT(16) - 20\log(f/16)$。

$NEXT(16)$——频率 f 为 16MHz 时，NEXT 最小值。

表 10-4 列出不同类线缆在不同频率、不同链路方式情况下，允许的最小近端串扰损耗值。

（6）远方近端串扰损耗（RNEXT）。

与 NEXT 定义相对应，在一条链路的另一侧，发送信号的线对向其同侧其他相邻（接收）线对通过电磁感应耦合而造成的串扰，与 NEXT 同理定义为串扰损耗。

（7）相邻线对综合近端串扰（PSNEXT）。

在 4 对型双绞线的一侧，三个发送信号的线对向另一相邻接收线对产生串扰的总和近似为 $N_4 = N_1 + N_2 + N_3$。其中，N_1、N_2、N_3 分别为线对 1、线对 2、线对 3 对线对 4 的近端串扰值。

表 10-5 列出在不同频率、不同链路方式情况下，相邻线对综合近端串扰限定值。

表 10-4　最小近端串扰损耗值一览表

频率/MHz	3 类/dB		4 类/dB		5 类/dB		5e 类/dB		6 类/dB	
	信道链路	基本链路	信道链路	基本链路	信道链路	基本链路	信道链路	永久链路	信道链路	永久链路
1.0	39.1	40.1	53.3	54.7	>60.0	>60.0	63.3	64.2	65.0	65.0
4.0	29.3	30.7	43.4	45.1	50.6	51.8	53.6	54.8	63.0	64.1
8.0	24.3	25.9	38.2	40.2	45.6	47.1	48.6	50.0	58.2	59.4
10.0	22.7	24.3	36.6	38.6	44.0	45.5	47.0	48.5	56.6	57.8
16.0	19.3	21.0	33.1	35.3	40.6	42.3	43.6	45.2	53.2	54.6
20.0			31.4	33.7	39.0	40.7	42.0	43.7	51.6	53.1
25.0					37.4	39.1	40.4	42.1	50.0	51.5
31.25					35.7	37.6	38.7	40.6	48.4	50.0
62.5					30.6	32.7	33.6	35.7	42.4	45.1
100					27.1	29.3	30.1	32.3	39.9	41.8
200									34.8	36.9
250									33.1	35.3

综合布线系统的设计和案例

表 10-5　相邻线对综合近端串扰限定值一览表

频率/MHz	5e 类线缆/dB		6 类线缆/dB	
	信道链路	基本链路	信道链路	永久链路
1.0	57.0	57.0	62.0	62.0
4.0	50.6	51.8	60.5	61.8
8.0	45.6	47.0	55.6	57.0
10.0	44.0	45.5	54.0	55.5
16.0	40.6	42.2	50.6	52.2
20.0	39.0	40.7	49.0	50.7
25.0	37.4	39.1	47.3	49.1
31.25	35.7	37.6	45.7	47.5
62.5	30.6	32.7	40.6	42.7
100.0	27.1	29.3	37.1	39.3
200.0			31.9	34.3
250			30.2	32.7

(8) 端串扰与衰减差(ACR)。

串扰与衰减差定义为在受相邻发送信号线对串扰的线对上其串扰损耗(NEXT)与本线对传输信号衰减值(A)的差值(单位为 dB)。即

$$ACR(dB) = NEXT(dB) - A(dB)$$

一般情况下,链路的 ACR 通过分别测试 NEXT(dB)和 A(dB)可以由上面的公式直接计算出。通常,ACR 可以被看成布线链路上信噪比的一个量。NEXT 即被认为是噪声,ACR=3dB 时所对应的频率点可以认为是布线链路的最高工作频率(即链路带宽)。

对于由 5 类、高于 5 类线缆和同类接插件构成的链路,由于高频效应及各种干扰因素,ACR 的标准参数值不能单纯从串扰损耗值 NEXT 与衰减值 A 在各个相应频率上的直接代数差值导出。其实际值与计算值略有偏差,通常可以通过提高链路串扰损耗 NEXT 或降低衰减 A 来改善链路 ACR。

表 10-6 列出串扰衰减差(ACR)最小限定值。

表 10-6　串扰衰减差(ACR)最小限定值

频率/MHz	ACR 最小限定值/dB		频率/MHz	ACR 最小限定值/dB	
	5 类	6 类		5 类	6 类
1.0	—	70.4	31.25	23.0	36.7
4.0	40.0	58.9	62.5	13.0	—
10.0	35.0	50.0	100	4.0	18.2
16.0	30.0	44.9	200	—	3.0
20.0	28.0	42.3			

注: ① 该表 5 类数据参照 ISO 11801—1995 标准 6.2.5 中 D 链路给出。

② 6 类数据为 ISO 11801(2000 年 5 月 8 日修改版提供,仅供参考)。

(9) 等效远端串扰损耗(ELFEXT)。

等效远端串扰损耗是指某对芯线上远端串扰损耗与该线路传输信号衰减之差,也称为远端 ACR。从链路近端线缆的一个线对发送信号,该信号沿路经过线路衰减,从链路远端干扰相邻接收线对,定义该远端串扰损耗值为 FEXT。可见,FEXT 是随链路长度(传输衰减)而变化的量。

由上述定义可知：ELFEXT(dB)＝FEXT(dB)－A(dB)（A 为受串扰接收线对的传输衰减），等效远端串扰损耗最小限定值如表 10-7 所示。

表 10-7　等效远端串扰损耗最小限定值

频率/ MHz	5 类/dB		5e 类/dB		6 类/dB	
	信道链路	基本链路	信道链路	永久链路	信道链路	永久链路
1.0	57.0	59.6	57.4	60.0	63.3	64.2
4.0	45.0	47.6	45.3	48.0	51.2	52.1
8.0	39.0	41.6	39.3	41.9	45.2	46.1
10.0	37.0	39.6	37.4	40.0	43.3	44.2
16.0	32.9	35.5	33.3	35.9	39.2	40.1
20.0	31.0	33.6	31.4	34.0	37.2	38.2
25.0	29.0	31.6	29.4	32.0	35.3	36.2
31.25	27.1	29.7	27.5	30.1	33.4	34.3
62.5	21.5	23.7	21.5	24.1	27.3	28.3
100.0	17.0	17.0	17.4	20.0	23.3	24.2
200.0					17.2	18.2
250.0					15.3	16.2

（10）传播延时(delay)。

表 10-8 列出在不同链路方式下，传输时延在不同频率范围和特征频率点上的标准值。

表 10-8　在不同链路方式下传输时延在不同频率范围和特征频率点上的标准值

频率/MHz	C 类 (3 类)/ns	D 类(5 类)/ns		E 类(6 类)/ns	
		信道链路	基本链路	信道链路	永久链路
1.0	580	580	521	580	521
10.0	555	555		555	
16.0	553	553	496	553	496
100.0		548	491	548	491
250.0				546	490

（11）线对的传输时延差(delay skew)。

以同一缆线中信号传播时延最小的线对的时延值作为参考，其余线对与参考线对时延差值定义为线对的传输时延差。

在信道链路方式下规定极限值为 50ns。在永久链路下规定极限值为 44ns。若线对间时延差超过该极限值，在链路高速传输数据下和在 4 个线对同时并行传输数据时，将有可能造成对所传输数据帧结构的严重破坏。

（12）回波损耗(RL)。

回波损耗是由线缆与接插件构成链路时，由于特性阻抗偏离标准值导致功率反射而引起的。

回波损耗由输出线对的信号幅度和该线对所构成的链路上反射回来的信号幅度的差值导出，表 10-9 列出不同链接方式下回波损耗限定范围。

综合布线系统的设计和案例

表 10-9   不同链接方式下回波损耗限定范围

频率/MHz	D 类(5 类)		E 类(6 类)	
	信道链路	基本链路	信道链路	永久链路
1~10	17	19	19	21
16	17	19	$24-5\log(f)$	$26-5\log(f)$
20	17	19		
20<f<40	$30-101\log(f)$	$32-101\log(f)$		
100			$32-10\log(f)$	$34-10\log(f)$
200				
250				

(13) 链路脉冲噪声电平。

由于大功率设备间断性启动,给布线链路带来了电冲击干扰。布线链路在不连接有源器械和设备情况下,高于 200mV 的脉冲噪声发生个数的统计,测试 2min 捕捉脉冲噪声个数不大于 10 个。由于布线链路用于传输数字信号,为了保证数字脉冲信号可靠传输,根据局域网的安全,要求限制网上干扰脉冲的幅度和个数。该参数在验收测试时,只在整个系统中抽样几条链路进行测试。

(14) 背景噪声。

由一般用电器工作带来的高频干扰、电磁干扰和杂散宽频低幅干扰称为背景噪声。综合布线链路在不连接有源器件及设备情况下,噪声电平应小于或等于 30dB。该指标也应抽样测试。

(15) 综合布线系统接地测量。

综合布线接地系统安全检验。接地自成系统,与楼宇地线系统接触良好,并与楼内地线系统连成一体,构成等压接地网络。接地导线电阻小于或等于 1Ω(其中包括接地体和接地扁钢,在接地汇流排上测量)。

(16) 屏蔽线缆屏蔽层接地两端测量。

链路屏蔽线缆屏蔽层与两端接地电位差小于 1V。

上述参数对 3~5 类链路测试时,仅测试 1~7 个参数,在对 5 类布线(用于开通千兆以太网使用)和进行增强 5 类及 6 类测试时,需测试 1~14 个参数的全部项目。

(17) 各段缆线长度限值如表 10-10 所示。

表 10-10   各段缆线长度限值

电缆总长度$\sum$/m	水平布线电缆 H/m	工作区电缆 W/m	交接间跳线和设备电缆/m
100	90	3	7
99	85	7	7
98	80	11	7
97	75	15	7
97	70	20	7

注:各段缆线长度也可按以下公式计算:

$$C=(102-H)/1.2$$

$$W=C-7\leqslant 20\mathrm{m}$$

式中:$C=W+D$——工作区电缆、交接间跳线和设备电缆的长度总和;

　　　　W——工作区电缆的最大长度;

　　　　H——水平布线电缆的长度。

七、线缆的敷设与安装

为了使工程中布放的线缆的质量得到有效的保证,在工程的招标投标阶段可以对厂家所提供的产品样品进行分类封存备案,待工程实施中厂家大批量供货时,用所封存的样品进行对照,以检验产品的外观、标识和品质是否完好,对工程中所使用的缆线应按下列要求进行。

1. 缆线的检验内容

(1) 工程中所用的缆线的规格、程式和型号应符合设计的规定。

(2) 缆线的外护套应完整无损,芯线无断线和混线,并应有明显的色标。

本工程中电话和宽带接线采用非屏蔽超 5 类双绞线(UTP CAT5e);机柜接地采用不低于 35mm^2 的电源线,且宜短、直。楼内机柜相互连接的电话电缆采用 HYA 型大对数全塑电缆。

2. 模块检查

(1) 所有模块(包括 IDC 及 RJ-45 模块、光纤模块)支架、底板和理线架等部件应紧固在机柜或机箱内,如直接安装在墙体时,应固定在胶合板上,并符合设计的要求。

(2) 各种模块的彩色标签的内容建议如下。

绿色:外部网络的接口侧,如公用网电话线、中继线等。

紫色:内部网络主设备侧。

白色:建筑物主干电缆或建筑群主干电缆侧。

蓝色:水平电缆侧。

灰色:交接间至二级交接间之间的连接主干光缆侧。

橙色:多路复用器侧。

黄色:交换机其他各种引出线。

(3) 所有模块应有 4 个孔位的固定点。

(4) 连接外线电缆的 IDC 模块必须具有加装过压、过流保护器的功能。

3. 信息插座盒安装检查

信息插座盒体包括单口或双口信息插座盒、多用户信息插座盒(12 口)等,具体的安装位置、高度应符合设计要求。

4. 线缆的性能、指标抽测

对于对绞电缆应从到达施工现场的批量电缆中任意抽出三盘,并从每盘中截出 90m,同时在电缆的两端连接上相应的接插件,以形成永久链路(5 类布线系统可以使用基本链路模式)的连接方式(使用现场电缆测试仪)。进行链路的电气特性测试。从测试的结果进行分析和判断这批电缆及接插件的整体性能指标,也可以让厂家提供相应的产品出厂检测报告和质量技术报告,并与抽测的结果进行比较。对光缆首先对外包装进行检查,如发现有损伤或变形现象,也可按光纤链路的连接方式进行抽测。

5. 水平布线子系统的缆线施工

水平布线子系统的缆线是综合布线系统中的分支部分,具有面广、量大、具体情况较多和环境复杂等特点,遍及智能化建筑中的所有角落。其缆线敷设方式有预埋、明敷管路和槽道等几种,安装方法又有在天花板(或吊顶)内、地板下和墙壁中以及三种混合组合方式。本工程缆线在预埋暗管和槽道内敷设,应按下列要求进行施工。

(1) 缆线在墙壁内敷设均为短距离暗敷,当新建的智能化建筑中有预埋管槽时,这种敷设方法比较隐蔽美观、安全稳定。一般采用拉线牵引缆线的施工方法。

(2) 在已建成的建筑物中没有暗敷管槽时,只能采用明敷线槽或将缆线直接敷设,在施工中应尽量把缆线固定在隐蔽的装饰线下或不易被碰触的地方,以保证缆线安全。

(3) 本工程布放线缆以链路为单位逐条进行,一般同一楼层按信息点由远及近布放线缆至配线架。对于整栋楼宇的线缆布放,可以从第一层开始逐层布放。

6. 设备及信息点标识

(1) 综合布线的每条电缆、配线设备、端接点、安装通道和安装空间均应给定唯一的标志。标志中可包括名称、颜色、编号、字符串或其他组合。

(2) 线缆的两端均应标明相同的编号。

(3) 本工程可以按一定的模式进行标识和记录,例如宽带数据信息点标识编号可以采用楼宇编号—楼层数—房间号—信息点号。信息点号从 1 开始,按每个房间进门顺时针方向编号,编号按顺序依次排列完成。

(4) 一个编号表示一个信息点(或者机柜)。

7. 电气防护及接地

(1) 综合布线区域内存在的电磁干扰场强大于 3V/m 时应采取防护措施。

(2) 关于综合布线区域允许存在的电磁干扰场强的规定,考虑下述因素:

① 在 EN 50082-X 通用抗干扰标准中,规定居民区/商业区的干扰辐射场强为 3V/m,按 IEC 801-3 抗辐射干扰标准的等级划分,属于中等 EM 环境。

② 在原邮电部电信总局编制的《通信机房环境安全管理通则》中,规定通信机房的电磁场强度在频率范围为 0.15～500MHz 时不应大于 130dBMV/m,相当于 3.16V/m。

(3) 综合布线电缆与附近可能产生高电平电磁干扰的电动机、电力变压器等电气设备之间应保持必要的间距,如表 10-11 所示。

表 10-11　综合布线系统与干扰源的间距

其他干扰源	与综合布线接近状况	最小间距/mm
380V 以下电力电缆<2kVA	与缆线平行敷设	130
	有一方在接地的线槽中	70
	双方都在接地的线槽中	10
380V 以下电力电缆 2～5kVA	与缆线平行敷设	300
	有一方在接地的线槽中	150
	双方都在接地的线槽中	80
380V 以下电力电缆>5kVA	与缆线平行敷设	600
	有一方在接地的线槽中	300
	双方都在接地的线槽中	150
荧光灯、氢灯、电子启动器或交感性设备	与缆线接近	150～300

其他干扰源	与综合布线接近状况	最小间距/mm
无线电发射设备(如天线、传输线、发射机等)、雷达设备等其他工业设备(开关电源、电磁感应炉、绝缘测试仪等)	与缆线接近(当通过空间电磁场耦合强度较大时,应按规定办理考虑屏蔽措施)	≥1500
配电箱	与配线设备接近	≥1000
电梯、变电室	尽量远离	≥2000

综合布线系统与干扰源的间距应符合表10-11的要求。

(1) 双方都在接地的线槽中,且平行长度≤10m时,最小间距可以是10mm。

双方都在接地的线槽中,是指两个不同的线槽,也可在同一线槽中用金属板隔开。

(2) 电话用户存在振铃电流时,不能与计算机网络在同一根对绞电缆中一起运用。

(3) 综合布线系统应根据环境条件选用相应的缆线和配线设备,应符合下列要求:

① 各种缆线和配线设备的抗干扰能力,采用屏蔽的综合布线系统平均可减少噪声20dB。

② 各种缆线和配线设备的选用原则宜符合下列要求:

a. 当周围环境的干扰场强度或综合布线系统的噪声电平较低时可采用UTP缆线系统和非屏蔽配线设备,这是铜缆双绞线的主流产品。

b. 当周围环境的干扰场强度或综合布线系统的噪声电平较高,干扰源信号或计算机网络信号频率大于或等于30MHz时,应根据其超过标准的量级大小,分别选用FTP、SFTP、STP等不同的屏蔽缆线系统和屏蔽配线设备。

c. 当周围环境的干扰场强度很高,采用屏蔽系统已无法满足各项标准的规定时,应采用光缆系统。

8. 通信电缆技术指标及规范

用户电缆线路网的配线方式采用直通配线。电缆接续按以下方式:

(1) 全塑电缆芯线接续必须采用压接法。

(2) 电缆芯线的直接、复接线序必须与设计要求相符,全色谱电缆必须色谱、色带对应接续。

(3) 模块型接线子接续应按设计要求的型号选用模块型接线子。接续中继电缆芯线时,模块下层接B端线,上层接A端线;接续不同线径芯线时,模块下层接细径线,上层接粗径线,均要符合工程验收标准。

9. 电缆桥架安装及技术要求

电缆桥架按结构可分为两大类,即梯架和金属线槽。在综合布线专用竖井或上升房内,可选用无盖梯架或线槽。在与其他缆线公用通道路由时,除按规定保持间隔距离外,还可采用带有金属防护盖的梯架或线槽。电缆桥架均应采用经过防腐处理的定型产品。其规格、型号应符合设计要求。线槽内外应平整光滑,无飞边毛刺,无扭曲翘边等现象。安装的电缆桥架要良好接地。

1）桥架安装作业环境

（1）土建工程应全部结束且预留孔洞，预埋件安装牢固，强度合格。

（2）桥架安装沿线的模板等设施拆除完毕，场地清理干净，道路畅通。

（3）室内电缆桥架安装宜在管道及空调工程基本施工完毕后进行。

（4）吊顶内安装时，应在吊顶前进行；吊顶下安装时，应在吊顶基本结束或配合龙骨安装时进行。

2）电缆桥架的安装

（1）划线定位。根据图纸确定安装位置，从始端到终端（先干线后支线），找出水平或垂直线，在桥架路线中心线上定位，均分吊装支撑间距，并标出具体位置。

（2）预留孔洞。根据建筑轴线部位，采用预制加工框架，固定在相应的位置上，并进行调直找正，待现浇混凝土模板拆除后，拆下框架，抹平孔洞周边。

（3）线槽在吊顶内敷设时，如果吊顶内无法上人操作，吊顶上应按规定间距留出检修孔，检修孔应利于施工和维护工作。

（4）桥架或线槽穿越楼板墙洞时，不应将其与洞口一起用水泥堵死，应采用防火堵料进行封堵。

（5）桥架或线槽经过建筑物的变形缝（伸缩缝、沉降缝）时，线槽本身应断开，槽内用条孔内连接板搭接，不应固定牢固。跨接地线和槽内缆线均应留有补偿余量。

（6）桥架或线槽应尽量紧贴建筑物构建表面，应固定牢固，横平竖直，整齐严实，盖板无翘角、短缺。接地线应固定稳妥并确保电气连通。

（7）与其他弱电系统共用金属线槽时应采用金属隔板间隔。线槽内，不同方向的信息缆线应分束捆扎，并做好标记。

（8）桥架或线槽内线缆布放结束后，不得再进行喷涂刷漆，以免通信线缆受到污染破坏。

10．施工注意事项

（1）本工程按图纸敷设与安装，应严格执行 GB 50312—2007《综合布线系统工程验收规范》。

（2）本工程施工时请按实调整，并做好竣工资料的编制。

（3）5 类线终端和连接顺序的施工操作方法均按标准规定办理（包括剥除外护套长度、缆线扭绞状态都应符合技术要求）。

（4）缆线终端方式应采用卡接方式，施工中不宜用力过猛，以免造成接续模块受损。连接顺序应按缆线的统一色标排列，在模块中连接后的多余线头必须清除干净，以免留有后患。

（5）缆线终端连接后，应对缆线和配线架接续设备等进行全程测试，以保证综合布线系统正常进行。

（6）对通信引出端内部进行检查，做好固定线的连接，以保证电气连接的完整牢靠。

（7）在终端连接时，应按缆线统一色标、线对组合和排列顺序施工连接（符合 GB 50312—2007 的规定）。

（8）对绞线对卡接在配线模块的端子时，首先应符合色标的要求，并尽量保护线对的对绞状态，对于 5 类线缆的线对分扭绞状态应不大于 13mm。

（9）UTP 线缆布放时应避开所有的 EMI（电磁干扰）源，线缆与电力线之间的最小净距应符合设计要求。

（10）避开热力管道和热水管的热源。

（11）非屏蔽 4 对对绞电缆的弯曲半径应大于电缆直径 4 倍，在施工工程中应至少为 8 倍。

（12）n 根 5 类电缆布放时拉力不得超过 $50n + 50(\mathrm{N})$。

（13）对绞线在与 8 位模块式信息插座连接时必须按照缆线的色标和线对顺序进行卡接，不得颠倒或接错。本设计中推荐 T568A、T568B 两种卡接方式，但是在同一工程中两种连接方式不能混合使用。

（14）必须采用专制卡接工具进行卡接。

（15）综合布线系统工程中所用的缆线类型和性能指标、布线部件的规格及质量等均要符合我国通信行业标准 YD/T 926.1～3—2009《大楼通信综合布线系统第 1—3 部分》等规范或设计文件的规定，工程施工中不得使用未经鉴定合格的器材和设备。

（16）有关施工的一般标准要按相关施工规范操作，对非原则性个别问题，在施工中与建设单位协商处理解决。

11. 节能减排，绿色环保

国家信息产业部不断强调节能减排在信息产业中的重要性，在材料集中采购的过程中，均已充分考虑了其产品的环保问题。所选材料均符合国家相关法律法规规定及行业设计标准，能够达到合理利用能源和环保的效果。

12. 其他需要说明的问题

（1）本工程施工情况复杂，在施工前请施工单位及建设单位和某大学新校区建设办公室相关主管领导联系，协商相关专业配合施工的详细事宜。在取得支持后，方可进入施工。

（2）在某大学新校区内施工时，施工单位应文明规范施工，设置相应安全标志，遵守相关管理规定要求，确保当地人员及公私财产的安全。与其他相关施工单位交叉作业时，应及时与其主管单位联系，并现场确定安全后才可以进行施工。

（3）线缆敷设时要避免遭受冲击、划伤、扭折、背扣等人为损伤。

（4）在施工作业前，施工人员要确认原有工器具以及施工现场等是否安全，待确认安全后才可以施工作业。如发现不安全因素，要尽快撤离并向相关部门报告。

（5）本工程大对数电缆全部在室内槽道中布放。施工时注意槽道电缆及施工人员安全。

（6）本工程用线缆跳线分电话语音用跳线和数据宽带用跳线，在本设计中计列相关材料及工费。本工程中布放设备侧大对数电缆为语音交换设备附带材料，由设备厂家提供在本设计根据交换专业提供数据计列布放大对数电缆相关工费。

综合布线系统的设计和案例

附件 1：配线架安装位置统计表

以行政楼为例，共 6 个机柜，每个机柜 42U。

配线架安装位置统计表

位置	高度	设备	位置	高度	设备	位置	高度	设备
校行政楼北四楼	42U	风扇	校行政楼北四楼	42U	风扇	校行政楼北一楼	42U	风扇
	41U			41U			41U	
	40U	电源空开		40U			40U	电源空开
	39U			39U			39U	
	38U			38U			38U	
	37U			37U	ODF		37U	
	36U			36U			36U	
	35U	直流		35U			35U	
	34U	远供		34U			34U	
	33U			33U			33U	
	32U	MUD64		32U			32U	
	31U			31U			31U	
	30U			30U			30U	
	29U	MUD256		29U			29U	48 口交换机
	28U			28U			28U	
	27U			27U			27U	48 口交换机
	26U	楼宇交换机		26U			26U	
	25U			25U	110 电话配线架		25U	48 口交换机
	24U			24U			24U	
	23U	48 口交换机		23U	110 电话配线架		23U	48 口交换机
	22U			22U			22U	
	21U	48 口交换机		21U	110 电话配线架		21U	
	20U			20U			20U	
	19U	48 口交换机		19U	110 电话配线架		19U	
	18U			18U			18U	
	17U	48 口交换机		17U	110 电话配线架		17U	
	16U			16U			16U	
	15U			15U	110 电话配线架		15U	
	14U	24 口配线架		14U			14U	
	13U	理线器		13U	110 电话配线架		13U	
	12U	24 口配线架		12U			12U	
	11U	24 口配线架		11U	110 电话配线架		11U	
	10U	理线器		10U			10U	24 口配线架
	9U	24 口配线架		9U	24 口电话配线架		9U	理线器
	8U	24 口配线架		8U	理线器		8U	24 口配线架
	7U	理线器		7U	24 口电话配线架		7U	24 口配线架
	6U	24 口配线架		6U	24 口电话配线架		6U	理线器
	5U	24 口配线架		5U	理线器		5U	24 口配线架
	4U	理线器		4U	24 口电话配线架		4U	24 口配线架
	3U	24 口配线架		3U	24 口电话配线架		3U	理线器
	2U			2U	理线器		2U	24 口配线架
	1U			1U	24 口电话配线架		1U	

位 置	高度	设备	位 置	高度	设备	位 置	高度	设备
校行政楼北四楼	42U	风扇	校行政楼北四楼	42U	风扇	校行政楼北一楼	42U	风扇
	41U			41U			41U	
	40U	电源		40U			40U	
	39U			39U			39U	电源 空开
	38U			38U			38U	
	37U			37U			37U	
	36U			36U			36U	
	35U			35U			35U	
	34U			34U			34U	
	33U			33U	ODF		33U	
	32U	楼宇交换机		32U			32U	
	31U			31U			31U	
	30U			30U			30U	
	29U	48 口交换机		29U			29U	
	28U			28U			28U	
	27U	48 口交换机		27U			27U	48 口交换机
	26U			26U			26U	
	25U	48 口交换机		25U	110 电话配线架		25U	48 口交换机
	24U			24U			24U	
	23U	48 口交换机		23U	110 电话配线架		23U	48 口交换机
	22U			22U			22U	
	21U	48 口交换机		21U	110 电话配线架		21U	48 口交换机
	20U			20U			20U	
	19U	48 口交换机		19U	110 电话配线架		19U	48 口交换机
	18U			18U			18U	
	17U			17U			17U	
	16U			16U			16U	
	15U	理线器		15U			15U	
	14U	24 口配线架		14U			14U	
	13U	24 口配线架		13U			13U	
	12U	理线器		12U			12U	
	11U	24 口配线架		11U			11U	
	10U	24 口配线架		10U			10U	24 口配线架
	9U	理线器		9U	24 口电话配线架		9U	理线器
	8U	24 口配线架		8U	理线器		8U	24 口配线架
	7U	24 口配线架		7U	24 口电话配线架		7U	24 口配线架
	6U	理线器		6U	24 口电话配线架		6U	理线器
	5U	24 口配线架		5U	理线器		5U	24 口配线架
	4U	24 口配线架		4U	24 口电话配线架		4U	24 口配线架
	3U	理线器		3U	24 口电话配线架		3U	理线器
	2U	24 口配线架		2U	理线器		2U	24 口配线架
	1U			1U	24 口电话配线架		1U	

综合布线系统的设计和案例

附件 2: 工作量统计表

以行政楼为例。

工作量统计表

	楼层	电话点	门禁点	网线点	布放 6 对对绞电缆 垂直/m	布放 6 对对绞电缆 水平/m	布放 6 对对绞电缆 合计/m	链路测试(链路)	安装线槽/m	敷设 PVC 管/m
行政楼北楼	5 层	13	0	30	215	2365	2580	43	127	65
	4 层	16	0	37	53	2915	2968	53	127	80
	3 层	34	0	73	535	5885	6420	107	209	161
	2 层	32	0	71	675	5665	6340	103	201	155
	1 层	32	0	72	552	5720	6272	104	185	156
	合计	127	0	283	2030	22 550	24 580	410	849	617

	楼层	电话点	门禁点	网线点	布放 4 对对绞电缆 垂直/m	布放 4 对对绞电缆 水平/m	布放 4 对对绞电缆 合计/m	链路测试(链路)	安装线槽/m	敷设 PVC 管/m
行政楼南楼	5 层	23	0	49	360	3960	4320	72	0	108
	4 层	22	0	49	71	3905	3976	71	0	107
	3 层	29	0	57	430	4730	5160	86	0	129
	2 层	31	0	64	630	5225	5855	95	0	143
	1 层	29	0	65	500	5170	5670	94	0	141
	合计	134	0	284	1991	22 990	24 981	418	0	628

附件3：图例

校行政楼

序　号	图　例	名　称	安装方式	备　注
1	●	数据点	暗装，距地0.3m	
2	◪ W	无线AP点	吊顶内安装	教室内距地2.8m
3	◎	电话点	暗装，距地0.3m	
4	SPF	视频服务器	竖井内明装，距地1.4m	
5	▭	多媒体机柜	坐地安装	视现场情况确定位置
6	▯	网络机柜	坐地安装	

附件4：综合布线系统图

以行政楼北侧弱电井为例。

综合布线系统的设计和案例

附件 5：机房跳线架安装图

以行政楼为例。

行政楼4层南侧弱电井

行政楼4层北侧弱电井

附件 6：综合布线平面图

以行政楼某层部分为例。

综合布线系统的设计和案例

附件 7：部分光缆路由规划

第11章 实验部分

实验一　超 5 类和 6 类非屏蔽跳线的制作

在水平子系统、管理子系统、工作区子系统中使用最为广泛的传输介质为双绞线（Twisted-Pair Cable，TP），双绞线由不同颜色的 4 对 8 芯线组成，每两条按一定规则绞织在一起，成为一个芯线对。双绞线作为网络连接的传输介质，将来网络上的所有信息都需要在这样一个信道中传输，因此，其作用是十分重要的，如果连接网线的 RJ-45 头制作得不规范，将直接导致网速下降，严重时导致网络不通，按照规范制作网线连接的 RJ-45 头连接是非常重要的。

1. 超 5 类非屏蔽跳线的制作

1）实验目的

（1）掌握 RJ-45 头和跳线的制作方法和技巧。

（2）掌握网线的色谱、剥线方法、预留长度和压接顺序。

（3）掌握各种 RJ-45 头和跳线的测试方法。

（4）掌握网络压接常用工具的使用方法。

2）实验材料和工具

实验材料和工具如图 11-1～图 11-5 所示。

图 11-1　超 5 类非屏蔽双绞线

图 11-2　超 5 类非屏蔽 RJ-45 水晶头

168

图 11-3　剥线器

图 11-4　5 类 RJ-45 压线/
切线/剥线钳

图 11-5　网线测试仪

3）接口标准

为了方便网络连接,对于双绞线的制作,国际上规定了 TIA/EIA 568A 和 TIA/EIA 568B 两种接口标准,这两个标准是当前公认的双绞线的制作标准。相应的接口线序排列如下所示:

TIA/EIA 586A 标准:①白绿;②绿;③白橙;④蓝;⑤白蓝;⑥橙;⑦白棕;⑧棕。

TIA/EIA 586B 标准:①白橙;②橙;③白绿;④蓝;⑤白蓝;⑥绿;⑦白棕;⑧棕。

事实上,TIA/EIA 568A 标准就是将 TIA/EIA 568B 标准的 1 号线和 3 号线对调,2 号线和 6 号线对调,TIA/EIA 568A 和 TIA/EIA 568B 两者有何区别呢?后者是前者的升级和完善,另外在综合布线的施工中,有 TIA/EIA 568A 和 TIA/EIA 568B 两种不同的打线方式,两种方式对性能没有影响,但是必须强调的是在一个工程中只能使用一种打线方式,现阶段用 TIA/EIA 586B 的模式多一些。

日常用到的跳线有两种类型:平行线(又称直通线)和交叉线(又称级连线),同种设备相连的时候用交叉线(交换机之间、计算机之间),异种设备相连的时候用平行线(交换机和计算机之间),在综合布线的水平子系统中使用的都是平行线。

(1)平行线:将双绞线的两端都按照 TIA/EIA 568B 标准(或都按照 TIA/EIA 568A 标准)整理线序,压入 RJ-45 头内。

(2)交叉线:双绞线一端接头制作时采用 TIA/EIA 568B 标准,另一端则采用 TIA/EIA 568A 标准。事实上,平行线也可以不按照上述标准制作,只要两端芯线顺序一致即可,但这样制作出来的平行线不符合国际压线标准,使用时会影响网络速度,所以要按照国际标准压线。

4）实验步骤

(1)用 RJ-45 压线钳的切线槽口剪裁适当长度的双绞线,如图 11-6 和图 11-7 所示。

(2)用 RJ-45 压线钳的剥线口或专用的剥线器将双绞线一端的外层保护壳剥下约 3cm,注意不要伤到里面的芯线,剪去线绳,将 4 对芯线成扇形分开,按照相应的接口标准(TIA/EIA 568A 或 TIA/EIA 568B)从左至右整理线序并拢直,使 8 根芯线平行排列,如图 11-8 所示。整理完毕用网线钳将芯线顶端剪齐,如图 11-9 所示。留下 1.5cm(太长接头容易松动,太短接头的金属刀口不能与芯线完全接触),如图 11-10 所示。

（3）将 RJ-45 头有弹片的一侧向下放置，然后将排好线序的双绞线水平插入 RJ-45 头的线槽中，如图 1-11 所示。注意，导线顶端应插到底，以免压线时 RJ-45 头上的金属刀口与导线接触不良。

图 11-6　压线钳的切线槽口

图 11-7　剥外层保护皮

图 11-8　按顺序理线

图 11-9　顶端剪齐

图 11-10　剪好后的线缆

图 11-11　放入 RJ-45 头中

（4）确认导线的线序正确且到位后，将 RJ-45 头放入压线钳的 RJ-45 夹槽中，再用力压紧，使 RJ-45 头压紧在双绞线上，如图 11-12 所示。至此，网线一端的 RJ-45 头就压制好了，如图 11-13 所示。

（5）同理，制作双绞线的另一端接头。此处注意，如果制作的是交叉线，两端接头的线序应不同。

图 11-12　放入压线钳的 RJ-45 夹槽中　　　　图 11-13　完成

（6）使用专用设备上的测试或手持的网线测试仪，来测试制作的跳线是否连通，如果 8 条线的灯都一对一地亮起，说明线缆是通的，如图 11-14 所示。如果 8 条线对应的灯不是一对一地亮起，说明跳线制作有问题，可能是断路或短路，是否符合认证测试电气性能参数的要求，要用专用的认证测试仪器进行测试，这里的测试是验证测试。

图 11-14　验证测试

2. 6 类非屏蔽跳线的制作

6 类非屏蔽 RJ-45 头如图 11-15 所示。6 类非屏蔽 RJ-45 头的内部结构是分成上下两排进行排列的，并且上下两排都是互相错开来进行排列的，而 5 类非屏蔽 RJ-45 头的内部结构是呈一字型进行排列的，6 类非屏蔽双绞线多一个十字骨架，如图 11-16 所示。6 类非屏蔽线缆 RJ-45 头在制作过程中，需要把线缆中间的十字骨架剪断，如图 11-17 所示，其余做法和超 5 类非屏蔽线缆 RJ-45 头的制作方法相似。

图 11-15　6 类非屏蔽 RJ-45 头　　　　图 11-16　6 类非屏蔽双绞线

图 11-17　剪去十字骨架的 6 类非屏蔽双绞线

注意：6 类线因为中间有十字骨架，因此，比 5 类线粗，剥线时，最好使用专用的剥线器，防止损伤线芯。

实验二　超 5 类屏蔽跳线的制作

1. 实验目的

（1）掌握超 5 类屏蔽 RJ-45 水晶头的制作方法和技巧。

（2）掌握网线的色谱、剥线方法、预留长度和压接顺序。

（3）掌握网络压接常用工具的使用方法。

2. 实验材料和工具

实验材料和工具如图 11-18～图 11-22 所示。

图 11-18　剥线器

图 11-19　超 5 类屏蔽 RJ-45 水晶头

图 11-20　超 5 类铝箔屏蔽双绞线

图 11-21　超 5 类 RJ-45 压线/切线/剥线钳

图 11-22　网线测试仪

3. 接口标准

屏蔽双绞线相应的接口标准和非屏蔽双绞线的接口标准相同,可参考实验一部分的内容。

4. 实验步骤

(1) 用 RJ-45 压线钳的剥线口或专用的剥线器将屏蔽双绞线一端的外层保护皮剥下约 3cm,如图 11-23 所示。注意,不要伤到里面的芯线和屏蔽层,如图 11-24 所示。剪去塑料保护膜和线绳,把铝箔翻过来包裹到 5 类屏蔽线的外层保护皮上,同时屏蔽线也翻到铝箔上,如图 11-25 所示。

图 11-23　剥去外层保护皮

图 11-24　剥去保护皮的 5 类屏蔽双绞线

(2) 将 4 对芯线成扇形分开,按照相应的接口标准(TIA/EIA 568A 或 TIA/EIA 568B) 从左至右整理线序并拢直,使 8 根芯线平行排列,如图 11-26 所示。

图 11-25　剪去线绳和塑料保护膜

图 11-26　按照顺序理线

(3) 整理完毕,用网线钳将芯线顶端剪齐,留下 1.5cm(太长接头容易松动,太短接头的金属刀口不能与芯线完全接触),将 RJ-45 头有弹片的一侧向下放置,然后将排好线序的双绞线、地线放到 RJ-45 头中间的位置,水平插入 RJ-45 头的线槽中,如图 11-27 所示。注意,导线顶端应插到底,以免压线时 RJ-45 头上的金属刀口与导线接触不良。

图 11-27 放入屏蔽的 RJ-45 头中

（4）确认导线的线序正确且到位后，然后用扎带把地线和屏蔽层捆绑好，如图 11-28 所示，使 RJ-45 头压紧在双绞线上，将 RJ-45 头放入压线钳的 RJ-45 夹槽中，再用力压紧，如图 11-29 所示。至此，网线一端的 RJ-45 头就压制好了。

图 11-28 扎带捆绑地线和屏蔽层

图 11-29 放入压线钳的 RJ-45 槽里

（5）同理，制作双绞线的另一端接头。此处注意，如果制作的是直通线，两端接头的线序应相同。

（6）使用网线测试仪来测试制作的网线是否连通，对于屏蔽线不但 1～8 针灯都一对一地亮起，G 灯（表示地）也应该一对一地亮起，如图 11-30 所示，说明制作的屏蔽跳线是通的，但是否符合认证测试电气性能参数的要求，要用专用的认证测试仪器进行测试。

图 11-30　测试 G 灯亮

实验三　超 5 类和 6 类非屏蔽模块的制作

1. 实验目的

(1) 掌握超 5 类(6 类)模块及超 5 类(6 类)免打模块的制作方法和技巧。

(2) 掌握网线的色谱、剥线方法、预留长度和压接顺序。

(3) 掌握模块压接常用工具和操作技巧。

2. 实验材料和工具

实验材料和工具如图 11-31～图 11-36 所示。

图 11-31　超 5 类模块

图 11-32　6 类模块

图 11-33　超 5 类免打模块外部

图 11-34　超 5 类免打模块内部结构

图 11-35　剥线器

图 11-36　打线钳

3. 端接标准

这里指的是 RJ-45 模块,满足超 5 类传输标准,符合 TIA/EIA 568A 和 TIA/EIA 568B 线序,适用于管理间与工作区的通信插座连接。超 5 类和 6 类非屏蔽模块在外观上看,没有太大的区别,端接之时只需按照模块内侧或外侧面标注的选择标准打线即可。

4. 实验步骤

1) 需打线型 RJ-45 模块的安装

RJ-45 模块前面插孔内有 8 芯线针触点分别对应着双绞线的 8 根线;后部上面两边各分列 4 个打线柱,外壳为聚碳酸酯材料,打线柱内嵌有连接各线针的金属夹子;通用线序色标清晰标注于模块两侧面或模块内部上,分两排。A 排表示 TIA/EIA 586A 线序模式,B 排表示 TIA/EIA 586B 线序模式,如果跳线是按照 TIA/EIA 586B 制作的,那么 RJ-45 模块要选择 B 排。具体的制作步骤如下:

第 1 步:拿出一根双绞线,用剥线工具或压线钳在离网线头约 2.5cm 将双绞线的外包皮剥去,如图 11-37 所示。

第 2 步:把剥开的双绞线线芯按线对分开,但先不要拆开各线对,只有在将相应线对预先压入打线柱时才拆开。按照模块上所指示的色标选择统一的线序模式(注:在一个布线系统中最好只统一采用一种线序模式,否则接乱了,网络不通则很难排查),将剥皮处与模块后端面平行,两手稍旋开绞线对,稍用力将导线压入相应的线槽内,如图 11-38 所示。

图 11-37　剥外皮

图 11-38　线压入相应的线槽内

第 3 步:全部线对都压入各槽位后,就可用打线工具将一根根线芯进一步压入线槽中,如图 11-39 所示,完成后如图 11-40 所示。

图 11-39　打线

图 11-40　完成

　　打线工具的使用方法：切割余线的刀口永远朝向模块的外侧，打线工具与模块垂直插入槽位，垂直用力冲击，听到"咔嗒"一声，说明工具的凹槽已经将线芯压到位，已经嵌入金属夹子里，并且金属夹子已经切入绝缘皮咬合铜线芯形成通路。这里千万注意以下两点：刀口向外，若忘记而变成向内，压入的同时也切断了本来应该连接的铜线；垂直插入，若打斜了，将使金属夹子的口撑开，再也没有咬合的能力，并且打线柱也会歪掉，难以修复，这个模块就坏了。若新买的好刀具在冲击的同时，应能切掉多条的线芯，若不行，多冲击几次，并可以用手拧掉。

　　第 4 步：将模块的塑料防尘片扣在打线柱上，如图 11-41 所示，并将打好线的模块扣入信息面板上，如图 11-42 所示。

图 11-41　盖上防尘片

图 11-42　模块扣入信息面板

　　2）免打线型超 RJ-45 模块的安装

　　免打线型超 RJ-45 模块的设计便于无须打线工具而准确快速地完成端接，没有打线柱，而是在模块的里面有两排各 4 个金属夹子，而锁扣机构集成在扣锁帽里，色标也标注在扣锁帽后端，端接时，用剥线器剥出约 4cm 的线，按色标将线芯放进相应的槽位，扣上，再用钳子压一下扣锁帽即可（有些可以用手压下，并锁定）。扣锁帽确保铜线全部端接并防止滑动，扣锁帽多为透明，以方便观察线与金属夹子的咬合情况。

实验四　超 5 类和 6 类屏蔽模块的制作

1. 实验目的

(1) 掌握超 5 类和 6 类屏蔽模块的制作方法和技巧。

(2) 掌握网线的色谱、剥线方法、预留长度和压接顺序。

(3) 掌握模块压接常用工具和操作技巧。

2. 实验材料和工具

实验材料和工具如图 11-43～图 11-46 所示。

图 11-43　超 5 类屏蔽模块

图 11-44　超 5 类屏蔽双绞线

图 11-45　剥线器

图 11-46　打线工具

在国内的信息网络结构化布线系统实施过程中,随着对网络可靠性和抗干扰能力要求的提高,屏蔽系统得到了更多的应用,与非屏蔽系统相比,屏蔽系统的实施有一些不同的技术要求,尤其是对屏蔽层的处理,如果施工不当,还会对系统的整体性能造成影响。

3. 端接标准

这里指的是 RJ-45 屏蔽模块,满足超 5 类传输标准,符合 TIA/EIA 568A 和 TIA/EIA 568B 线序,适用于管理间与工作区的通信插座连接。端接时只需按照盖帽上标注的颜色,选择标准打线即可。

4. 实验步骤

屏蔽模块的结构如图 11-43 所示,包括模块、屏蔽壳、盖帽,可以支持 22～26AWG 直径的屏蔽双绞线进行端接。

第 1 步:将电缆外皮剥除约 25cm,去掉屏蔽层内的透明薄膜和线绳,然后把盖帽穿入线中,按照盖帽上标记的颜色 B 或 A 用打线工具进行打线,注意打线刀的使用,刀口向外,把线按照颜色压进模块里并打断双绞线,如图 11-47 所示。

第 2 步:将金属屏蔽层向后弯折并包裹住电缆外皮,然后将导流线(地线)缠绕或后弯折在屏蔽层上,盖上盖帽和屏蔽壳,将屏蔽壳的各个部位卡紧。用扎带把屏蔽壳、屏蔽层、地线固定在一起,屏蔽模块的制作完成,如图 11-48 所示。

图 11-47 按照标记打线　　　　图 11-48 完成屏蔽模块

第 3 步:测试屏蔽模块时,如果屏蔽模块制作正确,测线器上的 8 个灯都一对一地亮起,G 灯(表示地)也应该一对一地亮起,如图 11-49 所示。注意,测试时的双绞线跳线需要用屏蔽的双绞线。

图 11-49 屏蔽模块的测试

实验五　110A 配线架的打线

1. 实验目的
(1) 掌握安装 110A 配线架的方法。
(2) 掌握 110A 配线架的端接方法。

2. 实验材料和工具
实验材料和工具如图 11-50～图 11-54 所示。

图 11-50　25 对大对数电缆

图 11-51　非屏蔽双绞线

图 11-52　100 对 110A 配线架

图 11-53　110 压线钳

图 11-54　110 多对端接工具

3. 线序

1) 大对数线缆的线序

线缆主色为白、红、黑、黄、紫。

线缆配色为蓝、橙、绿、棕、灰。

一组线缆为 25 对，以色带来分组，一共有 25 组分别为：

① （白蓝、白橙、白绿、白棕、白灰）。

② （红蓝、红橙、红绿、红棕、红灰）。

③ （黑蓝、黑橙、黑绿、黑棕、黑灰）。

④ （黄蓝、黄橙、黄绿、黄棕、黄灰）。

⑤ （紫蓝、紫橙、紫绿、紫棕、紫灰）。

1～25 对线为第一小组，用白蓝相间的色带缠绕。

26～50 对线为第二小组,用白橙相间的色带缠绕。

51～75 对线为第三小组,用白绿相间的色带缠绕。

76～100 对线为第四小组,用白棕相间的色带缠绕。

此 100 对线为 1 大组用白蓝相间的色带把 4 小组缠绕在一起。

200 对、300 对、400 对……2400 对以此类推。

对于大对数电缆打线时一般使用 5 对连接块。

2) 双绞线的线序

25 对的 110A 配线架配套 5 个 4 对连接块和 1 个 5 对连接块,4 对连接块上标有颜色:蓝、橙、绿、棕,5 对连接块上标有颜色蓝、橙、绿、棕、灰,如图 11-55 所示。

图 11-55　4 对和 5 对连接块

双绞线打线时一般使用 4 对连接块,大对数电缆打线时一般使用 5 对连接块。双绞线的打法是按照连接块上标注的从左至右以白蓝、蓝、白橙、橙、白绿、绿、白棕、棕的线序打线,大对数电缆的打法是按照连接块上标注的从左至右以白蓝、蓝、白橙、橙、白绿、绿、白棕、棕、白灰、灰的线序打线。

4. 实验步骤(以安装 25 对大对数为例)

(1) 将配线架固定到机柜合适位置。

(2) 从机柜进线处开始整理电缆,电缆沿机柜两侧整理至配线架处,并留出大约 25cm 的大对数电缆,用电工刀或剪刀把大对数电缆的外皮剥去,如图 11-56 所示。使用扎带固定好电缆,将电缆穿过 110A 配线架一侧的进线孔,摆放至配线架打线处,如图 11-57 所示。

图 11-56　剥去大对数电缆的外皮

图 11-57　电缆穿入配线架

(3) 根据电缆色谱排列顺序,将对应颜色的线对逐一压入槽内,如图 11-58 所示。然后使用 110A 打线工具固定线对连接,同时将伸出槽位外多余的导线截断。注意,刀要与配线架垂直,刀口向外,如图 11-59 所示。

(4) 准备 5 对打线工具和 110A 连接块,如图 11-60 所示。连接块放入 5 对打线工具中,如图 11-61 所示。把连接块垂直压入槽内,如图 11-62 所示,并贴上编号标签。注意,连接端的组合是：在 25 对的 110A 配线架基座上安装时，应选择 5 个 4 对连接块和 1 个 5 对连接块，完成后的效果图如图 11-63 所示。

图 11-58　按颜色线对逐一压入槽内

图 11-59　压线钳压线

图 11-60　5 对打线工具和 110A 连接块

图 11-61　接连接块放入 5 对打线工具中

图 11-62　连接块垂直压入槽内

图 11-63　完成效果

实验六　RJ-45 模块化配线架的打线

1. 实验目的

（1）掌握安装模块化配线架的方法。

（2）掌握模块化配线架的端接方法。

2. 实验材料和工具

模块化配线架正面如图 11-64 所示,反面如图 11-65 所示。

图 11-64　模块化配线架的正面

图 11-65　模块化配线架的反面

3. 实验步骤

(1) 在配线架上安装理线器,用于支撑和理顺过多的电缆。

(2) 利用压线钳将线缆剪至合适的长度。

(3) 利用剥线钳剥除双绞线的绝缘层包皮。

(4) 依据所执行的标准和配线架的类型,将双绞线的 4 对芯线按照正确的颜色顺序分开。

(5) 根据配线架上所指示的颜色,一般按照 TIA/EIA 568B 颜色的标注将双绞线置入线槽,利用 110 打线工具端接配线架与双绞线,注意 110 打线工具刀口向里面把线打断,如图 11-66 所示。

(6) 重复第(2)~(5)步的操作,端接其他双绞线,如图 11-67 所示。

图 11-66　110 打线工具打线

图 11-67　打线完成

（7）将线缆理顺，并利用尼龙扎带将双绞线与理线器固定在一起。

（8）利用尖嘴钳整理扎带，配线架端接完成。

实验七　简单链路的测试

1．实验目的

（1）设计测试链路端接路由图。

（2）熟练掌握跳线的制作、110A 配线架和 RJ-45 配线架的端接方法。

（3）掌握链路测试技术。

2．实验材料和工具

网络综合布线实训台（如果没有实训台，可以使用手持网线测试仪）、RJ-45 配线架一个、110A 配线架一个、RJ-45 水晶头、双绞线、剥线器、压线钳、打线钳、钢卷尺等。

3．实验内容

2 人一组，每人完成一组测试链路布线与端接，每组一套工具（箱），3m 网线，6 个 RJ-45 水晶头，2 个 4 对通信连接块，连接如图 11-68 所示。

1 号跳线，一端插在测试仪 RJ-45 口中，另一端插在 RJ-45 配线架口中。

2 号跳线，一端端接在 RJ-45 配线架模块中，另一端端接在 110 配线架连接块下层。

3 号跳线，一端插在测试仪 RJ-45 口中，另一端端接在 110 配线架连接块上层。

完成 4 个网络简单链路，每个链路端接 6 次 48 芯线，端接正确率 100%。

图 11-68　简单链路路由连接

4．实验步骤

（1）准备材料和工具，打开电源开关。

（2）按照 RJ-45 水晶头的做法，制作第一根网络跳线，两端 RJ-45 水晶头端接，测试合格后将一端插在测试仪下部的 RJ-45 口中，另一端插在 RJ-45 配线架口中。

（3）把第二根网线一端按照 RJ-45 模块化配线架 TIA/EIA 568B 标注的线序，端接在网络配线架模块中，另一端端接在 110A 配线架下层，并且压接好 4 对连接块。

（4）把第三根网线一端端接好 RJ-45 水晶头，插在测试仪上部的 RJ-45 口中，另一端端接在 110A 配线架模块上层，端接时对应指示灯直观显示线序和电气连接情况。

（5）测试。压接好模块后，网络综合布线实训台（如果没有实训台，可以使用手持网线测试仪）对应的指示灯会依次闪烁，显示线序连接情况。

（6）重复以上步骤，完成其余 3 个简单链路的端接和测试，如图 11-69 所示。

说明：如果每一组3根网线端接都是正确的，对应测试仪的8芯指示灯亮，如果每一组中有一根网线端接不正确，对应的指示灯不亮。通过这个实验，可以检测制作跳线和端接跳线的情况。

图 11-69 简单链路的端接和测试

实验八 复杂链路的测试(选做)

1. 实验目的

(1) 熟练掌握 110A 跳线架模块端接方法。

(2) 掌握 RJ-45 模块化配线架模块端接方法。

(3) 掌握常用工具和操作技巧。

2. 实验材料和工具

网络综合布线实训台、RJ-45 配线架一个、110A 配线架一个、RJ-45 水晶头、双绞线、剥线器、压线钳、打线钳、钢卷尺等。

3. 实验内容

2 人一组，每人完成一组复杂链路布线与端接。每组一套工具(箱)，3m 网线，2 个 RJ-45 水晶头，2 个 4 对通信连接块，连接如图 11-70 所示。

1 号跳线，一端端接 RJ-45 水晶头，插入 RJ-45 网络配线架的端口，另一端与实训台上 110A 配线架的一个模块上层端接。

2 号跳线，一端端接在 RJ-45 网络配线架模块中，另一端与 110A 配线架模块下层端接。

3 号跳线，一端端接 110A 配线架的上层，另一端与实训台上 110A 配线架的一个模块的对应下层端接。

排除端接中出现的开路、短路、跨接、反接等常见故障。

图 11-70 复杂链路路由连接

4. 实验步骤

（1）取出 3 根网线,打开压接线试验仪电源。

（2）完成第一根网线端接,把端接好 RJ-45 水晶头的一端插入 RJ-45 网络配线架的端口中,另一端与实训台上 110A 配线架的一个模块上层端接。

（3）完成第二根网线端接,一端端接在 RJ-45 网络配线架模块中,另一端与 110A 配线架模块下层端接。

（4）完成第三根网线端接,一端端接 110A 配线架的上层,另一端与实训台上 110A 配线架的一个模块的对应下层端接,对应的指示灯直观显示线序。

（5）仔细观察指示灯,及时排除端接中出现的开路、短路、跨接、反接等常见故障。

（6）重复以上步骤,完成其余 5 根网线的端接和测试,如图 11-71 所示。

图 11-71 复杂链路的端接和测试结果

说明：如果端接正确，一边端接每一芯线缆，测试仪上端的灯一对一亮，如果端接不正确，测试仪上端的灯不亮，或不是一对一地亮，因此可以实时显示每一根网线的每一芯的端接情况，及时排除开路、短路、跨接、反接等常见故障。

实验九　工作区子系统

1. 实验目的

(1) 通过设计工作区信息点位置和数量，掌握工作区子系统的设计。

(2) 通过信息点插座和模块的安装，掌握工作区子系统规范施工能力和方法。

(3) 以网络底盒、插座面板的安装为主。

2. 实验材料和工具

综合布线实训装置、86系列明装塑料底盒、双绞线、单口面板、双口面板、M6螺丝、RJ-45模块、RJ-11模块、十字螺丝刀、压线钳、剥线钳、标签。

3. 实验步骤

(1) 设计工作区子系统。3～4人组成一个项目组，设计一种工作区子系统并绘制施工图，然后进行实训。

(2) 列出材料清单和领取材料。按照设计图，完成材料清单并且领取材料。

(3) 列出工具清单和领取工具。根据实验需要，完成工具清单并且领取工具。

(4) 安装底盒。

首先，检查底盒的外观是否合格，特别检查底盒上的螺丝孔必须正常，如果其中有一个螺丝孔损坏坚决不能使用。根据进出线方向和位置，取掉底盒预设孔中的挡板；最后，按设计图纸位置用M6螺丝把底盒固定在装置上，如图11-72所示。

① 穿线，如图11-73所示。底盒安装好后，将双绞线根据设计的布线路经从网络机柜内顺着线槽或线管布放到底盒(线槽和线管的布线见实验十)。

图 11-72　底盒

图 11-73　穿线

② 端接模块(见图11-74)和安装面板。安装模块时，首先要剪掉多余的线头，一般在安装模块前都要剪掉多余的部分，留出100～120mm用于压接模块或检修。然后压接模块，压接方法必须正确，一次压接成功。之后装好防尘盖。模块压接完成后，将模块卡接在面板中，然后安装面板。

③ 标记。如果双口面板上有网络和电话插口标记时，按照标记口位置安装，并做好标

记,如图 11-75 所示。

图 11-74　端接模块

图 11-75　面板标记

实验十　水平子系统

1. 水平子系统 PVC 线管的安装和布线

水平子系统一般安装得十分隐蔽,一般都在房屋上面的吊顶里,智能大厦的水平子系统更换和维护的费用很高,技术要求也高,基本不能更换,如果经常对水平线缆进行维护和更换,就会影响大厦内用户的正常使用,因此,水平布线要一步到位。水平子系统的管路铺设、线缆选择将成为综合布线系统中重要的组成部分,本实验主要做 PVC 线管的安装和布线。

1)实验目的

(1)通过水平子系统布线路径和距离的设计,熟练掌握水平子系统的设计。

(2)通过线管的安装和穿线等,熟练掌握水平子系统的施工方法。

(3)通过使用弯管器制作弯头,熟练掌握弯管器的使用方法和布线曲率半径要求。

(4)通过核算、列表、领取材料和工具,训练规范施工的能力。

2)实验材料和工具

综合布线实训台、ϕ20PVC 塑料管、管接头、管卡、弯管器、牵引线、十字螺丝刀、M6×16 十字头螺钉、钢锯、线槽剪、登高梯子、标签。

3)实验步骤

(1)使用 PVC 线管设计一种从信息点到楼层机柜的水平子系统,并且绘制施工图,如图 11-76 所示。

(2)按照设计图,核算实验材料规格和数量,掌握工程材料核算方法,列出清单。

(3)按照设计图,列出实验工具清单,领取实验材料和工具。

(4)首先在需要的位置安装管卡,然后安装 PVC 线管,两根 PVC 管连接处使用管接头,拐弯处必须使用弯管器制作大拐弯的弯头连接,如图 11-77 所示,弯管器的使用方法见"3.弯管的使用方法。"

(5)明装布线实验时边布管边穿线。暗装布线时,先把全部管和接头安装到位,并且固定好,然后从一端向另一端穿线。明装和暗装布线时都需要先在线管或线槽里放上牵引线。

图 11-76　水平子系统的安装和布线设计图

图 11-77　PVC 管的管弯

（6）布管和穿线后,必须做好线标。

2. 水平子系统 PVC 线槽的安装和布线

住宅楼、老式办公楼、厂房进行改造或者需要增加网络布线系统时,一般采用明装布线方式。常用 PVC 线槽规格有 20mm×10mm、39mm×18mm、50mm×25mm、60mm×22mm、80mm×50mm 等,本实验主要做 PVC 线槽的安装和布线。

1）实验目的

（1）通过水平子系统布线路径和距离的设计,熟练掌握水平子系统的设计。

（2）通过线槽的安装和穿线等,熟练掌握水平子系统的施工方法。

（3）通过核算、列表、领取材料和工具,训练规范施工的能力。

2）实验材料和工具

综合布线实训台、20mm 或者 40mmPVC 线槽、盖板、阴角、阳角、三通、电动起子、十字螺丝刀、M6×16 十字头螺钉、牵引线、钢锯、线槽剪、登高梯子、标签。

3）实验步骤

（1）3～4人成立一个项目组,选举项目负责人。使用PVC线槽设计一种从信息点到楼层机柜的水平子系统,并且绘制设计图,如图11-78所示。

（2）按照设计图,核算实验材料规格和数量,掌握工程材料核算方法,列出清单。

（3）按照设计图需要,列出实验工具清单,领取实验材料和工具。

（4）首先量好线槽的长度,再使用电动起子在线槽上开8mm的孔,孔位置必须与实验装置安装孔对应,每段线槽至少开两个安装孔。

（5）用M6×16螺钉把线槽固定在实训装置上。拐弯处必须使用专用接头,例如阴角、阳角、弯头、三通等。

（6）在线槽布线,边布线边装盖板。

（7）布线和盖板后,做好线标,完成线槽的安装和布线,如图11-79所示。

图 11-78　水平子系统的安装和布线设计图

图 11-79　线槽安装和布线示意图

3. 弯管器的使用方法

弯管器如图11-80所示,使用方法如下。

第1步:将与管规格相配套的弯管器插入线管内,如图11-81所示。并且插入需要弯曲的部位,如图11-82所示。如果线管长度大于弯管器,可用铁丝拴牢弯管器的一端,拉到合适的位置。

第2步:用两手抓住线管弯曲位置,用力弯线管或使用膝盖顶住被弯曲部位,逐渐弯出所需要的弯度,如图11-83所示。注意,不能用力过快过猛,以免PVC管发生撕裂损坏。

第3步:取出弯管器。

图 11-80　弯管器

图 11-81　配套的弯管器放入线管

图 11-82　配套的弯管器放入线管合适的位置

图 11-83　弯管

实验十一　管理间子系统

1. 实验目的

(1) 通过常用壁挂式机柜的安装,了解机柜的布置原则、安装方法及使用要求。

(2) 通过壁挂式机柜的安装,熟悉常用壁挂式机柜的规格和性能。

(3) 通过网络配线设备的安装和压接线实验,了解网络机柜内布线设备的安装方法和使用功能。

(4) 通过配线设备的安装,熟悉常用工具和配套基本材料的使用方法。

2. 实验材料和工具

网络综合布线实训装置、壁挂式机柜、M6×16 十字头螺钉、十字螺丝刀、配线架、理线环、双绞线、压线钳。

3. 实验步骤

(1) 设计一种机柜设备安装图,如图 11-84 所示,确定壁挂式机柜的安装位置。

(2) 设计一种机柜内安装设备布局示意图,并绘制安装图,如图 11-85 所示,确定机柜内需要安装的配线架和理线架的数量,合理安排配线架、理线环的位置,主要考虑级联线路合理,施工和维修方便。

(3) 按照设计图,核算实验材料规格和数量,掌握工程材料核算方法,列出材料清单。

(4) 按照设计图,准备实验工具,列出实验工具清单。

(5) 准备好需要安装的壁挂式机柜,将机柜的门先取掉,方便机柜的安装。

(6) 使用螺钉,在设计好的位置安装壁挂式机柜,并用螺钉固定牢固。

(7) 安装完毕后,将门重新安装到位,如图 11-86 所示,并将机柜进行编号。

图 11-84　确定壁挂机柜的位置

图 11-85　机柜内设备安装示意图

图 11-86　安装好的机柜

（8）准备好需要安装的设备，打开设备自带的螺丝刀，在设计好的位置安装配线架、理线架等设备，注意保持设备平齐，用螺丝固定牢固，并且做好设备编号和标记。

（9）跳线架的安装。

① 取出 110 配线架和附带的螺丝。

② 利用十字螺丝刀把 110 配线架用螺丝直接固定在网络机柜的立柱上。

③ 理线。

④ 按打线标准把每个线芯按照顺序压在配线架下层模块端接口中。

⑤ 把 5 对连接模块用力垂直压接在 110 配线架上，完成下层端接。

（10）网络配线架的安装。

① 检查配线架和配件完整。

② 将配线架安装在机柜设计位置的立柱上。

③ 理线。

④ 端接打线。

⑤ 做好标记，安装标签条。

(11) 交换机的安装。

① 从包装箱内取出交换机设备。

② 给交换机安装两个支架,安装时要注意支架方向。

③ 将交换机放到机柜中提前设计好的位置,用螺钉固定到机柜立柱上,一般交换机上下要留一些空间用于空气流通和设备散热。

④ 将交换机外壳接地,将电源线拿出来插在交换机后面的电源接口。

⑤ 完成上面几步操作后就可以打开交换机电源了,开启状态下查看交换机是否出现抖动现象,如果出现请检查脚垫高低或机柜上的固定螺丝松紧情况。

(12) 安装完毕后,开始理线和压接线缆,如图 11-87 所示。

图 11-87　在机柜内安装设备

(13) 测试。用两条测试线缆测试,第一条电缆的一端接到墙上的信息插座上,另一端接到测线器上;另一条电缆的一端接到交换机的端口上,另一端接到测线器上,如果测线器的灯一对一地亮,说明从工作区子系统到管理间子系统的线缆端接正确。

实验十二　垂直子系统

垂直子系统布线路径为从进线间一台网络配线机柜到 1～3 楼 3 个管理间机柜之间的布线,如图 11-88 所示。

1. 实验目的

(1) 通过在墙面安装大规格 39×18PVC 线槽和 φ40 PVC 管等垂直子系统的实验,了解网络综合布线—垂直子系统的基本原理和要求。

(2) 掌握常用工具和基本材料的使用方法。

(3) 熟练掌握垂直子系统的设计、布线、施工规范和施工方法。

2. 实验设备、材料和工具

(1) 网络综合布线实验装置。

(2) 材料和工具:φ40 PVC 塑料管、管接头、管卡、39×18PVC 线槽、接头、弯头(见图 11-89)、锯弓、锯条、钢卷尺、十字螺丝刀、电动起子、人字梯等。

3. 实验步骤

(1) 3 或 4 人成立一个项目组,设计一种使用 PVC 线槽/线管从进线间到管理间机柜的垂直子系统,并且绘制施工图。

(2) 按照设计图,核算实训教材规格和数量,掌握工程材料核算方法,列出材料清单。

图 11-88　垂直子系统安装布线实训图

图 11-89　线槽、线管、接头、弯头

（3）按照设计图，列出实训工具清单，领取实训材料和工具。

（4）安装 PVC 线槽/线管，安装方法和水平子系统的 PVC 线槽/线管的安装方法相同，只不过这里垂直安装，如图 11-90 所示。

（5）明装布线实训时，边布管边穿牵引线，然后牵引线拉动网线，穿好网线。

图 11-90　安装好的 PVC 线管

实验十三　设备间子系统

设备间一般设在建筑物中部或在建筑物的一层、二层,避免设在顶层。设备间内主要安装了计算机、计算机网络设备、电话程控交换机、建筑物自动化控制设备等硬件设备,计算机网络设备多安装在 42U 机柜内,本实验主要做 42U 机柜的安装。

1) 实验目的

(1) 通过 42U 立式机柜的安装,了解机柜的布置原则和安装方法及使用要求。

(2) 通过 42U 立式机柜的安装,掌握机柜的地脚螺丝调整、门板的拆卸和重新安装。

2) 实验设备、材料和工具

立式机柜、十字螺丝刀、卷尺。

3) 实验步骤

(1) 列出实验工具和材料清单并领取。

(2) 设计一种设备安装图,确定立式机柜的安装位置,机柜的前后都需要留有距离,机柜与机柜、机柜与墙之间的距离不宜小于 1.2m,并且绘制图纸。

(3) 实际测量尺寸。

(4) 准备好需要安装的立式机柜,将机柜就位,然后将机柜底部的定位螺栓向下旋转,将 4 个轴辘悬空,机柜不能转动,如图 11-91 所示。

(5) 安装完毕后,学习机柜门板的拆卸和重新安装。

图 11-91　42U 立式机柜

实验十四　光缆的铺设

建筑物子系统的布线主要是用来连接两栋建筑物中的网络设备的,建筑物子系统的布线方式有架空布线、直埋布线、地下管道布线(见图 11-92)和隧道内电缆布线,本实验主要做光缆的地下管道布线。

建筑物A
网络设备间

建筑物B
网络设备间

图 11-92　地下光缆管道铺设实训图

1．实验目的
通过光缆地下管道的安装,掌握建筑物之间管道光缆的操作方法。

2．实验材料和工具
网络综合布线实训装置、ϕ40 PVC 线管、单模或多模的光缆。

3．实验步骤
(1) 设计一种光缆布线施工图。

(2) 准备实验工具和材料,列出清单,并领取实验材料和工具。

(3) 实际测量尺寸,完成光缆的剪裁。

(4) 实验管道采用 ϕ40 PVC 线管,安装方法和水平子系统的 PVC 线管的安装一样。

(5) 实际施工时,需要用牵引装置牵引光缆。

(6) 测试。光缆铺设完成后,两端的光缆分别使用光纤配线架的尾纤和铺设光缆熔接,连接到光纤配线架上,用光纤跳线连接到光时域反射计(OTDR)上,进行光纤的测试,如图 11-93 所示。

图 11-93　光缆的测试

实验十五　光纤的熔接

1．实验目的
(1) 熟悉光纤熔接工具的功能和使用方法。

　　(2) 熟悉光缆的开剥及光纤端面制作。

　　(3) 掌握光纤熔接技术。

　　(4) 学会使用光纤熔接机熔接光纤。

2. 实验设备、材料和工具

　　光纤熔接机如图 11-94 所示。光纤工具箱(开缆工具、光纤剥离钳、斜口剪、螺丝刀、酒精棉等)如图 11-95 所示。热塑套管如图 11-96 所示。在光纤配线架里的尾纤,如图 11-97 所示。室外光缆如图 11-98 所示。室内单模光纤如图 11-99 所示。光纤切割刀如图 11-100 所示。

图 11-94　光纤熔接机

图 11-95　光纤工具箱

图 11-96　热塑套管

图 11-97　光纤配线架里的尾纤

图 11-98　室外光缆

图 11-99　室内单模光纤

图 11-100　光纤切割刀

3. 实验步骤

室外光缆和室内光缆均需要熔接,下面以室外光缆为例,讲解光缆的熔接。

(1) 在剥开室外光缆之前,应去除受损变形的部分。使用专用的开剥工具,将光缆外护套开剥长度 1m 左右,如遇铠装光缆时,用老虎钳将铠装光缆护套里的护缆钢丝夹住,朝开缆方向抽出,利用钢丝剥开外护套,如图 11-101 所示。

图 11-101　剥开外护套

(2) 将光缆固定到接续盒内,用卫生纸将油膏擦拭干净后穿入接续盒,如图 11-102 所示。固定钢丝时一定要压紧,不能有松动,否则,有可能造成光缆打滚而折断纤芯。

图 11-102　固定光缆

(3) 剥去白色保护套长度大概 15cm,如图 11-103 所示。

图 11-103　剥去白色保护套

(4) 用光纤剥线钳的最细小的口,轻轻地夹住光纤,斜向上 45°缓缓地把剥线钳向外抽出,将光纤上的包层和涂覆层刮下,如图 11-104 所示,然后用酒精棉球,沾无水酒精对剥掉树脂保护套的裸纤进行清洁,如图 11-105 所示。

图 11-104 去掉光纤的包层和涂覆层

图 11-105 清洁光纤

(5) 在另一端熔接的尾纤上,首先穿上热缩管,如图 11-106 所示,然后和第(4)步一样,剥去尾纤的包层和涂覆层,清洁光纤。

图 11-106 套上热缩管

(6) 制作光纤端面,把清洁好的光纤放到切割刀上,用光纤切割刀将裸光纤切去一段,保留裸纤 12～16mm,如图 11-107 所示。注意,切割刀切割光纤的方向是往外的,如图 11-108 所示。

图 11-107 光纤放入切割刀

图 11-108 推动切割刀

（7）准备熔接机，打开熔接机电源，根据熔接的光纤不同，选择单模或多模的熔接程序。每次使用熔接机前，应使熔接机在熔接环境中放置至少15min，并在使用中和使用后及时去除熔接机中的灰尘，特别是夹具、各镜面型槽内的粉尘和光纤碎末。

（8）放置光纤。将光纤放在熔接机的V形槽中，一般将对接的光纤的切割面基本都靠近电极尖端的位置，小心盖上小压板、大压板，关上防风罩，如图11-109和图11-110所示。

图 11-109　放入光纤

图 11-110　盖上防风罩

（9）接续光纤。按下熔接机上的RUN键后，光纤相向移动，移动过程中，进行预加热放电使端面软化，由于表面张力作用，光纤端面变圆，进一步对准中心，并移动光纤，当光纤端面之间的间隙合适后，熔接机停止相向移动，设定初始间隙，熔接机测量，并显示切割角度。在初始间隙设定完成后，开始执行纤芯或包层对准，然后熔接机减小间隙，高压放电产生的电弧将两根光纤熔接在一起，最后微处理器估算损耗，并将数值显示在显示器上，如图11-111所示。

（10）打开防风罩，把光纤从熔接机上取出，再将热缩管移到裸纤中心，放到加热炉中，按下熔接机下的HEAT按钮进行加热，如图11-112所示。完毕后从加热器中取出光纤，放到后部的冷却托盘中冷却，如图11-113所示。

图 11-111　开始熔接

图 11-112　加热热缩管

（11）盘纤并固定。将接续好的光纤盘到光纤收容盘内，在盘纤时，盘圈的半径越大，弧度越大，整个线路的损耗越小，所以一定要保持一定的半径，使激光在纤芯里传输时，避免产生不必要的损耗，盖上盘纤盒小盖板和大盖板，如图11-114所示。

图 11-113　冷却

图 11-114　盘纤后盖好盘纤盒盖板

实验十六　光纤的冷接

　　光纤的冷接用于光纤对接光纤或光纤对接尾纤的连接,用于实现这种冷接续的部件称为光纤冷接子。

　　光纤的冷接有两种形式:一是光纤快速连接头,用于光纤对接光纤或光纤对接尾纤,这个就相当于做接头,用于这种冷接续的接头称为光纤冷接端子;二是光纤快速连接器,当入户光纤发生断纤故障时,可用现场连接器快速连接修复线路,无须更换光纤,用于这种冷接续的连接器又称为皮线对接子。

1. 光纤冷接端子

1) 实验目的

掌握光纤冷接端子的使用。

2) 实验工具

皮线光纤(见图 11-115)、冷接端子(见图 11-116 所示)光纤切割刀、光纤剥离钳。

图 11-115　皮线光纤

图 11-116　冷接端子

3) 实验步骤

冷接端子的内部结构如图 11-117 所示。

　　(1) 用斜口钳把皮线光纤前端 10cm 剪掉,因为皮线布放施工时前端有可能因受力而折断,把冷接连接器拧冒套入光纤外皮,如图 11-118 所示。

　　(2) 用斜口钳把皮线光纤中间剪开 1cm,如图 11-119 所示。然后撕开 5cm,如图 11-120所示。

图 11-117　冷接端子的内部结构

图 11-118　拧冒套入光纤外皮

图 11-119　把皮线光纤中间剪开

图 11-120　撕开 5cm

（3）用斜口钳沿着根部剪断塑料护套,如图 11-121 所示。然后将皮线纤从里向外捋直以消除应力,如图 11-122 所示。

图 11-121　剪断塑料护套

图 11-122　捋直皮线光纤

（4）用记号笔在离外护套剥离处 24mm 的位置做标记,标记在涂覆层上（涂覆层可能是白色或蓝色）,如图 11-123 所示。从 24mm 标记处剥除涂覆层,向外开剥到 45°角把涂覆层剥掉,如图 11-124 所示。并蘸无水酒精的无纺布清洁光纤 2 次,如图 11-125 所示。把皮线光纤再次捋直捏平整,放入切割刀中切割,保留裸纤 20～30mm,如图 11-126 所示。

图 11-123　标记涂覆层

图 11-124　剥除涂覆层

图 11-125　清洁光纤

图 11-126　切割光纤

（5）把光纤水平地从上往下放靠近小孔，然后把裸纤插入冷接连接器主体，如图 11-127 所示。当皮线光纤的外皮到达光纤限位处时，停止插入光纤，可以明显观察到涂覆层弯曲，如图 11-128 所示。

图 11-127　裸纤插入连接器

图 11-128　插入到光纤限位处

（6）确认光纤的弯曲，并保持弯曲，向下按压主体上白色的压接盖到底，并均匀用力压 3 次，如图 11-129 所示。释放光纤的弯曲，使其平直(可以用力把两夹片往外掰，让皮线光纤自然平直)，如图 11-130 所示。将尾冒套上连接主体，并旋紧，如图 11-131 所示。套上外壳，外壳上的空槽和主体上白色压接盖的方向应一致，连接完成，如图 11-132 所示。

图 11-129　压接白色室外压接盖

图 11-130　光纤平直

图 11-131　套上尾冒

图 11-132　套上外壳

4）快速连接器的重复开启

（1）将防尘帽套在陶瓷芯上，然后用手指捏紧连接器外壳，向下顶压，取出外壳，如图 11-133 所示。

（2）将尾帽旋松并后退脱离连接器主体，如图 11-134 所示。

（3）取下主体上的防尘帽后，对应 3 个缝隙位置，将连接器放置在重复开启工具上，用力将主体向重复开启工具压接，将主体上的压接盖顶起，如图 11-135 所示。

（4）将光纤从连接器主体内小心地轴向抽出，注意取出的过程尽量不要晃动光纤和主体，避免在连接器内裸纤意外断裂，导致无法重复使用，如图 11-136 所示。

图 11-133　取出外壳

图 11-134　尾帽旋松

图 11-135　压接盖顶起

图 11-136　抽出光纤

2. 光纤快速链接器

1）实验目的

掌握光纤快速连接器的使用。

2）实验材料与工具

皮线光纤、光纤快速连接器（见图 11-137）、光纤切割刀、光纤剥离钳。

3）实验步骤

（1）光纤的制备同上，把制备好的光纤穿入皮线冷接子，直到光纤外皮切口贴紧在皮线座阻挡位，如图 11-138 所示。

（2）弯曲尾纤，防止光纤滑出，同时取出卡扣，压下卡扣锁紧光纤外皮，如图 11-139 所示。

（3）制备另一接续光纤，方法同上，把光纤从另一端插入皮线冷接子，如图 11-140 所示。

图 11-137　光纤快速连接器

(4) 当光纤外皮切口贴紧在皮线座阻挡位时,两侧光纤对顶产生弯曲,此时说明光纤接续正常,如图 11-141 所示。

(5) 弯曲尾纤,防止光纤滑出,同时取出卡扣,压下卡扣锁紧光纤外皮,如图 11-142 所示。

(6) 压下冷接子盖,固定两接续光纤,如图 11-143 所示。

(7) 压下皮线盖,完成皮线接续,如图 11-144 所示

图 11-138　光纤穿入　　　　　　　　　　　图 11-139　锁紧光纤

图 11-140　另一端插入光纤　　　　　　　　图 11-141　光纤对顶产生弯曲

图 11-142　压下卡扣锁紧光纤外皮　　　　　图 11-143　压下冷接子盖

图 11-144　压下皮线盖

光纤冷接和熔接的区别:

(1) 冷接的成本比熔接要高,一个冷接端子价格在 15 元左右,而熔接时一个热塑套管的价格为几分钱,但一台熔接机的价格为几万元。

(2) 冷接的工具携带比较方便,熔接机相对来说很重,不容易携带。

(3) 熔接之后的光纤损耗较低,冷接的光纤接头相对来说损耗较大。

第 12 章　Visio 2013（选讲）

随着计算机技术的发展，越来越多的企事业单位启动了办公自动化、数字化，运用计算机、投影仪来提高工作效率。在日常办公过程中，使用 Visio 2013 可以替代传统的尺规作图工作。使用 Visio 绘制综合布线的系统图、施工图、房间图等等，以逻辑清晰、样式丰富的图形辅助解决实际问题。

12.1　Visio 2013 简介

Visio 是一款专业的商用矢量绘图软件，其提供了大量的矢量图形素材，可以辅助用户绘制各种流程图或结构图。

Visio 公司位于西雅图，1991 年，美国 Visio 公司推出了 Visio 的前身 Shapeware 软件，用于各种商业图表的制作。Shapeware 创造性地提供了一种积木堆积的方式，允许用户将各种矢量图形堆积到一起，构成矢量流程图或结构图。

1992 年，Visio 公司正式将 Shapeware 更名为 Visio，对软件进行大幅优化，并引入了图形对象的概念，允许用户更方便地控制各种矢量图形，以数据的方式定义图形的属性。截至1999 年，Visio 已发展成为办公领域最著名的图标制作软件，先后推出了 Visio 1.0～Visio 5.0、Visio 2000 等多个版本。

2000 年，微软公司收购了 Visio 公司，同时获得了 Visio 的全部代码和版权。从此Visio 成为微软 Office 办公软件套装中的重要组件，随 Office 软件版本升级一并更新，发布了 Visio 2003、Visio 2007 等一系列版本。

图 12-1　Visio 软件的启动界面

Visio 2013 是 Visio 软件的较新版本。在该版本中，提供了与 Office 2013 统一的界面风格，并同时发布 32 位和 64 位双版本，增强了与 Windows 操作系统的兼容性，提高了软件运行的效率。图 12-1 所示为 Visio 软件的启动界面。

12.1.1　Visio 应用领域

Visio 是最流行的图表、流程图与结构图绘制软件之一，它将强大的功能与简单的操作完美结合，广泛应用于众多领域，下面进行各应用领域的介绍。

1. 软件开发

软件开发通常包括程序算法研究和代码编写两个阶段。其中，算法是软件运行的灵魂，代码则用于实现算法。使用 Visio 可以通过形象的标记来描述软件中数据的执行过程，以及各种对象的逻辑结构关系,为代码的编写提供一个形象的参考,使程序员更容易理解算法,提高代码编写的效率。图 12-2 和图 12-3 所示为软件开发的示例流程图。

图 12-2 UML 序列图

图 12-3 数据流模型图

2. 项目策划

在实际工作中,策划一些复杂的项目往往需要制定项目的步骤,规划这些步骤的实施顺序。在传统项目策划中,这一过程通常在纸上完成。使用 Visio 可以通过制作"时间线""甘特图""PERT 图"等替代纸上作业,提高工作效率,如图 12-4 和图 12-5 所示。相比纸上作图,使用 Visio 效率更高,运行更快,也更易于修改。

图 12-4 甘特图

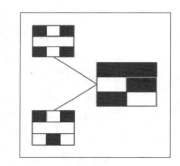

图 12-5 PERT 图

整体规划包括绘制建筑或园林的平面图、结构图,以及具体的某个预制件的图形。使用 Visio 可以方便地运用已有的各种矢量图形素材,通过对素材的拼接与改绘,制作建筑规划图。除此之外,用户也可以使用 Visio 中提供的各种矢量工具,直接绘制规划图中的各种图形。

3. 企业管理

在企业管理中,经营者需要通过多种方式分析企业的状况,规划企业运行的各种流程,分析员工、部门之间的关系,理顺企业内部结构等。用户可以使用 Visio 便捷而有效地绘制各种结构图和流程图,快速展示企业的结构体系,发现企业运转中的各种问题。图 12-6 和图 12-7 所示为组织结构图和营销图。

4. 建筑规划

在建筑或园林施工之前,通常需要对施工进行规划,这时就要用到规划图。规划图是指对一个社区或类似范围内日后的发展所做的规划图,其中标明用于居住区、商业区、工业区、

图 12-6　组织结构图

图 12-7　营销图

公共活动区或其他用途的土地的大小和位置。

　　建筑物内布局图和结构图如图 12-8 和图 12-9 所示。

图 12-8　布局图

图 12-9　结构图

5．机械制图

　　在机械制图领域,计算机辅助制图和辅助设计已成为时下的主流。用户可以使用 Visio 借助其强大的矢量图形绘制功能,绘制出不亚于 AutoCAD 等专业软件水准的机械装配图和设计图,如图 12-10 和图 12-11 所示。

图 12-10　部件和组件绘图

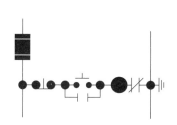

图 12-11　工业控制系统

6．电路设计

　　在电子产品的设计领域,计算机辅助制图也得到了广泛的应用。在设计电子产品的电路结构时,用户同样可以先使用 Visio 绘制电路结构模型,然后再进行 PCB 的设计,如图 12-12 和图 12-13 所示。

图 12-12　基本电气图

图 12-13　流体动力图

7. 系统集成

系统集成业务是近年来计算机行业一种新兴的产业,其本质是根据用户实际需求,将具有标准化接口的多个厂商生产的数字设备,按照指定的安装规范连接起来,集成为一个整体系统以发挥作用,如图 12-14 和图 12-15 所示。

图 12-14　机架图

图 12-15　详细网络图

8. 生产工艺

传统的工业生产设计需要在纸上绘制大量的生产工艺流程图、生产设备装配图以及原料分配与半成品加工图等。用户可以使用 Visio 方便地通过计算机进行以上各种图形的设计,既可以节省绘图所花费的时间,也方便对图形进行修改,如图 12-16 和图 12-17 所示。

图 12-16　工作流程图

图 12-17　BPMN 图

12.1.2 Visio 2013 新功能

Visio 2013 新增加和修改了一些功能,软件更新了图表模板,因此模板外观更加漂亮并且更易于使用。新的样式、主题和其他便利工具将会帮助用户缩减绘图时间。软件还增加了多种协同处理 Visio 图表的方式,以及允许实时共同创作图表的新增批注功能。下面将进行分类介绍。

1. 更新的图表模板

1)新的形状和内容

多个图表模板已得到更新和改进,包括"日程表""基本网络图""详细网络图"和"基本形状"。许多模板具有新的形状和设计,并且会看到新的和更新的容器与标注。

2)组织结构图

组织结构图模板的新形状和样式专门针对组织结构图而设计。此外,还可以更加轻松地将图片添加到所有的固有形状中。图 12-18 所示为创建组织结构图。

图 12-18 创建组织结构图

3)SharePoint 工作流

新的 SharePoint 工作流模板支持阶段、步骤、循环和自定义操作。

4)BPMN 2.0 支持

业务流程建模标注(BPMN)模板支持 BPMN 2.0 版本(在分析一致性类之后)。

5)UML 和数据库模板

UML 模板和数据库模板更易于使用,并且更加灵活。它们现在与大多数其他模板使用相同的拖放功能,无须事先设置解决方案配置。

2. 用于缩减绘图时间的样式、主题和工具

1)使用 Office 艺术字形状效果设置形状格式

Visio 提供可在其他 Office 应用程序中使用的多个格式选项,并可将其应用到创建的图表中,例如可以对形状应用渐变、阴影、三维、旋转等效果。图 12-19 所示为形状格式的设置窗格。

2)向形状添加快速样式

快速样式用户可以控制单个形状的显示效果,使形状可以突出显示。选择一个形状,然后在"开始"选项卡中打开"形状样式"组中的"快速样式"下拉菜单就可以使用。每种样式都具有颜色、阴影、反射及其他效果。

图 12-19　设置形状格式

3）为主题添加变体

除了为图表添加颜色、字体和效果的新主题外，Visio 的每个主题还具有变体。选择变体可以将其应用于整个页面。可以通过如图 12-20 所示的"设计"菜单项进行修改。

4）复制整个页面

现在可以更加容易地创建页面副本。选择"插入"选项卡的"页面"组中的"新建页"下拉菜单中的"复制此页面"命令进行复制，如图 12-21 所示。

图 12-20　"设计"菜单项

图 12-21　选择"复制此页面"命令

5）替换图表中已存在的形状

替换形状也很容易，只需使用"开始"选项卡的"编辑"组中的"更改形状"下拉菜单即可，如图 12-22 所示。设置后布局不会更改，形状包含的所有信息仍然存在。

图 12-22　"更改形状"下拉菜单

3. 新增的协作和共同创作功能

1）作为一个团队共同创作图表

多人可以同时处理单个图表,方法是将其上传到 SharePoint 或 OneDrive。每个人都可以实时查看正在编辑的形状。每次保存文档时,用户的更改将保存回服务器中,其他人的已保存更改将显示在用户的图表中。

2）在按线索组织的会话中对图表进行批注

新增的批注窗格更便于添加、阅读、回复和跟踪审阅者的批注。可轻松地在批注线程中编写和跟踪回复。也可以通过单击图表上的批注提示框来阅读或参与批注。图 12-23 所示为批注窗格。

图 12-23　批注窗格

3）在 Web 上审阅图表

即使未安装 Visio,审阅者也可以查看图表并对其进行批注。使用 Web 浏览器可以审阅已保存到 Office 365 或 SharePoint 的图表。

4）在已改进触摸屏支持的便携式设备上使用 Visio

可以在启用触摸功能的平板计算机上阅读、批注甚至创建图表,无须键盘和鼠标。

5）将单个文件格式用于桌面计算机和 Web

Visio 以新文件格式(.vsdx)保存图表,该格式是桌面默认格式,并且适合在 SharePoint 上的浏览器中查看,不再需要针对不同的用途保存为不同的格式。Visio 还可采用.vssx、.vstx、.vsdm、.vssm 和.vstm 格式进行读写操作。

12.2　安装与卸载 Visio 2013

12.2.1　安装 Visio 2013

双击 Setup.exe 文件,进入安装向导界面,单击“继续”按钮,如图 12-24 所示。在“选择所需的安装”界面中,单击“自定义”按钮,如图 12-25 所示。

图 12-24　安装向导

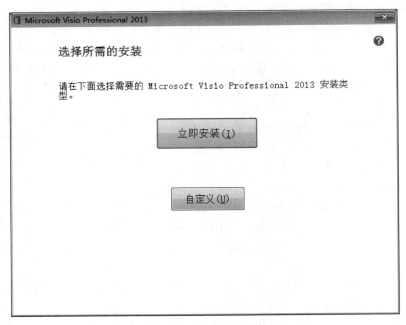

图 12-25　自定义安装

在弹出的安装界面中,进行安装选项、文件位置和用户信息的设置,然后单击"立即安装"按钮,如图 12-26 所示。进入"安装进度"界面,等待安装进度的完成,如图 12-27 所示。

图 12-26　设置安装信息

完成安装后,在安装完成界面中单击"关闭"按钮即可,如图 12-28 所示。

图 12-27　安装进度

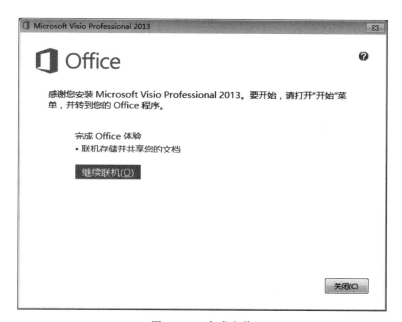

图 12-28　完成安装

12.2.2　卸载 Visio 2013

在 Windows 系统中单击"开始"按钮,打开"控制面板"窗口,选择"程序和功能"选项,如图 12-29 所示。在打开的程序列表中找到 Microsoft Visio Professional 2013 程序,然后单击"卸载"按钮,如图 12-30 所示。

图 12-29　选择"程序和功能"选项

图 12-30　选择程序

在弹出的"安装"对话框中,单击"是"按钮,如图 12-31 所示。

图 12-31　"安装"对话框

之后系统进行软件的卸载,卸载对话框如图 12-32 所示。

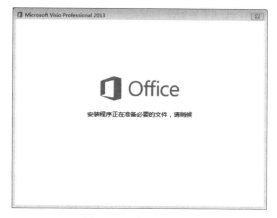

图 12-32　卸载对话框

12.3　启动与退出 Visio 2013

12.3.1　Visio 2013 软件界面

Visio 2013 与 Office 2013 系列软件中的界面一样简洁,便于用户操作。Visio 2013 软件的界面和 Word 2013、Excel 2013 等软件的界面类似,如图 12-33 所示。

图 12-33　Visio 2013 软件界面

第
12
章

Visio 2013(选讲)

Visio 2013 的软件界面主要由 6 部分组成,分别如下。

1. 标题栏

标题栏由 Visio 标志、快速访问工具栏、窗口控制按钮 3 个部分组成。其中,快速访问工具栏是 Visio 提供的一组快捷按钮,在默认情况下,包含"保存"按钮、"撤销"按钮、"恢复"按钮和"新建"按钮等工具按钮。窗口控制按钮提供了 4 种按钮供用户操作 Visio 窗口,包括"最小化"按钮、"最大化"按钮、"关闭"按钮以及"关闭窗口"按钮。

2. 工具选项卡

工具选项卡是一组重要的按钮栏,其提供了多种按钮,允许用户切换功能区及应用 Visio 中的各种工具。它主要包括"开始""插入""设计""数据""进程""审阅""视图"等选项卡。选项卡中的工具通常按组的方式排列,各组之间以分隔线的方式隔开。例如,"开始"选项卡就包括了"剪贴板""字体""段落""工具""形状格式""排列"和"编辑"等组。

3. 功能区

功能区中提供了 Visio 软件的各种基本工具。单击工具选项卡中的特定按钮,即可切换功能区中的内容。

4. "形状"窗格

在使用 Visio 的模板功能创建 Visio 绘图之后,会自动打开"形状"窗格,并在该窗格中提供各种模具组供用户选择,可将其拖动添加到 Visio 绘图中。

5. 绘图区

绘图区是 Visio 中最重要的区域,在其中提供了标尺、绘图页以及网格等工具,允许用户在绘图页上绘制各种图形,并使用标尺来规范图形的尺寸。

在绘图区的底部还提供了页标签的功能,允许用户为一个 Visio 绘图创建多个绘图页,并设置绘图页的名称。

6. 状态栏

状态栏的作用是显示绘图页或其上各种对象的状态,以供用户参考和编辑。

12.3.2 启动 Visio 2013

在使用 Visio 2013 绘图之前,首先应了解如何启动和退出 Visio 2013。在 Windows 操作系统中,用户可以通过 3 种方式启动 Visio 2013 软件。

1. 从"开始"菜单启动

在 Windows 操作系统中安装完成 Visio 2013 之后,用户即可从"开始"菜单启动 Visio 2013。

单击"开始"按钮,选择"所有程序"|Microsoft Office 2013|Visio 2013 命令,即可启动 Visio 2013,如图 12-34 所示。

2. 运行命令启动

用户也可以单击"开始"按钮,然后在"搜索程序和文件"文本框中输入 visio,按下 Enter 键,启动 Visio 2013,如图 12-35 所示。

图 12-34　选择 Visio 2013 命令

图 12-35　输入启动命令

　　在 Windows 7 操作系统中,默认情况下,"开始"菜单中会隐藏"运行"命令。用户可在任务栏处右击,在弹出的快捷菜单中选择"属性"命令,在弹出的"任务栏和「开始」菜单属性"对话框中单击"「开始」菜单"选项卡中的"自定义"按钮,在项目列表框中选中"运行命令"复选框,依次单击"确定"按钮关闭所有对话框,即可在"开始"菜单中显示"运行"命令。

3. 从快捷方式启动

　　如果用户已在 Windows 桌面或其他位置为 Visio 2013 创建了快捷方式,则可直接双击该快捷方式打开 Visio 2013 软件,如图 12-36 所示。

　　软件安装完成后,可以将 Visio 2013 快捷方式锁定到 Windows 7 任务栏中。单击"开始"按钮,选择"所有程序"| Microsoft Office 2013 命令。用鼠标右击 Visio 2013 选项,在弹出的快捷菜单中选择"锁定到任务栏"命令,即可将 Visio 2013 程序添加到 Windows 7 任务栏中,如图 12-37 所示。此时,用户单击任务栏的 Visio 图标即可打开 Visio 2013。

图 12-36　双击快捷方式

图 12-37　添加按钮到任务栏

12.3.3　退出 Visio 2013

用户可以通过以下 6 种方式退出 Visio 2013 应用程序。

1. 执行关闭命令

在 Visio 2013 中单击"文件"按钮,然后即可在打开的窗口左侧命令选项中选择"关闭"命令,退出 Visio 2013 当前设计图表,如图 12-38 所示。

2. 使用"关闭"按钮

除了可使用"关闭"命令外,用户也可单击窗口右上角的"关闭"按钮退出 Visio 2013 程序。单击"关闭窗口"按钮,则可以退出 Visio 2013 当前设计图表。

3. 双击 Visio 标志

在 Visio 2013 中,用户可以双击标题栏左侧的 Visio 图标,以关闭 Visio 2013 窗口。

4. 右击 Visio 标志选择"关闭"命令

用户也可以右击标题栏左侧的 Visio 图标,在弹出的快捷菜单中选择"关闭"命令,即可关闭 Visio 2013 窗口,如图 12-39 所示。

5. 右击任务栏选择"关闭"命令

在 Windows 任务栏中右击,然后在弹出的快捷菜单中选择"关闭"命令,即可关闭 Visio 2013 窗口,如图 12-40 所示。

图 12-38　选择"关闭"命令

图 12-39　右击 Visio 图标

Visio 2013(选讲)

图 12-40　选择"关闭"命令

6. 快捷键关闭 Visio 2013

在 Visio 2013 中按下 Alt＋F4 快捷键,可以关闭 Visio 2013 窗口。

12.3.4　更改 Visio 主题颜色和屏幕提示

微软公司为 Visio 2013 软件提供了 3 种主题色,包括白色、浅灰色和深灰色,用户可以自行选择更换。

在 Visio 2013 软件中选择"文件"|"选项"命令。在弹出的"Visio 选项"对话框中选择"常规"选项卡,然后即可在右侧选项卡界面的"配色方案"下拉列表框中选择 Visio 的主题颜色,如图 12-41 所示。

图 12-41　"Visio 选项"对话框的"常规"选项卡

屏幕提示是微软 Office 软件的一个特色功能,其作用是帮助用户快速了解 Office 软件各按钮的作用。在"Visio 选项"对话框中选择"常规"选项卡,即可在右侧选项卡界面的"屏幕提示样式"下拉列表框中设置屏幕提示样式的显示和隐藏,如图 12-42 所示。

如图 12-43 所示,鼠标停在按钮上时软件界面会显示按钮的功能介绍。

图 12-42　设置屏幕提示样式

图 12-43　屏幕显示按钮功能

12.4　使 用 形 状

Visio 2013 中的所有图表元素都被称作形状,其中包括插入的剪贴画、图片及绘制的线条与文本框。而利用 Visio 2013 绘图的整体逻辑思路即是将各个形状按照一定的顺序与设计拖到绘图页中。在使用形状之前,先来介绍一下形状分类、形状手柄等基本内容。

12.4.1　形状分类

在 Visio 2013 绘图中,形状表示对象和概念。根据形状不同的行为方式,可以将形状分为一维(1D)与二维(2D)两种类型。

1. 一维形状

一维形状像线条一样,其行为与线条类似。Visio 2013 中的一维形状具有起点和终点两个端点,如图 12-44 所示。

图 12-44　一维形状

221

其中,一维形状具有以下特征:

- 起点是空心的方块。
- 终点是实心的方块。
- 连接作用。可黏附在两个形状之间,具有连接的作用。
- 选择手柄部分。一维形状中具有选择手柄,可以通过选择手柄调整形状的外形。
- 拖动形状,当用户拖动形状时,只能改变形状的长度或位置。

2. 二维形状

二维形状具有两个维度,选择该形状时没有起点和终点,其行为类似于矩形,如图 12-45 所示。

图 12-45　二维形状

其中,二维形状具有以下特征:

- 手柄具有 8 个选择手柄,其手柄分别位于形状的角与边上;
- 根据形状的填充效果,二维形状可以是封闭的,也可以是开放的;
- 选择手柄拐角上的选择手柄可以改变形状的长度与宽度。

12.4.2　形状手柄

形状手柄是形状周围的控制点,只有在选择形状时才会显示形状手柄。用户可以通过选择"开始"|"工具"|"指针工具"命令来选择形状。在 Visio 2013 中,形状手柄可分为选择手柄、控制手柄、锁定手柄、旋转手柄、连接点、顶点等类型。

1. 调整形状手柄

该类型的手柄主要用于调整形状的大小、旋转形状等,主要包括下列几种手柄类型:

- 选择手柄可以用来调整形状的大小。当用户选择形状时,在形状周围出现的空心方块便是选择手柄。
- 控制手柄主要用来调整形状的角度与方向。当用户选择形状时,形状上出现的"黄色方块图案"即为控制手柄。只有部分形状具有控制手柄,并且不同形状上的控制手柄具有不同的改变效果。
- 锁定手柄表示所选形状处于锁定状态,用户无法对其进行调整大小或旋转等操作。选择形状时,在形状周围出现的"带斜线的方块"即为锁定手柄。选择"形状"|"组

合"|"取消组合"命令,可以解除形状的锁定状态。

- 旋转手柄主要用于改变形状的方向。选择形状时,在形状顶端出现的"圆形符号"↺即为旋转手柄。

调整手柄具体类型的显示方式:图 12-46 所示为选择手柄,图 12-47 所示为控制手柄,图 12-48 所示为锁定手柄,图 12-49 所示为旋转手柄。

图 12-46　选择手柄

图 12-47　控制手柄

图 12-48　锁定手柄

图 12-49　旋转手柄

将鼠标置于形状中的旋转手柄上,当光标变为符号时,拖动鼠标即可旋转形状。

2. 控制点与顶点

当使用"开始"选项卡"工具"选项组中的"铅笔"工具绘制线条、弧线形状时,形状上出现的"原点"称为控制点,拖动控制点可以改变曲线的弯曲度,或弧度的对称性,如图 12-50 所示,而形状上两头的顶点方块可以扩展形状,拖动鼠标从顶点处可以继续绘制形状,如图 12-51 所示。

图 12-50　控制点

图 12-51　顶点

第 **12** 章

Visio 2013(选讲)

另外,用户还可以利用添加或删除顶点来改变形状。将"三角形"形状拖动到绘图页中,如图 12-52 所示,使用"开始"选项卡"工具"选项组中的"铅笔"工具时,选择形状后按住 Ctrl 键单击形状边框,即可为形状添加新的顶点,拖动顶点即可改变形状,如图 12-53 所示。

图 12-52　三角形

图 12-53　改变后的三角形

注意:只有在绘制形状的状态下,才可以显示控制点与顶点。当取消绘制状态时,控制点与顶点将变成选择手柄。

3. 连接点

连接点是形状上的一种特殊的点,用户可以通过连接点将形状与连接线或其他形状"黏附"在一起。

- 向内连接点:一般的形状都具有向内连接点,该连接点可以吸引一维连接线的端点与二维形状的向外连接或向内/向外连接点。

- 向外连接点:该连接点一般情况下出现在二维形状中,通过该连接点可以黏附二维形状。

- 向内/向外连接点:Visio 2013 使用"原点"来表示形状上的向内/向外连接点,默认情况下形状中的连接点为隐藏状态,用户可选择"开始"|"工具"|"连接线"命令,将鼠标停留在形状上方,即可显示连接点,如图 12-54 所示。

注意:连接点不是形状上唯一可以黏附连接线的位置。用户还可以将连接线黏附到连接点以外的部分(如选择手柄)。

图 12-54　连接点

12.4.3　获取形状

在使用 Visio 2013 制作绘图时,需要根据图表类型获取不同类型的形状。除了使用 Visio 2013 中存储的上百个形状之外,用户还可以利用"搜索"与"添加"功能来使用网络或本地文件夹中的形状。

1. 从模具中获取

启动 Visio 2013 后,模具会根据创建的模板而自动显示在"形状"任务窗格中。用户可通过任务窗格中相对应的模具来选择形状。除了使用模具中自动显示的形状之外,用户还可以通过单击"形状"任务窗格中的"更多形状"下拉按钮,将其他模具添加到"形状"任务窗格中,如图 12-55 所示。

图 12-55　从模具中获取形状

2. 从"我的形状"中获取

对于专业用户来讲,往往需要使用他人或网络中的模具来绘制图表或模型。此时,用户需要将共享或下载的模具文件复制到指定的目录中。如图 12-56 所示,将文件复制到该目录下后,在 Visio 2013 中单击"形状"任务窗格中的"更多形状"按钮,在列表中选择"我的形状"|"组织我的形状"命令,即可在子菜单中选择新添加的形状。

图 12-56　添加形状

3. 从网络中获取

Visio 2013 为用户提供了搜索形状的功能,使用该功能可以从网络中搜索到相应的形状。用户只需要在"形状"任务窗格中,激活"搜索"选项卡,在"搜索形状"文本框中输入需要搜索形状的名称,单击右侧的"搜索"按钮即可,如图 12-57 所示。

另外,用户可通过右击"形状"任务窗格,在弹出的快捷菜单中选择"搜索选项"命令。在弹出的"Visio 选项"对话框中的"高级"选项卡中,可以设置搜索位置、搜索结果等选项,如图 12-58 所示。

在"高级"选项卡"形状搜索"选项组中的各项选项的功能如表 12-1 所示。

图 12-57　搜索形状

Visio 2013(选讲)

图 12-58　设置搜索选项

表 12-1　"形状搜索"选项

选 项 组	选 项	说 明
显示"形状搜索"窗格		表示是否在"形状"任务窗格中显示"形状搜索"窗格
搜索	完全匹配	表示搜索形状应符合所输入的每个关键字
	单词匹配	表示搜索的形状至少符合一个关键字

12.5　编 辑 形 状

在 Visio 2013 中制作图表时,操作最多的元素便是形状。用户需要根据图表的整体布局选择单个或多个形状,还需要按照图表的设计要求旋转、对齐与组合形状。另外,为了使绘图页具有美观的外表,还需要精确地移动形状。

12.5.1　选 择 形 状

在对形状进行操作之前,需要选择相应形状。用户可以通过下面几种方法进行选择。

- 选择单个形状:选择"开始"|"工具"|"指针工具"命令,将鼠标置于需要选择的形状上,当光标变为"四向箭头"时,单击即可选择该形状。
- 选择多个连续的形状:使用"指针工具"命令,选择第一个形状后,按住 Shift 或 Ctrl键逐个单击其他形状,即可依次选择多个形状。
- 选择多个不连续的形状:选择"开始"|"编辑"|"选择"命令,在其列表中选择"选择区域"或"套索选择"命令,使用鼠标在绘图页中绘制矩形或任意样式的选择轮廓,释放鼠标后即可选择该轮廓内的所有形状。
- 选择所有形状:选择"开始"|"编辑"|"选择"|"全选"命令,或按下 Ctrl+A 快捷键即可选择当前绘图页内的所有形状。
- 按类型选择形状:选择"开始"|"编辑"|"选择"|"按类型选择"命令,在弹出的"按类型选择"对话框中,用户可以设置所要选择形状的类型。

12.5.2　移 动 形 状

简单的移动形状是利用鼠标将形状拖曳到新位置中。但是,在绘图过程中,为了美观、整洁,需要利用一些工具来精确地移动一个或多个形状。

1. 使用参考线

用户可以使用"参考线"工具,来同步移动多个形状。首先,选择"视图"|"视觉帮助"|
"对话框启动器"命令,在弹出的"对齐和粘附"对话框中,选中"对齐"与粘附到"选项组中的
"参考线"复选框,如图 12-59 所示。

图 12-59　"对齐和粘附"对话框

然后,使用鼠标拖动标尺到绘图页中,即可以创建参考线。最后,将形状拖动到参考线
上,当参考线上出现绿色方框时,表示形状与参考线相连,如图 12-60 所示。利用上述方法,
分别将其他形状与参考线相连。此时,拖动参考线即可同步移动多个形状。

图 12-60　连接参考线

注意:在绘图页中添加参考线后,可选择参考线,按下 Delete 键对其进行删除。

2. 使用"大小和位置"任务窗格

用户可以根据 X 与 Y 轴来移动形状,选择"视图"|"显示"|"任务窗格"|"大小和位置"
命令。在绘图页中选择形状,并在"大小和位置"任务窗格中,修改 X 和 Y 文本框中的数值
即可,如图 12-61 所示。

图 12-61　移动形状

12.5.3　旋转与翻转形状

旋转形状即将形状围绕一个点进行转动,而翻转形状是改变形状的垂直或水平方向,也就是生成形状的镜像。在绘图页中,用户可以使用以下方法来旋转或翻转形状。

1. 旋转形状

用户可以通过下列几种方法来旋转形状。

- 执行旋转命令:选择绘图页中需要旋转的形状,选择"开始"|"排列"|"位置"|"旋转形状"命令,在其级联菜单中选择相应的选项即可。
- 使用旋转手柄:选择绘图页中需要旋转的形状,将鼠标置于旋转手柄上,当光标变为"旋转形状"时,拖动旋转手柄到合适角度即可,如图 12-62 所示。

图 12-62　旋转手柄

- 精确设置形状的旋转角度:选择需要旋转的形状,选择"视图"|"显示"|"任务窗格"|"大小和位置"命令,在"旋转中心点位置"下拉列表中选择相应的选项即可。

2. 翻转形状

在绘图页中,选择要翻转的形状,选择"开始"|"排列"|"位置"|"旋转形状"|"水平翻转"命令,即可生成所选形状的水平镜像,如图 12-63 所示。

图 12-63　原形状与水平翻转后的形状

12.5.4　对齐与分布形状

对齐形状是沿水平轴或纵轴对齐所选形状。分布形状是在绘图页上均匀地隔开 3 个或多个选定形状。其中,垂直分布通过垂直移动形状,可以让所选形状的纵向间隔保持一致;而水平分布通过水平移动形状,能够使所选形状的横向间隔保持一致。

1. 对齐形状

在 Visio 2013 中,用户可先选择需要对齐的多个形状,选择"开始"|"排列"|"排列"命令,对形状进行自动对齐或左对齐等,如图 12-64 所示。

图 12-64　对齐形状

在"对齐形状"组中,主要包括自动对齐、左对齐、水平居中、右对齐等 7 种选项,其各个选项的功能如表 12-2 所示。

表 12-2　"对齐形状"选项

选　项	说　明
自动对齐	为系统的默认选项,可以移动所选形状来拉伸连接线
左对齐	以主形状的最左端为基准,对齐所选形状
水平居中	以主形状的水平中心线为基准,对齐所选形状
右对齐	以主形状的最右端为基准,对齐所选形状
顶端对齐	以主形状的顶端为基准,对齐所选形状
垂直居中	以主形状的垂直中心线为基准,对齐所选形状
底端对齐	以主形状的底部为基准,对齐所选形状

2. 分布形状

选择"开始"|"排列"|"位置"|"空间形状"|"横向分布"或"纵向分布"命令,自动分布形状。另外,用户还可以选择"开始"|"排列"|"位置"|"空间形状"|"其他分布选项"命令,在弹出的"分布形状"对话框中,对形状进行水平分布或垂直分布,如图 12-65 所示。该对话框中的各选项的功能如表 12-3 所示。

图 12-65 "分布形状"对话框

表 12-3 "分布形状"选项

选 项	说 明
"垂直分布形状"按钮	将相邻两个形状的底部与顶端的间距保持一致
"靠上垂直分布形状"按钮	将相邻两个形状的顶端与顶端的间距保持一致
"垂直居中分布形状"按钮	将相邻两个形状的水平中心线之间的距离保持一致
"靠下垂直分布形状"按钮	将相邻两个形状的底部与底部的间距保持一致
"水平分布形状"按钮	将相邻两个形状的最左端与最右端的间距保持一致
"靠左水平分布形状"按钮	将相邻两个形状的最左端与最左端的间距保持一致
"水平居中分布形状"按钮	将相邻两个形状的垂直中心线之间的距离保持一致
"靠右水平分布形状"按钮	将相邻两个形状的最右端与最右端的间距保持一致
创建参考线并将形状粘附到参考线	选中该复选框后,当用户移动参考线时,粘附在该参考线上的形状会一起移动

12.5.5 排列形状

Visio 2013 为用户提供了多种类型的布局,在使用布局制作图表时,需要根据图表内容调整布局中形状的排列方式。

1. 设置布局选项

在 Visio 2013 中,用户可以根据不同的图表类型设置形状的布局方式。即选择"设计"|"版式"|"重新布局页面"命令,在其级联菜单中选择相应的选项即可。另外,选择"重新布局页面"|"其他布局选项"命令,在弹出的"配置布局"对话框中设置布局选项,如图 12-66 所示。

该对话框中的各项选项的功能如下所述。

1)放置。

- 样式:设置排放形状的样子。使用预览可查看所选设置是否达到所需的效果。对于没有方向的绘图(如网络绘图),可以使用"圆形"样式。
- 方向:设置用于放置形状的方向。只有当使用"流程图""压缩树"或"层次"样式时,此选项才会启用。
- 对齐:设置形状的对齐方式。只有当使用"层次"样式时,此选项才会启用。
- 间距:设置形状之间的距离。

2)连接线。

- 样式:设置用于连接形状的路径或路线的类型。

图 12-66 "配置布局"对话框

- 外观：指定连接线是直线还是曲线。
- 将排列样式应用到连接线：选中该复选框，可以将所选的连接线样式和外观应用到当前页的所有连接线中，或仅应用于所选的连接线。
- 放大页面以适合绘图：选中此复选框可在自动排放形状时放大绘图页以适应绘图。
3）将设置应用于。
- 选定内容：选中该单选按钮可以将布局仅仅应用到绘图页中选定的形状。
- 当前页：选中该单选按钮可以将布局应用到整个绘图页中。

注意：在应用新的布局后，用户可按下 Ctrl＋Z 快捷键取消布局。

2. 设置布局与排列间距

选择"设计"|"页面设置"|"对话框启动器"命令，在弹出的"页面设置"对话框中激活"布局与排列"选项卡，单击"间距"按钮。在弹出的"布局与排列间距"对话框中，设置布局与排列的间距值，如图 12-67 所示。

图 12-67 "布局与排列间距"对话框

在该对话框中,主要包括下列几种选项。

- 形状间的距离:指定形状之间的间距。
- 平均形状大小:指定绘图中形状的平均大小。
- 连接线到连接线:指定连接线之间的最小间距。
- 连接线到形状:指定连接线和形状之间的最小间距。

3. 配置形状的放置行为

放置行为是指定二维形状在自动布局过程中的行为。选择"开发工具"|"形状设计"|"行为"命令,在弹出的"行为"对话框中的"放置"选项卡中,设置放置行为选项即可,如图 12-68 所示。

图 12-68　设置"放置"选项卡

在该对话框中,主要包括下列选项。

- 放置行为:决定二维形状与动态连接线交互的方式。
- 放置时不移动:指定自动布局过程中形状不应移动。
- 允许将其他形状放置在前面:指定自动布局过程中其他形状可以放置在所选形状前面。
- 放下时移动其他形状:指定当形状移动到页面上时是否移走其他形状。
- 放下时不允许其他形状移动此形状:指定当其他形状拖动到页面上时不移动所选形状。
- 水平穿绕:指定动态连接线可水平穿绕二维形状(一条线穿过中间)。
- 垂直穿绕:指定动态连接线可垂直穿绕二维形状(一条线穿过中间)。

12.5.6　绘制直线、弧线与曲线

虽然通过拖动模具中的形状到绘图页中创建图表是 Visio 2013 制作图表的特点,但是,在实际应用中往往需要创建独特且具有个性的形状,或者对现有的形状进行调整或修改。

因此,用户需要利用 Visio 2013 中的绘图工具来绘制需要的形状。

用户可以通过选择"开始"|"工具"|"绘图工具"命令,在其列表中选择相应的命令,来绘制直线、弧线等简单的形状。

图 12-69　线段

1. 绘制直线

利用"折线图"绘图工具可以绘制单个线段、一系列相互连接的线段以及闭合形状。选择"开始"|"工具"|"绘图工具"|"线条"命令,在绘图页中拖动鼠标绘制线段,释放鼠标即可。另外,用户可以在绘制线段的一个端点处继续绘制直线,即可以绘制一系列相互连接的线段。同时,单击系列线段的最后一条线段的端点,并拖动至第一条线段的起点,即可绘制闭合形状,如图 12-69～图 12-71 所示。

图 12-70　系列线段

图 12-71　闭合形状

注意:绘制线段形状后,在线段的两端分别以绿色的方框显示起点与终点。而绘制一系列相连的线段后,在每条线段的端点都以绿色的菱形显示。

2. 绘制弧线

首先,选择"开始"|"工具"|"绘图工具"|"弧形"命令,在绘图页中单击一个点,拖动鼠标即可绘制一条弧线。然后,选择"开始"|"工具"|"绘图工具"|"铅笔"命令,拖动弧线离心手柄的中间点即可调整弧线的曲率大小。另外,拖动外侧的离心率手柄,即可改变弧线的形状,如图 12-72 和图 12-73 所示。

图 12-72　绘制弧线

图 12-73　改变弧线曲率

233

3. 绘制曲线

首先,选择"开始"|"工具"|"绘图工具"|"任意多边形"命令,在绘图页中单击一个点并随心所欲地拖动鼠标,释放鼠标后即可绘制一条平滑的曲线。如果用户想绘制出平滑的曲线,需要在绘制曲线之前,选择"文件"|"选项"命令,在"选项"对话框中激活"高级"选项卡,设置曲线的精度与平滑度,如图 12-74 所示。

图 12-74　设置精度与平滑度

另外,还需要选择"视图"|"视觉帮助"|"对话框启动器"命令,在弹出的"对齐和粘贴"对话框中,取消选中"当前活动的"选项组中的"对齐"复选框,如图 12-75 所示。

图 12-75　取消对齐格式

12.5.7　绘制闭合形状

闭合形状即使用绘图工具来绘制矩形与圆形形状。选择"开始"|"工具"|"绘图具"|"矩形"命令,当拖动鼠标且辅助线穿过形状对角线时,释放鼠标即可绘制一个正方形。同样,当拖动鼠标显示辅助线时,释放鼠标即可绘制一个矩形。选择"开始"|"工具"|"绘图工具"|"椭圆"命令,拖动鼠标即可绘制一个圆形或椭圆形,如图 12-76～图 12-78 所示。

图 12-76　绘制正方形

图 12-77　绘制矩形

图 12-78　绘制圆形

注意：使用"矩形"与"椭圆"绘制形状时，按住 Shift 键即可绘制正方形与圆形。

12.5.8　使用铅笔工具

使用"铅笔工具"不仅可以绘制直线与弧线，而且还可以绘制多边形。选择"开始"|"工具"|"绘图工具"|"铅笔"命令，拖动鼠标可以在绘图页中绘制各种形状，如图 12-79 所示。

图 12-79　使用"铅笔工具"绘制形状

235

每种形状的绘制方法如下所示。

- 绘制直线：以直线拖动鼠标即可绘制直线，直线模式下指针为右下角显示直线的十字准线。
- 绘制弧线：以弧线拖动鼠标即可绘制弧线，弧线模式下指针为右下角显示弧线的十字准线。
- 从弧线模式转换到直线模式：移动指针到起点或终点处，当十字准线右下角的弧线消失时，以直线拖动鼠标即可转换到直线模式。
- 从直线模式转换到弧线模式：移动指针到起点或终点处，当十字准线右下角的直线消失时，以弧线拖动鼠标即可转换到弧线模式。

12.6 连 接 形 状

在绘制图表的过程中，需要将多个相互关联的形状结合在一起，方便用户进一步的操作。Visio 2013 新增加了自动连接功能，利用该功能可以将形状与其他绘图相连接并将相互连接的形状进行排列。下面介绍用 Visio 2013 来连接形状的各种方法，包括自动连接及拖动、粘附形状和连接符。

12.6.1 自动连接

Visio 2013 为用户提供了自动连接功能，利用自动连接功能可以将所连接的形状快速添加到图表中，并且每个形状在添加后都会间距一致并且均匀对齐。在使用自动连接功能前，用户还需要通过选择"视图"|"视觉帮助"|"自动连接"命令启用自动连接功能，如图 12-80 所示。

然后，将指针放置在绘图页形状上方，当形状四周出现"自动连接"箭头时，指针旁边会显示一个浮动工具栏，单击工具栏中的形状，即可添加并自动连接所选形状，如图 12-81 所示。

图 12-80　启动自动连接

图 12-81　自动连接形状

注意：浮动工具栏中包含"快速形状"区域的前 4 个项目，但不包含一维形状。

12.6.2　手动连接

虽然自动连接功能具有很多优势,但是在制作某些图表时还需要利用传统的手动连接。手动连接即利用连接工具来连接形状。其主要包括下列几种方法。

1. 使用"连接线"工具

选择"开始"|"工具"|"连接线"命令,将鼠标置于需要进行连接的形状的连接点上,当光标变为"十"字形连接线箭头时,向相应形状的连接点拖动鼠标可绘制一条连接线,如图 12-82 所示。

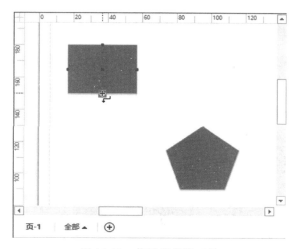

图 12-82　使用连接线工具

另外,在使用"连接线"工具时,用户可通过下列方法来完成以下快速操作。

- 更改连接线类型:更改连接线类型是将连接线类型更改为直角、直线或曲线。用户可右击连接线,在弹出的快捷菜单中选择连接线类型。另外,还可以选择"设计"|"版式"|"连接线"命令,在其级联菜单中选择连接线类型即可。
- 保持连接线整齐:在绘图页中选择所有需要对齐的形状,选择"开始"|"排列"|"位置"|"自动对齐和自动调整间距"命令,对齐形状并调整形状之间的间距。
- 更改为点连接:更改为点连接是将连接从动态连接更改为点连接,或反之。即选择相应的连接线,拖动连接线的端点,使其离开形状。然后,将该连接线放置在特定的点上来获得点连接,或者放置在形状中部来获得动态连接。

2. 使用模具

一般情况下,Visio 2013 模板中会包含连接符。另外,Visio 2013 还为用户准备了专业的连接符模具。用户可以在"形状"任务窗格中,单击"更多形状"按钮,选择"其他 Visio方案"|"连接符"选项,将模具中相应的连接符形状拖动到形状的连接点即可,如图 12-83所示。

注意:对于部分形状(如"环形网络"形状),可以通过将控制手柄粘附在其他形状的连接点的方法来连接形状。

图 12-83　使用模具连接形状

12.6.3　组合与叠放形状

对于具有大量形状的图表来讲,操作部分形状比较费劲,此时用户可以利用 Visio 2013 中的组合功能,来组合同位置或类型的形状。另外,对于叠放的形状,需要调整其叠放顺序,以达到最佳的显示效果。

1. 组合形状

组合形状是将多个形状合并成一个形状。在绘图页中选择需要组合的多个形状,选择"开始"|"排列"|"组合"|"组合"命令即可,如图 12-84、图 12-85 所示。另外,用户可通过选择"排列"|"组合"|"取消组合"命令,来取消形状的组合状态。

图 12-84　单独的形状

图 12-85　组合后的形状

注意:选择形状之后,可以右击形状,在弹出的快捷菜单中选择"组合"|"组合"命令来组合形状。

2. 叠放形状

当多个形状叠放在一起时,为了突出图表效果,需要调整形状的显示层次。此时,选择需要调整层次的形状,选择"开始"|"排列"|"置于顶层"或"置于底层"命令即可,如图 12-86 和图 12-87 所示。另外,"置于顶层"命令中还包括"上移一层"命令,而"置于底层"

命令中还包括"下移一层"命令。

图 12-86　原形状

图 12-87　调整后的形状

12.7　设置形状样式

在绘图页中,每个形状都有自己的默认格式,这使得 Visio 图表容易变得千篇一律。因此,在设计 Visio 图表的过程中,可通过应用形状样式、自定义形状填充颜色和线条样式等方法来增添图表的艺术效果,增加绘图页的美观效果。

12.7.1　应用内置样式

Visio 2013 为用户提供了 42 种主题样式和 4 种变体样式,以方便用户快速设置形状样式。选择形状,选择"开始"|"形状样式"|"快速样式"命令,在其级联菜单中选择相应的样式即可,如图 12-88 所示。

图 12-88　应用内置样式

注意:Visio 2013 提供的内置样式不会一成不变,它会随着"主题"样式的更改而自动更改。

为形状添加主题样式之后,选择形状,选择"开始"|"形状样式"|"删除主题"命令,即可删除形状中所应用的主题效果,如图 12-89 所示。

图 12-89　删除主题

12.7.2　自定义填充颜色

Visio 2013 内置的形状样式中只包含了单纯的几种填充颜色,无法满足用户制作多彩形状的要求。此时,用户可以使用"填充颜色"功能,自定义形状的填充颜色。

1. 设置纯色填充

选择形状,选择"开始"|"形状样式"|"填充"命令,在其级联菜单中选择一种色块即可,如图 12-90 所示。

图 12-90　设置纯色填充

在"填充"级联菜单中,主要包括主题颜色、变体颜色和标准色 3 种颜色系列。用户可以根据具体需求选择不同的颜色类型。另外,当系统内置的颜色系列无法满足用户需求时,可以选择"填充"|"其他颜色"命令,在弹出的"颜色"对话框中的"标准"与"自定义"选项卡中

设置详细的背景色。

2. 设置渐变填充

在 Visio 2013 中除了可以设置纯色填充之外，还可以设置多种颜色过渡的渐变填充效果。选择形状，选择"开始"|"形状样式"|"填充"|"填充选项"命令，弹出"设置形状格式"任务窗格。在"填充线条"选项卡中，展开"填充"选项组，选中"渐变填充"选项，在其展开的列表中设置渐变类型、方向、渐变光圈、光圈颜色、光圈位置等选项即可。

12.8 办公室布局图的设计

在设计办公室布局时，用户首先考虑的问题便是实用与舒服。在本练习中将使用"办公室布局"模板，以及利用该模板各模具中的形状，对办公室布局进行整体设计。下面通过形状的添加及页面设置等操作来制作一个办公室布局图，如图 12-91 所示。

图 12-91　办公室布局图

操作步骤：

（1）选择"文件"|"新建"命令，选择"办公室布局"选项，如图 12-92 所示。

图 12-92　选择模板文件

242

(2) 在弹出的窗口中,单击"创建"按钮,创建模板文档,如图 12-93 所示。

图 12-93   创建模板

（3）选择"设计"|"页面设置"|"对话框启动器"命令,激活"绘图缩放比例"选项卡。将"预定义缩放比例"选项设置为"公制",并选择"1:50"选项。

（4）在"墙壁和门窗"模具中,将"房间"形状拖至绘图页中。移动鼠标至形状上,当光标变成"双向箭头"时,拖动鼠标调整"房间"形状的大小,如图 12-94 所示。

图 12-94   添加"房间"形状

（5）在"墙壁和门窗"模具中,将"窗户"形状拖至绘图页中。复制"窗户"形状并调整其位置与大小,如图 12-95 所示。

图 12-95   添加"窗户"形状

（6）在"办公室家具"模具中,将"书桌""可旋转倾斜的椅子"与"椅子"形状拖放到绘图页中,并根据布局调整其位置,如图 12-96 所示。

（7）在"办公室设备"模具中,分别将"电话""PC"形状,以及"办公室附属设施"模具中的"台灯""垃圾桶"等形状拖动到绘图页中,并调整其位置,如图 12-97 所示。

图 12-96　添加办公家具形状

图 12-97　添加办公室设备形状

（8）激活"形状"任务窗格中的"搜索"选项卡,在"搜索形状"文本框中输入"饮水机",单击"搜索"按钮,并将"饮水机"形状拖动到绘图页中,如图 12-98 所示。

图 12-98　添加"饮水机"形状

（9）将"墙壁和门窗"模具中的"墙壁"形状拖动到绘图页中,并调整其大小和位置,如图 12-99 所示。

（10）单击"更多形状"下拉按钮,选择"地面和平面布置图"|"建筑设计图"|"家具"命令,将"可调床""床头柜"等形状拖动到绘图页中,如图 12-100 所示。

（11）将"墙壁和门窗"模具中的"门"与"双门"形状拖放到绘图页中,并调整大小与位置,如图 12-101 所示。

（12）选择"插入"|"文本"|"文本框"|"横排文本框"命令,插入两个文本框并输入文本,设置文本的字体格式,如图 12-102 所示。

（13）选择"设计"|"主题"|"平行"命令,设置绘图页的主题效果,如图 12-103 所示。

（14）选择"设计"|"背景"|"技术"命令,为绘图页设置背景样式,如图 12-104 所示。

第12章

图 12-99　添加"墙壁"形状

图 12-100　添加家具形状

图 12-101　添加"门"形状

图 12-102　插入文本框

图 12-103　设置主题效果

图 12-104　设置背景样式

附录 A 综合布线系统工程设计规范

中华人民共和国国家标准

综合布线系统工程设计规范（节选）

Code for engineering design of generic cabling system

GB 50311—2016

主编部门：中华人民共和国工业和信息化部

批准部门：中华人民共和国住房和城乡建设部

施行日期：2017 年 4 月 1 日

中华人民共和国住房和城乡建设部公告

第 1292 号

住房城乡建设部关于发布国家标准《综合布线系统工程设计规范》的公告

现批准《综合布线系统工程设计规范》为国家标准，编号为 GB 5031 1—2016，自 2017 年 4 月 1 日起实施。其中，第 4.1.1、4.1.2、4.1.3、8.0.10 条（款）为强制性条文，必须严格执行。原《综合布线系统工程设计规范》GB 50311—2007 同时废止。

本规范由我部标准定额研究所组织中国计划出版社出版发行。

中华人民共和国住房和城乡建设部

2016 年 8 月 26 日

前　　言

根据住房和城乡建设部《关于印发〈2012 年工程建设标准规范制订、修订计划〉的通知》（建标〔2012〕5 号）的要求，本规范由中国移动通信集团设计院有限公司会同有关单位共同修订完成。

编制组在编制过程中，广泛调查研究，认真总结实践经验，参考有关国际标准和国外标准，在广泛征求意见的基础上，最后经审查定稿。

本规范共分 9 章和 3 个附录，主要技术内容包括总则、术语和缩略语、系统设计、光纤到用户单元通信设施、系统配置设计、性能指标、安装工艺要求、电气防护及接地、防火等。

本规范修订的主要技术内容有：

（1）在《综合布线系统工程设计规范》GB 50311—2007 内容基础上，对建筑群与建筑物综合布线系统及通信基础设施工程的设计要求进行了补充与完善。

（2）增加了布线系统在弱电系统中的应用相关内容。

（3）增加了光纤到用户单元通信设施工程设计要求，并新增有关光纤到用户单元通信设施工程建设的强制性条文。

（4）丰富了管槽和设备的安装工艺要求。

（5）增加了相关附录。

本规范由住房和城乡建设部负责管理和对强制性条文的解释，由中华人民共和国工业和信息化部负责日常管理，由中国移动通信集团设计院有限公司负责具体技术内容的解释。执行过程中如有意见或建议，请寄送中国移动通信集团设计院有限公司（地址：北京市海淀区丹棱街甲 16 号，邮政编码：100080）。

1　总　　则

1.0.1 为了规范建筑与建筑群的语音、数据、图像及多媒体业务综合网络建设，制定本规范。

1.0.2 本规范适用于新建、扩建、改建建筑与建筑群综合布线系统工程设计。

1.0.3 综合布线系统设施的建设，应纳入建筑与建筑群相应的规划设计之中，根据工程项目的性质、功能、环境条件和近、远期用户需求进行设计，应考虑施工和维护方便，确保综合布线系统工程的质量和安全，做到技术先进、经济合理。

1.0.4 综合布线系统宜与信息网络系统、安全技术防范系统、建筑设备监控系统等的配线作统筹规划，同步设计，并应按照各系统对信息的传输要求，做到合理优化设计。

1.0.5 综合布线系统工程设计中应选用出具合格检验报告、符合国家有关技术要求的定型产品。

1.0.6 综合布线系统的工程设计除应符合本规范外，尚应符合国家现行有关标准的规定。

2　术语和缩略语

2.1　术语

2.1.1 布线 cabling

能够支持电子信息设备相连的各种缆线、跳线、接插软线和连接器件组成的系统。

2.1.2 建筑群子系统 campus subsystem

建筑群子系统由配线设备、建筑物之间的干线缆线、设备缆线、跳线等组成。

2.1.3 电信间 telecommunications room

放置电信设备、缆线终接的配线设备，并进行缆线交接的一个空间。

2.1.4 工作区 work area

需要设置终端设备的独立区域。

2.1.5 信道 channel

连接两个应用设备的端到端的传输通道。

2.1.6 链路 link

一个 CP 链路或是一个永久链路。

2.1.7 永久链路 permanent link

信息点与楼层配线设备之间的传输线路。它不包括工作区缆线和连接楼层配线设备的设备缆线、跳线，但可以包括一个 CP 链路。

2.1.8 集合点 consolidation point（CP）

楼层配线设备与工作区信息点之间水平缆线路由中的连接点。

2.1.9 CP 链路 CP link

楼层配线设备与集合点(CP)之间，包括两端的连接器件在内的永久性的链路。

2.1.10 建筑群配线设备 campus distributor

终接建筑群主干缆线的配线设备。

2.1.11 建筑物配线设备 building distributor

为建筑物主干缆线或建筑群主干缆线终接的配线设备。

2.1.12 楼层配线设备 floor distributor

终接水平缆线和其他布线子系统缆线的配线设备。

2.1.13 入口设施 building entrance facility

提供符合相关规范的机械与电气特性的连接器件，使得外部网络缆线引入建筑物内。

2.1.14 连接器件 connecting hardware

用于连接电缆线对和光缆光纤的一个器件或一组器件。

2.1.15 光纤适配器 optical fiber adapter

将光纤连接器实现光学连接的器件。

2.1.16 建筑群主干缆线 campus backbone cable

用于在建筑群内连接建筑群配线设备与建筑物配线设备的缆线。

2.1.17 建筑物主干缆线 building backbone cable

入口设施至建筑物配线设备、建筑物配线设备至楼层配线设备、建筑物内楼层配线设备之间相连接的缆线。

2.1.18 水平缆线 horizontal cable

楼层配线设备至信息点之间的连接缆线。

2.1.19 CP 缆线 CP cable

连接集合点(CP)至工作区信息点的缆线。

2.1.20 信息点(TO) telecommunications outlet

缆线终接的信息插座模块。

2.1.21 设备缆线 equipment cable

通信设备连接到配线设备的缆线。

2.1.22 跳线 patch cord/jumper

不带连接器件或带连接器件的电缆线对和带连接器件的光纤，用于配线设备之间进行连接。

2.1.23 缆线 cable

电缆和光缆的统称。

2.1.24 光缆 optical cable

由单芯或多芯光纤构成的缆线。

2.1.25 线对 pair

由两个相互绝缘的导体对绞组成，通常是一个对绞线对。

2.1.26 对绞电缆 balanced cable

由一个或多个金属导体线对组成的对称电缆。

2.1.27 屏蔽对绞电缆 screened balanced cable

含有总屏蔽层和/或每线对屏蔽层的对绞电缆。

2.1.28 非屏蔽对绞电缆 unscreened balanced cable

不带有任何屏蔽物的对绞电缆。

2.1.29 接插软线 patch cord

一端或两端带有连接器件的软电缆。

2.1.30 多用户信息插座 multi user telecommunication outlet

工作区内若干信息插座模块的组合装置。

2.1.31 配线区 the wiring zone

根据建筑物的类型、规模、用户单元的密度,以单栋或若干栋建筑物的用户单元组成的配线区域。

2.1.32 配线管网 the wiring pipeline network

由建筑物外线引入管、建筑物内的竖井、管、桥架等组成的管网。

2.1.33 用户接入点 the subscriber access point

多家电信业务经营者的电信业务共同接入的部位,是电信业务经营者与建筑建设方的工程界面。

2.1.34 用户单元 subscriber unit

建筑物内占有一定空间、使用者或使用业务会发生变化的、需要直接与公用电信网互联互通的用户区域。

2.1.35 光纤到用户单元通信设施

fiber to the subscriber unit communication facilities

光纤到用户单元工程中,建筑规划用地红线内地下通信管道、建筑内管槽及通信光缆、光配线设备、用户单元信息配线箱及预留的设备间等设备安装空间。

2.1.36 配线光缆 wiring optical cable

用户接入点至园区或建筑群光缆的汇聚配线设备之间,或用户接入点至建筑规划用地红线范围内与公用通信管道互通的人(手)孔之间的互通光缆。

2.1.37 用户光缆 subscriber optical cable

用户接入点配线设备至建筑物内用户单元信息配线箱之间相连接的光缆。

2.1.38 户内缆线 indoor cable

用户单元信息配线箱至用户区域内信息插座模块之间相连接的缆线。

2.1.39 信息配线箱 information distribution box

安装于用户单元区域内的完成信息互通与通信业务接入的配线箱体。

2.1.40 桥架 cable tray

梯架、托盘及槽盒的统称。

2.2 缩略语

ACR F(Attenuation to Crosstalk Ratio at the Far end)衰减远端串音比

ACR-N(Attenuation to Crosstalk Ratio at the Near-end)衰减近端串音比

BD(Building Distributor)建筑物配线设备

CD(Campus Distributor)建筑群配线设备

CP(Consolidation Point)集合点

d. c. (Direct Current loop resistance) 直流环路电阻

ELTCTL(Equal Level TCTL)两端等效横向转换损耗

FD(Floor Distributor)楼层配线设备

FEXT〔Far End Crosstalk Attenuation Closs)〕远端串音

ID(Intermediate Distributor)中间配线设备

IEC(International Electrotechnical Commission)国际电工技术委员会

IEEE(the Institute of Electrical and Electronics Engineers)美国电气及电子工程师学会

IL(Insertion Loss)插入损耗

IP(Internet Protocol)因特网协议

ISDN(Integrated Services Digital Network)综合业务数字网

ISO(International Organization for Standardization)国际标准化组织

MUTO(Multi User Telecom munication Outlet)多用户信息插座

MPO(Multi fiber Push On)多芯推进锁闭光纤连接器件

NI(Network Interface)网络接口

NEXT(Near End Crosstalk Attenuation Closs)近端串音

OF(Optical Fibre)光纤

POE(Power Over Ethernet)以太网供电

PS NEXT(Power Sum Near End Crosstalk Attenuation Closs)近端串音功率和

PS AACR-F(Power Sum Attenuation to Alien Crosstalk Ra-tio at the Farend)外部远端串音比功率和

PS AACRFavg(Average Power Sum Attenuation to Alien Crosstalk Ratio at the Far-end)外部远端串音比功率和平均值

PS ACR-F(Power Sum Attenuation to Crosstalk Ratio at the Far-end)衰减远端串音比功率和

PS ACR N(Power Sum Attenuation to Crosstalk Ratio at the Near end)衰减近端串音比功率和

PS ANEXT(Power Sum Alien Near End Crosstalk Closs)外部近端串音功率和

PS ANEXTavg (Average Power Sum Alien Near-End Crosstalk Closs)串音功率和平均值

PS FEXT(Power Sum Far end Crosstalk Closs)远端串音功率和

RL(Return Loss)回波损耗

SC(Subscriber Connector(optical fibre connector)用户连接器件(光纤活动连接器件)

SW(Switch)交换机

SFF(Small Form Factor connector)小型光纤连接器件

TCL(Transverse Conversion Loss)横向转换损耗

TCTL(Transverse Conversion Transfer Loss)横向转换转移损耗

TE(Terminal Equipment)终端设备

TO(Telecommunications Outlet)信息点

TIA(Telecommunications Industry Association)美国电信工业协会

UL(Underwriters Laboratories)美国保险商实验所安全标准

Vr. m. s(Vroot. mean. square)电压有效值

3 系统设计

3.1 系统构成

3.1.1 综合布线系统应为开放式网络拓扑结构,应能支持语音、数据、图像、多媒体等业务信息传递的应用。

3.1.2 综合布线系统的构成应符合下列规定:

(1)综合布线系统的基本构成应包括建筑群子系统、干线子系统和配线子系统(见图 A-1)。配线子系统中可以设置集合点(CP),也可不设置集合点。

图 A-1 综合布线系统基本构成

(2)综合布线各子系统中,建筑物内楼层配线设备(FD)之间、不同建筑物的建筑物配线设备(BD)之间可建立直达路由[见图 A-2(a)]。工作区信息插座(TO)可不经过楼层配线设备(FD)直接连接至建筑物配线设备(BD),楼层配线设备(FD)也可不经过建筑物配线设备(BD)直接与建筑群配线设备(CD)互连[见图 A-2(b)]。

(3)综合布线系统入口设施连接外部网络和其他建筑物的引入缆线,应通过缆线和 BD 或 CD 进行互连(见图 A-3)。对设置了设备间的建筑物,设备间所在楼层配线设备(FD)可以和设备间中的建筑物配线设备或建筑群配线设备(BD/CD)及入口设施安装在同一场地。

(a)

图 A-2 综合布线子系统构成

(b)

图 A-2 （续）

图 A-3　综合布线系统引入部分构成

（4）综合布线系统典型应用中,配线子系统信道应由 4 对对绞电缆和电缆连接器件构成,干线子系统信道和建筑群子系统信道应由光缆和光连接器件组成。其中建筑物配线设备(FD)和建筑群配线设备(CD)处的配线模块和网络设备之间可采用互连或交叉的连接方式,建筑物配线设备(BD)处的光纤配线模块可仅对光纤进行互连(见图 A-4)。

图 A-4　综合布线系统应用典型连接与组成

3.1.3 综合布线系统工程设计应符合下列规定:

（1）一个独立的需要设置终端设备(TE)的区域宜划分为一个工作区。工作区应包括信息插座模块(TO)、终端设备处的连接缆线及适配器。

（2）配线子系统应由工作区内的信息插座模块、信息插座模块至电信间配线设备(FD)的水平缆线、电信间的配线设备及设备缆线和跳线等组成。

（3）干线子系统应由设备间至电信间的主干缆线、安装在设备间的建筑物配线设备(BD)及设备缆线和跳线组成。

（4）建筑群子系统应由连接多个建筑物之间的主干缆线、建筑群配线设备(CD)及设备缆线和跳线组成。

（5）设备间应为在每栋建筑物的适当地点进行配线管理、网络管理和信息交换的场地。综合布线系统设备间直安装建筑物配线设备、建筑群配线设备、以太网交换机、电话交换机、计算机网络设备。入口设施也可安装在设备间。

（6）进线间应为建筑物外部信息通信网络管线的入口部位，并可作为入口设施的安装场地。

（7）管理应对工作区、电信间、设备间、进线间、布线路径环境中的配线设备、缆线、信息插座模块等设施按一定的模式进行标识、记录和管理。

3.1.4 综合布线系统与外部配线网连接时，应遵循相应的接口要求。

3.2 系统分级与组成

3.2.1 综合布线电缆布线系统的分级与类别划分应符合表 A-1 的规定。

表 A-1　电缆布线系统的分级与类别

系统分级	系统产品类别	支持最高带宽/Hz	支持应用器件	
			电缆	连接硬件
A	—	100k	—	—
B	—	1M	—	—
C	3 类（大对数）	16M	3 类	3 类
D	5 类（屏蔽和非屏蔽）	100M	5 类	5 类
E	6 类（屏蔽和非屏蔽）	250M	6 类	6 类
E_A	6a 类（屏蔽和非屏蔽）	500M	6a 类	6a 类
F	7 类（屏蔽）	600M	7 类	7 类
F_A	7a 类（屏蔽）	1000M	7a 类	7a 类

注：5、6、6A、7、7A 类布线系统应能支持向下兼容的应用。

3.2.2 布线系统信道应由长度不大于 90m 的水平缆线、10m 的跳线和设备缆线及最多 4 个连接器件组成，永久链路则应由长度不大于 90m 水平缆线及最多 3 个连接器件组成（见图 A-5）。

图 A-5　布线系统信道、永久链路、GP 链路构成

3.2.3 光纤信道应分为 OF-300、OF-500 和 OF-2000 三个等级，各等级光纤信道应支持的应用长度不应小于 300m、500m 及 2000m。

3.2.4 光纤信道构成方式应符合下列规定：

（1）水平光缆和主干光缆可在楼层电信间的光配线设备（FD）处经光纤跳线连接构成信道（见图 A-6）。

（2）水平光缆和主干光缆可在楼层电信间处经接续（熔接或机械连接）互通构成光纤信道（见图 A-7）。

（3）电信间可只作为主干光缆或水平光缆的路径场所（见图 A-8）。

3.2.5 当工作区用户终端设备或某区域网络设备需直接与公用通信网进行互通时，宜

图 A-6 光纤信道构成 1

图 A-7 光纤信道构成 2

图 A-8 光纤信道构成 3

将光缆从工作区直接布放至电信业务经营者提供的入口设施处的光配线设备。

3.3 缆线长度划分

3.3.1 主干缆线组成的信道出现 4 个连接器件时,缆线的长度不应小于 15m。

3.3.2 配线子系统信道的最大长度不应大于 100m(见图 A-9),长度应符合表 A-2 的规定。

图 A-9 配线子系统缆线划分

表 A-2 配线子系统缆线长度

连 接 模 型	最长长度/m	最大长度/m
FD-CP	15	85
CP-TO	5	—

连 接 模 型	最长长度/m	最大长度/m
FD-TO(无 CP)	15	90
工作区设备缆线①	2	5
跳线	2	—
FD 设备缆线②	2	5
设备缆线与跳线总长度	—	10

注：① 此处没有设置跳线时,设备缆线的长度不应小于1m。

② 此处不采用交叉连接时,设备缆线的长度不应小于1m。

3.3.3 缆线长度计算应符合下列规定：

（1）配线子系统(水平)信道长度应符合下列规定：

• 配线子系统信道应由永久链路的水平缆线和设备缆线组成,可包括跳线和 CP 缆线（见图 A-10）。

图 A-10 配线子系统信道连接方式

• 配线子系统信道长度计算方法应符合表 A-3 规定。

表 A-3　配线子系统信道长度计算

连接模型	对应图号	等级		
		D	E 或 E_A	F 或 F_A
FD 互连—TO	图 A-10	$H=109-FX$	$H=107-3-FX$	$H=107-2-FX$
FD 交叉—TO	图 A-11	$H=107-FX$	$H=106-3-FX$	$H=106-3-FX$
FD 互连—CP—TO	图 A-12	$H=107-FX-CY$	$H=106-3-FX-CY$	$H=106-3-FX-CY$
FD 交叉—CP—TO	图 A-13	$H=105-FX-CY$	$H=105-3-FX-CY$	$H=105-3-FX-CY$

注：① 计算公式中，H 为水平缆线的最大长度(m)，F 为楼层配线设备(FD)缆线和跳线及工作区设备缆线总长度(m)，C 为集合点(CP)缆线的长度(m)，X 为设备缆线和跳线的插入损耗(dB/m)与水平缆线的插入损耗(dB/m)之比，Y 为集合点(CP)缆线的插入损耗(dB/m)与水平缆线的插入损耗(dB/m)之比，2 和 3 为余量，以适应插入损耗值的偏离。

② 水平电缆的应用长度会受到工作环境温度的影响。当上作环境温度超过 20℃时，屏蔽电缆长度按每摄氏度减少 0.2% 计算，对非屏蔽电缆长度则按每摄氏度减少 0.4%(20℃～40℃)和每摄氏度减少 0.6%(40℃～60℃)计算。

(2) 干线子系统信道长度应符合下列规定：

• 干线子系统信道应包括主干缆线、跳线和设备缆线(见图 A-11)。

图 A-11　干线子系统信道连接方式

• 干线子系统信道长度计算方法应符合表 A-4 的规定。

表 A-4　干线子系统信道长度计算

类别	等级							
	A	B	C	D	E	E_A	F	F_A
5	2000	$B=250-FX$	$B=170-FX$	$B=105-FX$	—	—	—	—
6	2000	$B=260-FX$	$B=185-FX$	$B=111-FX$	$B=105-3-FX$	—	—	—
6A	2000	$B=260-FX$	$B=189-FX$	$B=114-FX$	$B=108-3-FX$	$B=105-3-FX$	—	—
7	2000	$B=260-FX$	$B=190-FX$	$B=115-FX$	$B=109-3-FX$	$B=107-3-FX$	$B=105-3-FX$	—
7A	2000	$B=260-FX$	$B=192-FX$	$B=117-FX$	$B=111-3-FX$	$B=105-3-FX$	$B=105-3-FX$	$B=105-3-FX$

注：① 计算公式中，B 为主干缆线的长度(m)，F 为设备缆线与跳线总长度(m)，X 为设备缆线的插入损耗(dB/m)与主干缆线的插入损耗(dB/m)之比，3 为余量，以适应插入损耗值的偏离。

② 当信道包含的连接点数与图 A-11 所示不同，当连接点大于或小于 6 个时，线缆敷设长度应减少或增加。减少与增加缆线长度的原则为：5 类电缆，按每个连接点对应 2m 计；6 类、6A 类和 7 类电缆，按每个连接点对应 1m 计。而且宜对 NEXT、RL 和 ACR-F 予以验证。

(3) 主干电缆(连接 FD～BD、BD～BD、FD～CD、BD～CD)的应用长度会受到工作环境温度的影响。当工作环境的温度超过 20℃时，屏蔽电缆长度按每摄氏度减少 0.2% 计算，对非屏蔽电缆长度则按每摄氏度减少 0.4%(20℃～40℃)和每摄氏度减少 0.6%(＞40℃～60℃)计算。

3.4 系统应用

3.4.1 综合布线系统工程的产品类别及链路、信道等级的确定应综合考虑建筑物的性质、功能、应用网络和业务对传输带宽及缆线长度的要求、业务终端的类型、业务的需求及发展、性能价格、现场安装条件等因素,并应符合表A-5的规定。

表 A-5 布线系统等级与类别的选用

业务种类		配线子系统		干线子系统		建筑群子系统	
		等级	类别	等级	类别	等级	类别
语音		D/E	5/6(4 对)	C/D	3/5(大对数)	C	3(室外大对数)
数据	电缆	$D、E、E_A、F、F_A$	5、6、6a、7、7a(4对)	$E、E_A、F、F_A$	6、6a、7、7a(4 对)	—	—
	光纤	OF-300 OF-500 OF-2000	OM1、OM2、OM3、OM4 多模光纤;OS1、OS2 单模光纤及相应等级连接器件	OF-300 OF-500 OF-2000	OM1、OM2、OM3、OM4 多模光纤;OS1、OS2 单模光纤及相应等级连接器件	OF-300 OF-500 OF-200	OS1、OS2 单模光纤及相应等级连接器件
其他应用[①]		可采用 5/6/6a 类 4 对对绞电缆和 OM1/OM2/OM3/OM4 多模、OS1/OS2 单模光纤及相应等级连接器件					

注:为建筑物其他弱电子系统采用网络端口传送数字信息时的应用。

3.4.2 同一布线信道及链路的缆线、跳线和连接器件应保持系统等级与阻抗的一致性。

3.4.3 综合布线系统光纤信道应采用波长为 850nm 和 1300nm 的多模光纤及波长为 1310nm 和 1550nm 的单模光纤。

3.4.4 单模和多模光纤的选用应符合网络的构成方式、业务的互联方式、以太网交换机端口类型及网络规定的光纤应用传输距离。在楼内宜采用多模光纤,超过多模光纤支持的应用长度或需直接与电信业务经营者通信设施相连时应采用单模光纤。

3.4.5 配线设备之间互连的跳线宜选用产业化制造的产品,跳线的类别应符合综合布线系统的等级要求。在应用电话业务时直选用双芯对绞电缆。

3.4.6 工作区信息点为电端口时应采用 8 位模块通用插座,光端口应采用 SC 或 LC 光纤连接器件及适配器。

3.4.7 FD、BD、CD 配线设备应根据支持的应用业务、布线的等级、产品的性能指标选用,并应符合下列规定:

(1)应用于数据业务时,电缆配线模块应采用 8 位模块通用插座。

2 应用于语音业务时,FD 干线侧及 BD、CD 处配线模块应选用卡接式配线模块(多对、25 对卡接式模块及回线型卡接模块),FD 水平侧配线模块应选用 8 位模块通用插座。

(2)光纤配线模块应采用单工或双工的 SC 或 LC 光纤连接器件及适配器。

(3)主干光缆的光纤容量较大时,可采用预端接光纤连接器件(MPO)互通。

3.4.8 CP 集合点安装的连接器件应选用卡接式配线模块或 8 位模块通用插座或各类光纤连接器件和适配器。

3.4.9 综合布线系统产品的选用应考虑缆线与器件的类型、规格、尺寸对安装设计与施工造成的影响。

3.5 屏蔽布线系统

3.5.1 屏蔽布线系统的选用应符合下列规定：

(1) 当综合布线区域内存在的电磁干扰场强高于 3V/m 时,宜采用屏蔽布线系统。

(2) 用户对电磁兼容性有电磁干扰和防信息泄漏等较高的要求时,或有网络安全保密的需要时,宜采用屏蔽布线系统。

(3) 安装现场条件无法满足对绞电缆的间距要求时,宜采用屏蔽布线系统。

(4) 当布线环境温度影响到非屏蔽布线系统的传输距离时,宜采用屏蔽布线系统。

3.5.2 屏蔽布线系统应选用相互适应的屏蔽电缆和连接器件,采用的电缆、连接器件、跳线、设备电缆都应是屏蔽的,并应保持信道屏蔽层的连续性与导通性。

3.6 开放型办公室布线系统

3.6.1 对于办公楼、综合楼等商用建筑物或公共区域大开间的场地,直按开放型办公室综合布线系统要求进行设计。

3.6.2 采用多用户信息插座(MUTO)时,每一个多用户插座宜能支持 12 个工作区所需的 8 位模块通用插座,并宜包括备用量。

3.6.3 各段电缆长度应符合表 A-6 的规定,其中,C、W 取值应按下列公式进行计算：

$$C = (102 - H)/(1 + D) \tag{A-1}$$

$$W = C - T \tag{A-2}$$

式中：C——工作区设备电缆、电信间跳线及设备电缆的总长度；

H——水平电缆的长度,$(H+C) \leqslant 100\text{m}$；

T——电信间内跳线和设备电缆长度；

W——工作区设备电缆的长度；

D——调整系数,对 24 号线规 D 取为 0.2,对 26 号线规 D 取为 0.5。

表 A-6 各段电缆长度限值

电缆总长度	24 号线规(AWG)		26 号线规(AWG)	
H/m	W/m	C/m	W/m	C/m
90	5	10	4	8
85	9	14	7	11
80	13	18	11	15
75	17	22	14	18
70	22	27	17	21

3.6.4 采用集合点(CP)时,集合点配线设备与 FD 之间水平缆线的长度不应小于 15m,并应符合下列规定：

(1) 集合点配线设备容量宜满足 12 个工作区信息点的需求。

(2) 同一个水平电缆路由中不应超过一个集合点(CP)。

(3) 从集合点引出的 CP 电缆应终接于工作区的 8 位模块通用插座或多用户信息插座。

(4) 从集合点引出的 CP 光缆应终接于工作区的光纤连接器。

3.6.5 多用户信息插座和集合点的配线箱体应安装于墙体或柱子等建筑物固定的永久

位置。

3.7 工业环境布线系统

3.7.1 在高温、潮湿、电磁干扰、撞击、振动、腐蚀气体、灰尘等恶劣环境中应采用工业环境布线系统,并应支持语音、数据、图像、视频、控制等信息的传递。

3.7.2 工业环境布线系统设置应符合下列规定:

(1) 工业级连接器件应使用于工业环境中的生产区、办公区或控制室与生产区之间的交界场所,也可应用于室外环境。

(2) 在工业设备较为集中的区域应设置现场配线设备。

(3) 工业环境中的配线设备应根据环境条件确定防护等级。

3.7.3 工业环境布线系统应由建筑群子系统、干线子系统、配线子系统、中间配线子系统组成(见图 A-12)。

图 A-12　工业环境布线系统架构

3.7.4 工业环境布线系统的各级配线设备之间宜设置备份或互通的路由,并应符合下列规定:

(1) 建筑群 CD 与每个建筑物 BD 之间应设置双路由,其中一条应为备份路由。

(2) 不同的建筑物 BD 与 BD、本建筑 BD 与另一栋建筑 FD 之间可设置互通的路由。

(3) 本建筑物不同楼层 FD 与 FD、本楼层 FD 与另一楼层 ID 之间可设置互通路由。

(4) 楼层内 ID 与 ID、ID 与非本区域的 TO 之间可设置互通的路由。

3.7.5 布线信道中含有中间配线子系统时,网络设备与 ID 配线模块之间应采用交叉或互连的连接方式。

3.7.6 在工程应用中,工业环境的布线系统应由光纤信道和对绞电缆信道构成(见图 A-13),并应符合下列规定:

图 A-13　工业环境布线系统光纤信道与电缆信道构成

(1) 中间配线设备 ID 至工作区 TO 信息点之间对绞电缆信道应采用符合 D、E、E_A、F、F_A 等级的 5、6、6A、7、7A 布线产品。布线等级不应低于 D 级。

(2) 光纤信道可分为塑料光纤信道 OF-25、OF-50、OF-100、OF-200,石英多模光纤信道 OF-00、OF-300、OF-500 及单模光纤信道 OF-2000、OF-5000、OF-10000 的信道等级。

3.7.7 中间配线设备 ID 处跳线与设备缆线的长度应符合表 A-7 的规定。

表 A-7 设备缆线与跳线长度

连接模型	最小长度/m	最大长度/m
ID-TO	15	90
工作区设备缆线	1	5
配线区跳线	2	—
配线区设备缆线①	2	5
跳线、设备缆线总长度	—	10

注:此处没有设置跳线时,设备缆线的长度不应小于1m。

3.7.8 工业环境布线系统中间配线子系统设计应符合下列规定:

(1) 中间配线子系统信道应包括水平缆线、跳线和设备缆线(见图 A-14)。

图 A-14 中间配线子系统构成

(2) 中间配线子系统链路长度计算应符合表 A-8 的规定。

表 A-8 中间配线子系统链路长度计算

连接模型	等级		
	D	E、E_A	F、F_A
ID 互连—TO	$H=109-FX$	$H=107-3-FX$	$H=107-2-FX$
ID 交叉—TO	$H=107-FX$	$H=106-3-FX$	$H=106-3-FX$

注:① 计算公式中:H 为中间配线子系统电缆的长度(m);F 为工作区设备缆线及 ID 处的设备缆线与跳线总长度(m);X 为设备缆线的插入损耗(dB/m)与水平缆线的插入损耗(dB/m)之比;3 为余量,以适应插入损耗值的偏离。

② H 的应用长度会受到工作环境温度的影响。当工作环境温度超过 20℃时,屏蔽电缆长度按每摄氏度减少 0.2%计算,非屏蔽电缆长度则按每摄氏度减少 0.4%(20℃~40℃)和每摄氏度减少 0.6%(40℃~60℃)计算。

③ 中间配线子系统信道长度不应大于100m;中间配线子系统链路长度不应大于90m;设备电缆和跳线的总长度不应大于10m,大于10m时中间配线子系统水平缆线的长度应适当减少;跳线的长度不应大于5m。

3.7.9 工业环境布线系统干线子系统设计应符合下列规定:

(1) 干线子系统信道连接方式及链路长度计算应符合本规范第 3.3.3 条第 2 款的规定。

(2) 对绞电缆的干线子系统可采用 D、E、E_A、F、F_A 的布线等级。干线子系统信道长度不应大于 100m,存在 4 个连接点时长度不应小于 15m。

(3) 光纤信道的等级及长度应符合表 A-9 的规定。

表 A-9 光纤信道长度

光纤类型	光纤等级	信道长度/m					
		波长/nm	650	850	1300	1310	1550
OP1 塑料光纤	OF-25、OF-50	双工连接	8.3	—	—	—	—
		连续	—	—	—	—	—

光纤类型	光纤等级	信道长度/m					
		波长/nm	650	850	1300	1310	1550
OP2 塑料光纤	OF-100、OF-200	双工连接	15.0	46.0	46.0	—	—
		连续	—	—	—	—	—
OH1 复合塑料光纤	OF-100、OF-200	双工连接	—	150.0	150.0	—	—
		连续	—	—	—	—	—
OM1、OM2、OM3、OM4 多模光纤	OF-300、OF-500、OF-2000	双工连接	—	214.0	500.0	—	—
		连续	—	86.0	200.0	—	—
OS1 单模光纤	OF-300、OF-500、OF-2000	双工连接	—	—	—	750.0	750.0
		连续	—	—	—	300.0	300.0
OS2 单模光纤	OF-300、OF-500、OF-2000、OF-5000、OF-10000	双工连接	—	—	—	1875.0	1875.0

3.8 综合布线在弱电系统中的应用

3.8.1 综合布线系统应支持具有 TCP/IP 通信协议的视频安防监控系统、出入口控制系统、停车库(场)管理系统、访客对讲系统、智能卡应用系统、建筑设备管理系统、能耗计量及数据远传系统、公共广播系统、信息导引(标识)及发布系统等弱电系统的信息传输。

3.8.2 综合布线系统支持弱电各子系统应用时,应满足各子系统提出的下列条件:

(1) 传输带宽与传输速率;

(2) 缆线的应用传输距离;

(3) 设备的接口类型;

(4) 屏蔽与非屏蔽电缆及光缆布线系统的选择条件;

(5) 以太网供电(POE)的供电方式及供电线对实际承载的电流与功耗;

(6) 各弱电子系统设备安装的位置、场地面积和工艺要求。

4 光纤到用户单元通信设施

4.1 一般规定

4.1.1 在公用电信网络已实现光纤传输的地区,建筑物内设置用户单元时,通信设施工程必须采用光纤到用户单元的方式建设。

4.1.2 光纤到用户单元通信设施工程的设计必须满足多家电信业务经营者平等接入、用户单元内的通信业务使用者可自由选择电信业务经营者的要求。

4.1.3 新建光纤到用户单元通信设施工程的地下通信管道、配线管网、电信间、设备间等通信设施,必须与建筑工程同步建设。

4.1.4 用户接入点应是光纤到用户单元工程特定的一个逻辑点,设置应符合下列规定:

(1) 每一个光纤配线区应设置一个用户接入点;

(2) 用户光缆和配线光缆应在用户接入点进行互连;

(3) 只有在用户接入点处可进行配线管理;

(4) 用户接入点处可设置光分路器。

4.1.5 通信设施工程建设应以用户接入点为界面,电信业务经营者和建筑物建设方各

自承担相关的工程量。工程实施应符合下列规定:

(1) 规划红线范围内建筑群通信管道及建筑物内的配线管网应由建筑物建设方负责建设。

(2) 建筑群及建筑物内通信设施的安装空间及房屋(设备间)应由建筑物建设方负责提供。

(3) 用户接入点设置的配线设备建设分工应符合下列规定:

- 电信业务经营者和建筑物建设方共用配线箱时,由建设方提供箱体并安装,箱体内连接配线光缆的配线模块应由电信业务经营者提供并安装,连接用户光缆的配线模块应由建筑物建设方提供并安装;

- 电信业务经营者和建筑物建设方分别设置配线柜时,应各自负责机柜及机柜内光纤配线模块的安装。

(4) 配线光缆应由电信业务经营者负责建设,用户光缆应由建筑物建设方负责建设,光跳线应由电信业务经营者安装。

(5) 光分路器及光网络单元应由电信业务经营者提供。

(6) 用户单元信息配线箱及光纤适配器应由建筑物建设方负责建设。

(7) 用户单元区域内的配线设备、信息插座、用户缆线应由单元内的用户或房屋建设方负责建设。

4.1.6 地下通信管道的设计应与建筑群及园区其他设施的地下管线进行整体布局,并应符合下列规定:

(1) 应与光交接箱引上管相衔接。

(2) 应与公用通信网管道互通的人(手)孔相衔接。

(3) 应与电力管、热力管、燃气管、给排水管保持安全的距离。

(4) 应避开易受到强烈震动的地段。

(5) 应敷设在良好的地基上。

(6) 路由直以建筑群设备间为中心向外辐射,应选择在人行道、人行道旁绿化带或车行道下。

(7) 地下通信管道的设计应符合现行国家标准 GB 50373—2019《通信管道与通道工程设计标准》的有关规定。

4.2 用户接入点设置

4.2.1 每一个光纤配线区所辖用户数量直为 70~300 个用户单元。

4.2.2 光纤用户接入点的设置地点应依据不同类型的建筑形成的配线区以及所辖的用户密度和数量确定,并应符合下列规定:

(1) 当单栋建筑物作为一个独立配线区时,用户接入点应设于本建筑物综合布线系统设备间或通信机房内,但电信业务经营者应有独立的设备安装空间(见图 A-15)。

(2) 当大型建筑物或超高层建筑物划分为多个光纤配线区时,用户接入点应按照用户单元的分布情况均匀地设于建筑物不同区域的楼层设备间内(见图 A-16)。

(3) 当多栋建筑物形成的建筑群组成一个配线区时,用户接入点应设于建筑群物业管理中心机房、综合布线设备间或通信机房内,但电信业务经营者应有独立的设备安装空间(见图 A-17)。

图 A-15　用户接入点设于单栋建筑物内设备间

图 A-16　用户接入点设于建筑物楼层区域共用设备间

图 A-17　用户接入点设于建筑群物业管理中心机房或综合布线设备间或通信机房

(4)每一栋建筑物形成的一个光纤配线区并且用户单元数量不大于 30 个(高配置)或 70 个(低配置)时,用户接入点应设于建筑物的进线间或综合布线设备间或通信机房内,用户接入点应采用设置共用光缆配线箱的方式,但电信业务经营者应有独立的设备安装空间(见图 A-18)。

图 A-18 用户接入点设于进线间或综合布线设备间或通信机房

4.3 配置原则

4.3.1 建筑红线范围内敷设配线光缆所需的室外通信管道管孔与室内管槽的容量、用户接入点处预留的配线设备安装空间及设备间的面积均应满足不少于 3 家电信业务经营者通信业务接入的需要。

4.3.2 光纤到用户单元所需的室外通信管道与室内配线管网的导管与槽盒应单独设置,管槽的总容量与类型应根据光缆敷设方式及终期容量确定,并应符合下列规定:

(1)地下通信管道的管孔应根据敷设的光缆种类及数量选用,宜选用单孔管、单孔管内穿放子管及栅格式塑料管。

(2)每一条光缆应单独占用多孔管中的一个管孔或单孔管内的一个子管。

(3)地下通信管道宜预留不少于 3 个备用管孔。

(4)配线管网导管与槽盒尺寸应满足敷设的配线光缆与用户光缆数量及管槽利用率的要求。

4.3.3 用户光缆采用的类型与光纤芯数应根据光缆敷设的位置、方式及所辖用户数计算,并应符合下列规定:

(1)用户接入点至用户单元信息配线箱的光缆光纤芯数应根据用户单元用户对通信业务的需求及配置等级确定,配置应符合表 A-10 的规定。

表 A-10 光纤与光缆配置

配置	光纤/芯	光缆/根	备 注
高配置	2	2	考虑光纤与光缆的备份
低配置	2	1	考虑光纤的备份

(2)楼层光缆配线箱至用户单元信息配线箱之间应采用 2 芯光缆。

(3)用户接入点配线设备至楼层光缆配线箱之间应采用单根多芯光缆,光纤容量应满足户光缆总容量需要,并应根据光缆的规格预留不少于 10%的余量。

4.3.4 用户接入点外侧光纤模块类型与容量应按引入建筑物的配线光缆的类型及光缆

的光纤芯数配置。

4.3.5 用户接入点用户侧光纤模块类型与容量应按用户光缆的类型及光缆的光纤芯数的50%或工程实际需要配置。

4.3.6 设备间面积不应小于$10m^2$。

4.3.7 每一个用户单元区域内应设置一个信息配线箱,并应安装在柱子或承重墙上不被变更的建筑物部位。

4.4 缆线与配线设备的选择

4.4.1 光缆光纤选择应符合下列规定:

(1)用户接入点至楼层光纤配线箱(分纤箱)之间的室内用户光缆应采用G.652光纤。

(2)楼层光缆配线箱(分纤箱)至用户单元信息配线箱之间的室内用户光缆应采用G.657光纤。

4.4.2 室内外光缆选择应符合下列规定:

(1)室内光缆宜采用干式、非延燃外护层结构的光缆。

(2)室外管道至室内的光缆宜采用干式、防潮层、非延燃外护层结构的室内外用光缆。

4.4.3 光纤连接器件宜采用SC和LC类型。

4.4.4 用户接入点采用机柜或共用光缆配线箱,配置应符合下列规定:

(1)机柜宜采用600mm或800mm宽的19″标准机柜。

(2)共用光缆配线箱体应满足不少于144芯光纤的终接。

4.4.5 用户单元信息配线箱的配置应符合下列规定:

(1)配线箱应根据用户单元区域内信息点数量、引入缆线类型、缆线数量、业务功能需求选用。

(2)配线箱箱体尺寸应充分满足各种信息通信设备摆放、配线模块安装、光缆终接与盘留、跳线连接、电源设备和接地端子板安装以及业务应用发展的需要。

(3)配线箱的选用和安装位置应满足室内用户无线信号覆盖的需求。

(4)当超过50V的交流电压接入箱体内电源插座时,应采取强弱电安全隔离措施。

(5)配线箱内应设置接地端子板,并应与楼层局部等电位端子板连接。

4.5 传输指标

4.5.1 用户接入点用户侧配线设备至用户单元信息配线箱的光纤链路全程衰减限值可按下式计算:

$$\beta = \alpha_f L_{max} + (N+2)\alpha_j \qquad (A-3)$$

式中:β——用户接入点用户侧配线设备至用户单元信息配线箱光纤链路衰减(dB);

α_f——光纤衰减常数(dB/km),在1310nm波长窗口时,采用G.652光纤时为0.36dB/km,采用G.657光纤时为0.38~0.4dB/km;

L_{max}——用户接入点用户侧配线设备至用户单元信息配线箱光纤链路最大长度(km);

N——用户接入点用户侧配线设备至用户单元信息配线箱光纤链路中熔接的接头数量;

2——光纤链路光纤终接数(用户光缆两端);

α_j——光纤接头损耗系数,采用热熔接方式时为 0.06dB/个,采用冷接方式时为 0.1dB/个。

5　系统配置设计

5.1　工作区

5.1.1 工作区适配器的选用应符合下列规定:

(1) 设备的连接插座应与连接电缆的插头匹配,不同的插座与插头之间互通时应加装适配器。

(2) 在连接使用信号的数模转换、光电转换、数据传输速率转换等相应的装置时,应采用适配器。

(3) 对于网络规程的兼容,应采用协议转换适配器。

(4) 各种不同的终端设备或适配器均应安装在工作区的适当位置,并应考虑现场的电源与接地。

5.1.2 每个工作区的服务面积应按不同的应用功能确定。

5.2　配线子系统

5.2.1 配线子系统应根据工程提出的近期和远期终端设备的设置要求、用户性质、网络构成及实际需要确定建筑物各层需要安装信息插座模块的数量及其位置,配线应留有发展余地。

5.2.2 配线子系统水平缆线采用的非屏蔽或屏蔽 4 对对绞电缆、室内光缆应与各工作区光、电信息插座类型相适应。

5.2.3 电信间 FD(设备间 BD、进线间 CD)处,通信缆线和计算机网络设备与配线设备之间的连接方式应符合下列规定:

(1) 在 FD、BD、CD 处,电话交换系统配线设备模块之间宜采用跳线互连(见图 A-19)。

(2) 计算机网络设备与配线设备的连接方式应符合下列规定:

• 在 FD、BD、CD 处,计算机网络设备与配线设备模块之间直径跳线交叉连接(见图 A-20)。

图 A-19　电话交换系统中缆线与配线设备间连接方式

图 A-20　交叉连接方式

• 在 FD、BD、CD 处,计算机网络设备与配线设备模块之间可经设备缆线互连(见图 A-21)。

5.2.4 每一个工作区信息插座模块数量不宜少于 2 个,并应满足各种业务的需求。

图 A-21 互连方式

5.2.5 底盒数量应由插座盒面板设置的开口数确定,并应符合下列规定:

(1) 每一个底盒支持安装的信息点(RJ-45 模块或光纤适配器)数量不宜大于 2 个。

(2) 光纤信息插座模块安装的底盒大小与深度应充分考虑到水平光缆(2 芯或 4 芯)终接处的光缆预留长度的盘留空间和满足光缆对弯曲半径的要求。

(3) 信息插座底盒不应作为过线盒使用。

5.2.6 工作区的信息插座模块应支持不同的终端设备接入,每一个 8 位模块通用插座应连接一根 4 对对绞电缆;每一个双工或 2 个单工光纤连接器件及适配器应连接一根 2 芯光缆。

5.2.7 从电信间至每一个工作区的水平光缆宜按 2 芯光缆配置。至用户群或大客户使用的工作区域时,备份光纤芯数不应小于 2 芯,水平光缆宜按 4 芯或 2 根 2 芯光缆配置。

5.2.8 连接至电信间的每一根水平缆线均应终接于 FD 处相应的配线模块,配线模块与缆线容量相适应。

5.2.9 电信间 FD 主干侧各类配线模块应根据主干缆线所需容量要求、管理方式及模块类型和规格进行配置。

5.2.10 电信间 FD 采用的设备缆线和各类跳线宜根据计算机网络设备的使用端口容量和电话交换系统的实装容量、业务的实际需求或信息点总数的比例进行配置,比例范围宜为 25%～50%。

5.3 干线子系统

5.3.1 干线子系统所需要的对绞电缆根数、大对数电缆总对数及光缆光纤总芯数,应满足工程的实际需求与缆线的规格,并应留有备份容量。

5.3.2 干线子系统主干缆线宜设置电缆或光缆备份及电缆与光缆互为备份的路由。

5.3.3 当电话交换机和计算机设备设置在建筑物内不同的设备间时,宜采用不同的主干缆线来分别满足语音和数据的需要。

5.3.4 在建筑物若干设备间之间,设备间与进线间及同一层或各层电信间之间宜设置干线路由。

5.3.5 主干电缆和光缆所需的容量要求及配置应符合下列规定:

(1) 对语音业务,大对数主干电缆的对数应按每个电话 8 位模块通用插座配置一对线,并应在总需求线对的基础上预留不小于 10% 的备用线对。

(2) 对数据业务,应按每台以太网交换机设置一个主干端口和一个备份端口配置。当主干端口为电接口时,应按 4 对线对容量配置,当主干端口为光端口时,应按 1 芯或 2 芯光纤容量配置。

(3) 当工作区至电信间的水平光缆需延伸至设备间的光配线设备(BD/CD)时,主干光缆的容量应包括所延伸的水平光缆光纤的容量。

(4) 建筑物配线设备处各类设备缆线和跳线的配置应符合本规范第 5.2.10 条的规定。

5.3.6 设备间配线设备(BD)所需的容量要求及配置应符合下列规定:

（1）主干缆线侧的配线设备容量应与主干缆线的容量相一致。

（2）设备侧的配线设备容量应与设备应用的光、电主干端口容量相一致或与干线侧配线设备容量相同。

（3）外线侧的配线设备容量应满足引入缆线的容量需求。

5.4 建筑群子系统

5.4.1 建筑群配线设备(CD)内线侧的容量应与各建筑物引入的建筑群主干缆线容量一致。

5.4.2 建筑群配线设备(CD)外线侧的容量应与建筑群外部引入的缆线的容量一致。

5.4.3 建筑群配线设备各类设备缆线和跳线的配置应符合本规范第5.2.10条的规定。

5.5 入口设施

5.5.1 建筑群主干电缆和光缆、公用网和专用网电缆、光缆等室外缆线进入建筑物时，应在进线间由器件成端转换成室内电缆、光缆。缆线的终接处设置的入口设施外线侧配线模块应按出入的电、光缆容量配置。

5.5.2 综合布线系统和电信业务经营者设置的入口设施内线侧配线模块应与建筑物配线设备(BD)或建筑群配线设备(CD)之间敷设的缆线类型和容量相匹配。

5.5.3 进线间的缆线引入管道管孔数量应满足建筑物之间、外部接入各类信息通信业务、建筑智能化业务及多家电信业务经营者缆线接入的需求，并应留有不少于4孔的余量。

5.6 管理系统

5.6.1 对设备间、电信间、进线间和工作区的配线设备、缆线、信息点等设施，应按一定的模式进行标识和记录，并应符合下列规定：

（1）综合布线系统工程宜采用计算机进行文档记录与保存，简单且规模较小的综合布线系统工程可按图纸资料等纸质文档进行管理。文档应做到记录准确、及时更新、便于查阅，文档资料应实现汉化。

（2）综合布线的每一电缆、光缆、配线设备、终接点、接地装置、管线等组成部分均应给定唯一的标识符，并应设置标签。标识符应采用统一数量的字母和数字等标明。

（3）电缆和光缆的两端均应标明相同的标识符。

（4）设备间、电信间、进线间的配线设备宜采用统一的色标区别各类业务与用途的配线区。

（5）综合布线系统工程应制订系统测试的记录文档内容。

5.6.2 所有标签应保持清晰，并应满足使用环境要求。

5.6.3 综合布线系统工程规模较大以及用户有提高布线系统维护水平和网络安全的需要时，宜采用智能配线系统对配线设备的端口进行实时管理，显示和记录配线设备的连接、使用及变更状况。并应具备下列基本功能：

（1）实时智能管理与监测布线跳线连接通断及端口变更状态；

（2）以图形化显示为界面，浏览所有被管理的布线部位；

（3）管理软件提供数据库检索功能；

（4）用户远程登录对系统进行远程管理；

（5）管理软件对非授权操作或链路意外中断提供实时报警。

5.6.4 综合布线系统相关设施的工作状态信息应包括设备和缆线的用途、使用部门、组成局域网的拓扑结构、传输信息速率、终端设备配置状况、占用器件编号、色标、链路与信道的功能和各项主要指标参数及完好状况、故障记录等信息,还应包括设备位置和缆线走向等内容。

6　性能指标(略)

7　安装工艺要求(略)

8　电气防护及接地(略)

9　防火(略)

综合布线系统工程设计规范

附录 B 网络综合布线技术竞赛题目

（满分 4660 分，时间 180 分钟）

竞赛队编号：_____

机位号：_____

总分：_____分

注意：

1. 全部书面和电子版竞赛作品，只能填写竞赛组编号进行识别，不得填写任何形式的识别性标记。

2. 本竞赛中使用的器材、竞赛题等不得带出竞赛场地。

3. 本次网络综合布线技术竞赛给定一个"建筑群模型"作为网络综合布线系统工程实例，请各参赛队按照下面文档要求完成工程设计，并且进行安装施工和编写竣工资料。

第一部分 综合布线系统工程项目设计（900 分）

请根据图 B-1 所示的建筑群网络综合布线系统模型完成以下设计任务。裁判依据各参赛队提交的书面打印文档评分，没有书面文档的项目不得分。

具体要求如下：

1. 完成网络信息点点数统计表（100 分）

要求使用 Excel 软件编制，信息点设置合理，表格设计合理，数量正确，项目名称准确，签字和日期完整，采用 A4 幅面打印 1 份。

2. 设计和绘制该网络综合布线系统图（100 分）

要求使用 Visio 或者 AutoCAD 软件，图面布局合理，图形正确，符号标记清楚，连接关系合理，说明完整，标题栏合理（包括项目名称、签字和日期），采用 A4 幅面打印 1 份。

3. 完成该网络综合布线系统施工图（400 分）

使用 Visio 或者 AutoCAD 软件，将图 B-1 所示立体示意图设计成平面施工图，包括俯视图、侧视图等，要求施工图中的文字、线条、尺寸、符号清楚和完整。设备和器材规格必须符合本比赛题中的规定，器材和位置等尺寸现场实际测量。要求包括以下内容：

(1) CD-BD-FD-TO 布线路由、设备位置和尺寸正确；

(2) 机柜和网络插座位置、规格正确；

(3) 图面布局合理，位置尺寸标注清楚正确；

(4) 图形符号规范，说明正确和清楚；

(5) 标题栏完整，签署参赛队机位号等基本信息。

4. 编制该网络综合布线系统端口对应表（300 分）

要求按照图 B-1 和表 B-1 的格式编制该网络综合布线系统端口对应表。要求项目名称图例说明：
1. ▦ 表示双口网络插座。
2. ▬ 表示φ20 PVC冷弯管。
3. ▬ 表示宽20mm PVC线槽。
4. ▬ 表示宽40mm PVC线槽。
5. CD表示建筑群设备间配线装置。
6. BD表示建筑物设备间配线装置。
7. FD表示建筑物楼层管理间配线装置。
8. T0表示网络信息点插座。

图 B-1　建筑群网络综合布线系统模型图

准确，表格设计合理，信息点编号正确，机位号、日期和签字完整，采用 A4 幅面打印一份。

表 B-1　项目名称

序	信息点编号	插座底盒编号	楼层机柜编号	配线架编号	配线架端口编号
1					
2					
3					

编制人：(只能签署参赛机位号)　　　　　　　　　　　时间：

第二部分　网络配线端接部分(900 分)

1. 网络跳线制作和测试(100 分)

现场制作网络跳线 5 根，要求跳线长度误差必须控制在±5mm 以内，线序正确，压接护套到位，剪掉牵引线，符合 GB/T 50312—2016 规定，跳线合格，并且在图 B-2 西元网络配线实训装置上进行测试，其他具体要求如下：

（1）两根超 5 类非屏蔽铜缆跳线，568B-568B 线序，长度为 500mm；

（2）两根超 5 类非屏蔽铜缆跳线，568A-568A 线序，长度为 400mm；

（3）一根超 5 类非屏蔽铜缆跳线，568A-568B 线序，长度为 300mm。

特别要求:必须在竞赛开始后60分钟内制作完成,并将全部跳线装入收集袋,检查确认收集袋编号与机位号相同后,摆放在工作台上,供裁判组收集和评判。

2. 完成测试链路端接(320分)

在图B-2所示的装置上完成4组测试链路的布线和模块端接,路由按照图B-3所示,每组链路有3根跳线,端接6次。

要求链路端接正确,每段跳线长度合适,端接处拆开线对长度合适,剪掉牵引线。

图 B-2 实训装置

左视图

图 B-3 测试链路的路由示意图

3. 完成复杂永久链路端接(480分)

在图B-2所示的装置上完成6组复杂永久链路的布线和模块端接,路由按照图B-4所示,每组链路有3根跳线,端接6次。

要求链路端接正确,每段跳线长度合适,端接处拆开线对长度合适,剪掉牵引线。

左视图

图 B-4 复杂链路的路由示意图

第三部分　工程安装项目（2360分）

布线安装施工在西元网络综合布线实训装置上进行，每个竞赛队一个 L 区域。具体路由请按照题目要求和图 B-1 中表示的位置。

特别注意：安装部分可能使用电动工具和需要登高作业，特别要求参赛选手注意安全用电和规范施工，登高作业时首先认真检查和确认梯子安全可靠，双脚不得高于地面 1m，而且必须两人合作，一人操作一人保护。

具体要求：

（1）按照图 B-1 所示位置，完成 FD 配线子系统的线槽、线管、底盒、模块、面板的安装，同时完成布线端接。要求横平竖直，位置和曲率半径正确，接缝不大于 1mm。

（2）14 信息插座铺设一根双绞线，其他每个信息插座铺设 2 根双绞线，每层第 1 个插座模块的双绞线，端接到机柜内配线架的 1、2 口，其余顺序端接。

1. FD1 配线子系统 PVC 线管安装和布线（800 分）

按照图 B-1 所示位置，完成以下指定路由的安装和布线，底盒、模块、面板的安装，具体包括如下任务：

（1）10～13、15～17 插座布线路由。

使用 $\phi20$ PVC 冷弯管和直接头，并自制弯头，曲率半径按照图 B-1 要求安装线管和布线。

（2）14 插座布线路由。

从 15 插座，使用 $\phi20$ PVC 冷弯管和直接头，安装线管和布一根双绞线，安装在信息插座的左口。

（3）完成 FD1 机柜内网络配线架的安装和端接。要求设备安装位置合理、剥线长度合适、线序和端接正确，预留缆线长度合适，剪掉牵引线。

特别注意：不允许给底盒开孔将 PVC 线管直接插入，只能使用预留进线孔。

2. FD2 配线子系统 PVC 线槽安装和布线（600 分）

按照图 B-1 所示位置，完成以下指定路由的安装和布线，底盒、模块、面板的安装，具体包括如下任务：

（1）20～22 插座布线路由。

使用 39×18 和 20×10 PVC 线槽组合，自制弯头、阴角安装和布线，弯头、阴角制作如图 B-5、图 B-6 所示。

（2）24、25 插座布线路由。

使用 39×18 和 20×10 PVC 线槽组合，自制弯头、阴角安装和布线，弯头、阴角制作如图 B-5、图 B-6 所示。

（3）23 插座布线路由。

使用 20×10 PVC 线槽，自制弯头、阴角安装和布线，弯头、阴角制作如图 B-5、图 B-6 所示。

（4）完成 FD2 机柜内网络配线架的安装和端接。要求设备安装位置合理、剥线长度合适、线序和端接正确，预留缆线长度合适，剪掉牵引线。

图 B-5　水平弯头制作示意图

图 B-6　阴角弯头制作示意图

3．FD3 配线子系统 PVC 线槽/线管组合安装和布线(600 分)

按照图 B-1 所示位置,完成以下指定路由的安装和布线,底盒、模块、面板的安装,具体包括如下任务:

(1) 30～32 插座布线路由。

使用 39×18 PVC 线槽和 φ20 PVC 冷弯管组合,自制弯头、阴角安装和布线,弯头、阴角制作如图 B-5、图 B-6 所示。

(2) 33-34 插座布线路由。

使用 39×18 PVC 线槽和 φ20 PVC 冷弯管组合,自制弯头、阴角安装和布线,弯头、阴角制作如图 B-5 和图 B-6 所示。

(3) 35 插座布线路由。

使用 φ20 PVC 冷弯管和直接头,自制弯头,安装线管和布线。

(4) 完成 FD3 柜内网络配线架的安装和端接。要求设备安装位置合理、剥线长度合适、线序和端接正确、预留缆线长度合适、剪掉牵引线。

4．建筑物子系统布线安装(160 分)

请按照图 B-1 所示位置和要求,完成建筑物子系统布线安装。

从标识为 BD 的西元网络配线实训装置向 FD3 机柜安装一根 φ20 PVC 冷弯管,一端用管卡、螺丝固定在 BD 立柱侧面;另一端用管卡固定在布线实训装置钢板上,并且穿入 FD3 机柜内部 20～30mm,要求横平竖直,牢固美观。

从 FD3 机柜经 FD2 向 FD1 机柜垂直安装一根 39×18 PVC 线槽。

从 BD 设备西元网络配线架 B1,向 FD3、FD2、FD1 机柜分别安装一根网络双绞线,并且分别端接在 6U 机柜内配线架的第 24 口。

在 BD 设备西元网络配线架 B1 端接位置为:FD1 路由网线端接在第 1 口,FD2 路由网线端接在第 2 口,FD3 路由网线端接在第 3 口。

5．CD-BD 建筑群子系统铜缆链路布线安装(200 分)

请按照图 B-1 所示路由,完成建筑群子系统铜缆安装。

(1) 从标识为 CD 的西元网络配线实训装置向标识为 BD 的西元网络配线实训装置安装 1 根 φ20 PVC 冷弯管,BD 端用管卡、螺丝固定在 BD 立柱侧面,CD 端用管卡、螺丝固定在 CD 立柱侧面。

(2) 在 PVC 管内穿一根铜缆。

(3) 铜缆的一端端接在 BD 西元网络配线架 B1 第 24 口,另一端端接在 CD 西元网络配线架 C2 第 24 口。

第四部分　工程管理项目（500 分）

1．竣工资料（300 分）

（1）根据设计和安装施工过程,编写项目竣工总结报告,要求报告名称正确,封面竞赛组编号正确,封面日期正确,内容清楚和完整。

（2）整理全部设计文件等竣工资料,独立装订,完整美观。

2．施工管理（200 分）

（1）现场设备、材料、工具堆放整齐有序。

（2）安全施工,文明施工,合理使用材料。

参 考 文 献

1. 王公儒. 综合布线工程实用技术[M]. 北京：中国铁道出版社，2017.
2. 李宏达. 网络综合布线设计与实施[M]. 北京：科学出版社，2010.
3. 杜思深. 综合布线[M]. 2版. 北京：清华大学出版社，2017.

图 书 资 源 支 持

感谢您一直以来对清华版图书的支持和爱护。为了配合本书的使用,本书提供配套的资源,有需求的读者请扫描下方的"书圈"微信公众号二维码,在图书专区下载,也可以拨打电话或发送电子邮件咨询。

如果您在使用本书的过程中遇到了什么问题,或者有相关图书出版计划,也请您发邮件告诉我们,以便我们更好地为您服务。

我们的联系方式:

地　　址:北京市海淀区双清路学研大厦 A 座 714

邮　　编:100084

电　　话:010-83470236　010-83470237

客服邮箱:2301891038@qq.com

QQ:2301891038(请写明您的单位和姓名)

- -

资源下载:关注公众号"书圈"下载配套资源。

资源下载、样书申请

书圈

图书案例

清华计算机学堂

观看课程直播